人与动物共患病防治知识

主 编

马学恩

编著者

禹旺盛　马学恩　杜雅楠

敖梅荣　于立新　幺宏强

审 稿

王海玲　白晓萌

金盾出版社

内容提要

　　本书分为三部分,介绍了防治人与动物共患病的医学知识。第一部分介绍了常见人与动物共患病的防治,第二部分介绍了国外新出现的人与动物共患病,第三部分介绍了当前人与动物共患病的严峻形势及相应对策,同时列出了不同动物能传染给人的有关疾病。内容科学实用,通俗易懂,对每种疫病的背景资料、发生原因和传播方式、症状和诊断、治疗方法、预防措施的介绍详细清晰,使读者能够看明白并及时防治。可供农牧民朋友、养殖场工作人员、基层医务人员、兽医工作者、乡镇基层干部、宠物饲养者,以及医学院校相关专业的师生阅读参考。

图书在版编目(CIP)数据

　　人与动物共患病防治知识/马学恩主编.—北京:金盾出版社,2009.11

　　ISBN 978-7-5082-5578-1

　　Ⅰ.人…　Ⅱ.马…　Ⅲ.人畜共患病—防治　Ⅳ.R442.9 S855

　　中国版本图书馆 CIP 数据核字(2009)第 107829 号

金盾出版社出版、总发行

北京太平路 5 号(地铁万寿路站往南)

邮政编码:100036　电话:68214039　83219215

传真:68276683　网址:www.jdcbs.cn

封面印刷:北京画中画印刷有限公司

正文印刷:双峰印刷装订有限公司

装订:双峰印刷装订有限公司

各地新华书店经销

开本:850×1168 1/32　印张:10　字数:240 千字

2012 年 6 月第 1 版第 5 次印刷

印数:73 001~88 000 册　定价:20.00 元

(凡购买金盾出版社的图书,如有缺页、
倒页、脱页者,本社发行部负责调换)

　　每当从报刊上或电视里，看到狂犬病或其他人与动物共患病夺去一些人生命的消息，我都感到非常悲痛。在现实生活中不断发生上述悲剧，一个很重要的原因就是由于人们缺乏对人与动物共患病的了解，特别是缺乏防治此类疾病的知识。虽然目前人与动物共患病疫情比较稳定，有不少已经得到控制，但个别疾病仍呈现一种上升态势。世界上又出现了一些新的人与动物共患病，有的在我国已有发生，有的虽尚未传入我国，但已在我国周边国家流行，并对我国构成较大威胁。因此，宣传和普及人与动物共患病防治的科学知识，增强大众的卫生健康意识，防范人与动物共患病的大规模暴发和流行，是医学工作者面临的一项十分紧迫的任务。

　　根据读者的需求，我们组织了一批专家、教授，编写了《人与动物共患病防治知识》一书。本书介绍了狂犬病、甲型 H1N1 流感、人禽流感、传染性非典型性肺炎等三十九种常见人与动物共患病的防治知识，以及六种国外新出现的人与动物共患病的防治知识。对每种人与动物共患疾病的发生原因和传播方式、症状和诊断、治疗方法、预防措施等作了翔实的介绍，尽量做到通俗易懂。在介绍每种疾病前，还选编了一篇报刊文摘，提供了国内外的一些鲜活例证，介绍了疾病的来龙去脉和目前的流行状况，并在书后列出了不同动物能传播给人的有关疾病。希望本书能对广大读者、人与动物共患病的防治人员，以及从事养殖工作的朋友提供一些切实可行的帮助。

本书可供广大农牧民朋友、养殖场工作人员、宠物饲养者，基层医疗卫生工作人员、兽医工作者、乡镇基层干部，以及医学院校相关专业的师生参考。如果这本书能在防治人与动物共患病中发挥一点儿作用，我们将会感到无比的欣慰。需要强调的是，本书在治疗和预防中提到的疫苗、药物处方等，仅作为参考而不可拘泥。

在这本书的编写过程中，我们参考了国内外许多文献，还从报刊上摘编了一些病例资料。在此谨向有关作者致以真诚的谢意。热忱欢迎读者朋友提出宝贵的批评意见，以便今后改正。

马学恩

目　录 MULU

第二部分　国外新出现人与动物共患病的防治

第三部分　筑起人与动物共患病的防火墙

第一部分

常见人与动物
共患病的防治

一、狂犬病

广州8个月3.5万人被猫、狗咬伤

2006年1～8月，广州共有3.5万人因被猫、狗咬伤而注射狂犬病疫苗，比上年同期有上升趋势。统计显示，被狗咬伤导致死亡的病例也较上年同期略多，且均来自农村，其中年龄最大的80岁，年龄最小的仅10岁，绝大多数死亡原因是没有注射狂犬病疫苗。还有少数注射了狂犬病疫苗，但因伤口较深或靠近大脑，狂犬病疫苗还没来得及发挥作用，病毒就已经侵入大脑。在今年的病例中，还有个别病例是没有被咬伤，但因为和狗接触较多，甚至搂着狗睡觉，有伤口接触了病狗的唾液而染上狂犬病的。

——摘自《羊城晚报》(2006年9月16日)　陈　辉、黄　穗

(一)概述

引起狂犬病的罪魁祸首叫做狂犬病毒。这种病毒悄悄潜伏在已经发生了狂犬病犬的唾液腺内，人一旦被病犬咬伤，或被看似健康却携带病毒的犬、猫舔舐了伤口和黏膜，病毒会随着唾液侵入人体内，就有可能使人患病，病死率几乎100%。但被狂犬咬伤后，

如果能正确处理伤口，及时进行预防注射，几乎都可避免发病。因此，大力普及狂犬病防治知识，加强对犬、猫的科学管理，对保障人民的生命安全非常重要。

狂犬病是一种很古老的人与动物共患病。在我国公元前556年《左传》上就有发生狂犬病的记载。那时候人们就已经认识到，疯狗咬伤人后能使人得病。

在古罗马、埃及、希腊的古书中也有本病的记载。古罗马塞尔萨斯（Celsus）于公元1世纪，首次对狂犬病毒感染的人与动物进行了描述。1804年，金克（Zinke）用病犬的唾液接种健康犬并且发病，第一次证实了本病具有传染性。巴斯德（Pasteur）在1881年发现了狂犬病毒，并在1885年研制出了人用减毒疫苗。1903年，内格里（Negri）在神经细胞内发现了本病特征性的包涵体，为了纪念这一重要的贡献，后人称这种包涵体为内格里小体。到了20世纪50年代，随着科学技术的进步，诊断狂犬病毒抗原的免疫荧光法等一系列新技术也取得了长足的进展。

1997年，全球动物发生狂犬病33 645例。其中非洲发生2 344例，犬占57％，反刍动物占25％；美洲16 486例，犬占26％，其他为野生动物，其中蝙蝠为961例；欧洲5 098例，其中狐狸占60％，犬占12％，反刍动物占11％，猫占8％；亚洲发生9 717例，其中犬占90％。20世纪80年代，我国动物间发生狂犬病平均每年超过1万例。此后，由于对犬实行免疫，对病犬采取扑杀等措施，疫情逐渐下降。但近几年，随着我国城乡犬养殖数量的增加（初步统计全国饲养犬的数量达7 509.5万只，其中城市饲养犬1 144.3万只，农村饲养犬6 365.2万只），加上我国南北和城乡间经济发展不平衡，对犬的免疫注射工作开展情况不一致，导致狂犬病疫情有所增长。

当前，人患狂犬病仍然是全世界面临的一个重要的公共卫生问题，主要分布在亚洲、非洲、拉丁美洲等发展中国家。动物狂犬病多发与这些国家对犬的预防接种率低有直接的关系。据世界卫生组织统计,全世界每年死于狂犬病的人数在 35 000~50 000 人之间。1997 年,亚洲因本病死亡达 33 008 人,其中有 30 000 人在印度。据我国卫生部公布的全国法定传染病疫情报告显示,2008 年狂犬病发病人数为 2 466 人,死亡 2 373 人,病死率为 96.23%;而 2007 年发病和死亡都是 3 300 人,病死率是 100%。

(二)发生原因和传播方式

在自然界中,几乎所有的温血动物都能感染狂犬病病毒而发病,如犬、猫、狐狸、豺、狼、袋鼠、棉鼠、地鼠、臭鼬、浣熊、蝙蝠、豚鼠、兔和其他啮齿类动物,以及牛、马、绵羊和灵长类等都是易感动物。人对狂犬病毒也易感。由于犬与人接触最密切,饲养量也大,所以患狂犬病或带毒的犬,对人造成的危害最大。

在传播方式上,狂犬病主要是通过病犬、病猫,或带病毒的犬、猫咬伤人后,病毒随唾液进入伤口而引发疾病。其次,损伤的皮肤、黏膜接触到狂犬病毒也可发生感染,这种情况多见于被带毒犬、猫舔舐伤口、肛门、口腔黏膜、眼结膜,以及兽医、屠宰工、饲养员在处理和宰杀患病动物时,划伤皮肤所致。需要注意的是,有的蝙蝠也可以携带病毒,所以勘测人员、探险者在蝙蝠聚集的洞穴内,可能会因为吸入空气中的大量病毒而感染发病。人与人之间的一般接触不会传染。但最近有些报道表明,在一些极端的情况下,可能偶然会发生人传染人的事。比如狂犬病人一旦咬伤健康人,则有可能引起健康人感染和发病。

被狂犬咬伤后能否发病,受到很多因素的影响。首先,要看进入人体狂犬病毒的数量和人的抵抗力,如果狂犬咬人时正处在发病的早期,它的唾液中所带的病毒数量就比发病后期时少,此时咬伤人致病的危险性相对小一点;抵抗力较强的人和抵抗力低下的

人相比,前者不容易发病。其次,要看咬伤的部位和严重程度,狂犬咬伤人的头、面和颈部等部位,或咬伤周围神经丰富的部位,而且咬伤面积大又比较深,或多处咬伤,在这些情况下,容易发病,发病率和病死率也高。再者,要看伤口是否得到及时处理,如果及时对伤口进行了正确处理和治疗,把住了防病的第一道防线,就能大大降低发病的危险。

(三)症状和诊断

一个人从感染某种病原到表现出疾病的症状,这段时间叫做该种疾病的潜伏期。狂犬病的潜伏期可短至几天,一般在 30～60 天,超过 1 年的不足 1%,极个别的可以达到十几年,目前已报道的病例中最长的是 33 年。通常短于 15 天,超过 1 年以上的极为少见。90% 的病人是由犬感染引起的。人患狂犬病的临床表现可分为狂躁型和麻痹型,其中以狂躁型较为多见。

1. 狂躁型

(1)发病早期:即前驱期,多数病人具有发热、头痛、恶心、烦躁、恐惧不安、全身无力等症状。随后,病人对声音、光线或风等刺激变得异常敏感,稍受刺激立即感觉咽喉部发紧。被病兽咬伤的伤口部位或其周围,有麻木、痒痛的感觉,四肢仿佛有蚂蚁在爬行一般。

(2)兴奋期:2～3 天以后,病人处于高度兴奋的状态。突出表现为病人极度恐惧不安、多动、狂躁、易激惹,恐水、怕风,遇到声音、光线、风等,都会出现咽喉部肌肉严重痉挛。病人虽然很渴却不敢喝水,喝了水也无法下咽,甚至听到流水的声音或者别人说到水字,也会出现咽喉肌痉挛。严重时,病人还有全身疼痛性抽搐,导致呼吸困难。大多数患狂犬病的病人神志清醒,但也有部分病人说胡话或出现精神失常。

（3）麻痹期：此后，病人安静下来，很快就进入麻痹期。病人出现全身瘫痪，呼吸和血液循环系统发生衰竭，迅速陷入昏迷，十几个小时后就会死亡。狂犬病的病程一般不超过 6 天。

恐水是多数狂躁型狂犬病人特有的症状之一，可达 50％～70％，而在其他疾病中很难见到，所以具有诊断意义。

2. 麻痹型　多见于被吸血蝙蝠咬伤所引发的病例，多数没有兴奋期的表现，也很少见到痉挛、恐水及吞咽困难，前驱期后出现瘫痪，由下肢发展到全身，呼吸肌麻痹、呼吸衰竭是主要致死原因。

【人狂犬病诊断要点】　一是询问病史，多数病例可发现有被狂犬等动物咬伤史、抓伤史，或与动物有密切接触史。二是根据病人出现恐水、怕光、流涎等典型的狂犬病临床症状。三是进行必要的实验室检查，检查可见外周血白细胞总数升高，分类以中性粒细胞为主，有的病人脑脊髓液中淋巴细胞增多，同时在实验室进行病毒分离、抗原或抗体检测等。

（四）治疗方法

1. 对被咬伤人员伤口的处理原则

（1）被患狂犬病或疑似狂犬病动物咬伤、抓伤后，应迅速用20％肥皂水、清水反复交替冲洗伤口至少 15 分钟，再用 2％～3％碘酒或 75％酒精等充分冲洗伤口，注意不要缝合伤口。狂犬病毒在伤口处停留的时间大约为 12 小时，随后才侵入机体组织。因此，对伤口的及时、正确处理非常重要。

（2）对咬伤严重的，如头部或颈部受伤、多处受伤、伤口较深等，应当联合应用被动免疫制剂与狂犬病疫苗。局部使用人源狂犬病免疫球蛋白，剂量为每千克体重肌内注射 20 国际单位；如应用动物源性抗狂犬病免疫血清，则注射剂量是每千克体重 40 国际单位。

（3）应尽快开始疫苗的全程注射。被咬伤者在 0、3、7、14、28 天，接受全程足量免疫注射。注射后经实验室检测未产生抗体的，需再次加强注射，直到产生抗体。

原则上，狂犬病疫苗注射是越早效果越好。由于某种原因，有的被咬伤的人当时未能进行预防注射。但是只要能得到疫苗，也应尽快给予全程免疫接种，争取抢在发病之前让疫苗发挥作用。

2. 治疗护理原则　人发生了狂犬病后临床尚无特效治疗方法。发病时对病人的治疗护理原则：

（1）将病人安置在较安静、光线暗的单人病房，严格隔离，避免一切不必要的刺激，做到专人护理。同时医务工作者、陪护人员、病人亲属等，要做好自身防护。

（2）对病人的分泌物、排泄物及污染物，要进行严格消毒处理。

（3）对症处理各种并发症。对烦躁不安、痉挛者，可使用镇静药，如地西泮（安定）、氯丙嗪、苯妥英钠等。有脑水肿者，可给予甘露醇等脱水药。保持呼吸道通畅，并发肺炎者，可给予抗生素，注意防止吸入性肺炎。监测并及时处理心律失常和心力衰竭，以及其他并发症。

（五）预防措施

1. 防控狂犬病关键是要做好犬的狂犬病预防　要按照我国农业部制订的《狂犬病防治技术规范》的要求，做好各项防控工作。一是实行登记许可制度，进一步加强对城市和农村养犬管理，及时捕捉流浪犬，防止犬咬伤人。二是对所有的犬实施狂犬病强制性免疫接种，常用的狂犬病疫苗有进口和国产疫苗两种。通常幼犬应在出生后 3 月龄时进行狂犬病疫苗的首次免疫，12 月龄时加强免疫 1 次，之后坚持每年免疫 1 次。建立健全免疫档案，应使免疫覆盖率达到 80% 以上。除了定期接种外，对长大的幼犬、新增犬、进口犬等,要随时进行补充免疫工作。三是加强产地检疫和流通环节的检疫监管,严格限制疫区犬进入非疫区。四是加强狂犬病防控知识宣传工作,增强老百姓的防范意识,逐渐养成养犬就应当自觉对犬进行免疫的习惯。

2. 及时捕杀和处理病犬 对病犬和被病犬咬伤的动物应进行捕杀并做无害化处理。感染狂犬病毒的犬,潜伏期一般为30～60天,最短的8天,长的可达数月或1年以上。在临床上可分为前驱期、狂暴期和麻痹期。

(1)前驱期:为发病初期,病犬被咬伤处发痒,常以舌舐局部,出现异嗜,行为异常,逃跑或躲避人,喜欢呆在暗处,可能失踪数日后又回来。

(2)狂暴期:病犬兴奋性明显增高,光线、声响、抚摸等刺激都可使犬狂躁不安。狂躁发作时,病犬到处奔走,远达40～60千米,随时都可能扑咬人及家畜,行为凶猛,间或神志清楚,重新认识主人。有拒食或出现贪婪性狂食现象,也常发生呕吐。

(3)麻痹期:是病情的末期,病犬大量流涎、吞咽困难、下颌下垂。不久,后躯麻痹,不能站立,最后因呼吸衰竭而死亡。整个病程6～9天。

近年来,在狂犬病流行国家中,普遍存在着不显症状的带毒现象。这是一种非典型的临床感染,病程极短,症状迅速消退,但体内仍可存在病毒。这种病犬是非常危险的传染源。

3. 预防接种 对高危人群,如兽医、屠宰工人、动物饲养管理人员、野外工作者、狂犬病毒研究人员,以及狂犬病流行区的儿童等,应进行狂犬病疫苗的暴露前的预防接种,接种程序为0、7、21或28天各注射1个疗程的疫苗。建议定期(1年后或按疫苗说明书的要求)进行加强免疫注射。

二、甲型 H1N1 流感

（一）概述

　　甲型 H1N1 流感是一种人和动物共患的传染病。这样说起码有两点根据：一是甲型 H1N1 流感病毒最初是在猪身上发现的，而且早期的病人大都和养猪业有一定联系；二是根据对病毒的进一步检查，证明甲型 H1N1 流感病毒既含有人流感病毒的结构，又含有猪流感病毒、禽流感病毒的结构。但这种甲型 H1N1

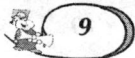

流感病毒在人与人之间传播比较快。感染后的症状与普通流感相似,可出现发热、发冷、咳嗽、喉咙痛、身体疼痛、头痛和疲劳等症状,有的病人还会出现腹泻和呕吐,重者会继发肺炎和呼吸衰竭,甚至死亡。从目前的情况看,甲型 H1N1 流感病毒的致病性比较温和,患者的病死率较低。

1976 年在美国新泽西州,大约有 500 人感染了猪流感 H1N1 亚型病毒。该病毒与当时从猪体内分离的病毒相同。这首次证明了在自然条件下,猪流感病毒可从猪传播给人。

1999 年 10 月,香港 1 名 10 月龄女婴感染了猪流感 H3N2 病毒,后来已完全康复。当然,这是一株不同于 H1N1 亚型的病毒。但是又一次证明猪流感病毒确实可以传播给人。

最近一些年来,世界各地经常可见人感染猪流感病毒不同毒株的报道,但都没有造成大规模的流行。

2009 年 3 月,墨西哥和美国等先后发生人感染猪流感病毒,属于 A 型流感病毒 H1N1 亚型毒株。世界卫生组织、联合国粮农组织、世界动物卫生组织都曾多次指出,本次北美发现的病毒毒株具有来自猪、禽和人流感病毒的基因片段,是一种新型猪流感病毒,可以人传染人。

当有媒体报道埃及政府可能宰杀国内所有生猪的消息后,2009 年 4 月 30 日,世界卫生组织、联合国粮农组织、世界动物卫生组织等机构纷纷表示,把墨西哥、美国等地暴发的流感称为"猪流感"具有误导作用,而且宰杀生猪并不能达到有效维护公共健康的目的。因此,宣布不再使用"猪流感"指代当前疫情,而开始使用"A 型(H1N1)流感"一词。

2009 年 4 月 29 日,我国卫生部印发了《人感染猪流感预防控制技术指南(试行)》。4 月 30 日,卫生部正式将"人感染猪流感"更名为"甲型 H1N1 流感",并将其正式列入乙类传染病,采取甲类传染病的预防控制措施。在此基础上,结合世界卫生组织发布的有关技术指南,卫生部组织专家对《人感染猪流感预防控制指南(试行)》进行了修订,先后印发了《人感染甲型 H1N1 流感诊疗方案(2009 版)》、《甲型 H1N1 流感监测方案(第一版)》、《甲型 H1N1 流感病例密切接触者判定与管理方案(试行)》和《甲型 H1N1 流感疫源地消毒指南(试行)》等一系列预防控制技术方案。为应对甲型 H1N1 流感这一突发公共卫生事件,做好了充分的技术准备。

根据世界卫生组织的统计数据显示,截至北京时间 2009 年 5 月 20 日 17 时,全球有 40 多个国家和地区发现甲型 H1N1 确诊病例,包括墨西哥、加拿大、美国、哥斯达黎加、日本、西班牙、英国、巴拿马、法国、德国、哥伦比亚、意大利、新西兰、巴西、以色列、萨尔瓦多、比利时、中国、智利、韩国、荷兰、危地马拉、古巴、瑞典、中国香港、挪威、芬兰、泰国、马来西亚、土耳其、秘鲁、波兰、澳大利亚、奥地利、瑞士、丹麦、爱尔兰、葡萄牙、阿根廷、厄瓜多尔、印度等。其中美国的病例数量最多,为 5 123 例,死亡 5 例;其次为墨西哥和加拿大,分别为 3 648 例和 496 例,分别死亡 74 例和 1 例。截至于 5 月 20 日,全球已确诊的病例为 9 811 例,疑似病例为 4 531 例,其中死亡合计 79 例。据此计算墨西哥甲型 H1N1 流感的病死率为 1.97%,美国是 0.98%。我国内地已经发现的确诊病例为 4 例,全都是从国外返回的人员,属于输入性病例。此后,全球甲型 H1N1 流感确诊病例和疑似病例的数量还在不断上升。截至北京时间 2009 年 6 月 14 日,全球已有 75 个国家和地区共有甲型 H1N1 流感确诊病例 29 669 例,其中包括死亡病例 145 例。到 6 月 15 日,我国内地共报告确诊病例为 196 例。根据当前的势态,世界卫生组织 2009 年 6 月 11 日在日内瓦宣布,将全球甲型 H1N1 流感大流行警戒级别由 5 级提升为 6 级,表示这种疫病已在全世界范围内流行。

从目前的情况看,甲型 H1N1 流感病毒毒力可能会有所增强,在一些国家和地区已经出现暴发流行的趋势。我们要时刻关注疫情的变化,并采取相应措施,冷静而理性地加以应对。

(二)发生原因和传播方式

此次发生的甲型 H1N1 流感,其病原是甲型 H1N1 流感病毒毒株。世界各地的科学家早就注意到一个现象,即缺乏抵抗力的新生猪,很容易感染人流感病毒、猪流感病毒和禽流感病毒。这三种病毒在猪身上可能同时出现、繁衍,经过基因重组、改头换面,就会形成新的亚型,甲型 H1N1 病毒就是这样的一个新亚型。它出现后,既可以在猪中间传播,引起猪流感,又有可能通过猪引起人的感染,后者的传播途径主要为呼吸道传播,也可通过接触猪或其粪便感染、周围污染的环境等途径引起传播。从事养猪业者,在发病前 1 周内去过养猪、销售及宰杀等场所者,以及接触猪流感病毒感染材料的实验室工作人员等,都属于高危人群。

实践已经证实,甲型 H1N1 病毒确实能引起人感染发病。随后病人又作为传染源进一步引发疾病的播散。甲型 H1N1 病毒在人与人之间的传播,其传染途径与普通流感类似,通常是通过感染者咳嗽或打喷嚏等,释放出病毒,漂浮在空气中的病毒被健康人吸入,就有可能造成感染。通过与病人的直接接触也能感染,如手接触了病人的分泌物、排泄物等,如果没有认真洗手,有可能通过抠鼻子、揉眼睛、吃饭等途径,引起感染。人群普遍易感,患者多数年龄在 25~45 岁之间,目前报道的病例多数以青壮年为主。其原因可能与年轻人参加旅游、聚会、学习等大型活动的机会多,容易受到感染有关。最近一段时间,美国、日本等国甲型 H1N1 流感呈现出暴发流行的态势,短期内就出现了上百个确诊病例,也多集中在学校等年轻人聚集的地方。在甲型 H1N1 流感流行中,应该特别关注老人和儿童患者。

另外,人发生甲型 H1N1 流感多见于冬春季节。

(三)症状和诊断

甲型 H1N1 流感的潜伏期一般为 1~7 天。人感染 H1N1 流感病毒后的早期症状与普通流感相似,包括发热、发冷、咳嗽、喉痛、身体疼痛、头痛和疲劳等,有些人还有腹泻或呕吐、肌肉痛或疲倦、眼睛发红等表现。部分患者病情来势凶猛,进展迅速,突然高热,体温超过 39℃,甚至可能引起严重肺炎、急性呼吸窘迫综合征、肺出血、胸腔积液、肾功能衰竭、败血症、休克、呼吸衰竭和多器官损伤等严重的并发症,导致死亡。但大部分病人预后良好。

有一部分患者在听诊时可发现肺部湿罗音或实变等体征。

【甲型 H1N1 流感的诊断要点】　主要结合流行病学史、临床表现和病原学检查等,作出诊断。不同类型病例的具体诊断标准如下:

(1)医学观察病例　曾到过甲型 H1N1 流感疫区,或与病猪及甲型 H1N1 流感患者有过密切接触史,1 周内出现流感临床表现者。凡列为医学观察病例者,应对其进行 7 天医学观察(根据病情可以居家观察或在医院隔离观察)。

(2)疑似病例　曾到过疫区,或与病猪及甲型 H1N1 流感患者有过密切接触史(也可能流行病学史不详),1 周内出现流感临床表现,呼吸道分泌物、咽拭子、痰液、血清等标本中,甲型 H1N1 病毒抗体阳性或核酸检测阳性。

(3)临床诊断病例　被诊断为疑似病例,且与其有共同暴露史的人被诊断为确诊病例者。

(4)确诊病例　要进行多种实验室检查,从呼吸道标本或血清中分离到特定病毒;用分子生物学方法对上述标本检测到甲型 H1N1 流感病毒的核酸,经过测序证实,或 2 次血清抗体滴度 4 倍升高,可确诊为人感染甲型 H1N1 流感。

(四)治疗方法

对疑似和确诊患者应进行隔离治疗,强调早期治疗。

1. 对症支持治疗　对人感染甲型 H1N1 流感,目前主要是采取综合对症支持治疗。注意休息、多饮水、加强营养,密切观察病情变化。

发病初 48 小时是最佳治疗期,对高热、临床症状明显的病人,应拍胸片,查血气分析,及早确诊,及早治疗。

2. 药物治疗

(1)抗病毒治疗:应及早应用抗病毒药物,可试用达菲(又叫奥司他韦)和扎那米韦。

达菲是一种神经氨酸酶抑制剂,对甲型 H1N1 流感病毒具有抑制作用。用于流感治疗,成人和青少年(13 岁以上)为每次 75 毫克,每日服用 2 次,疗程 5 日。对于流感预防,成人和青少年(13 岁以上)每日服用 75 毫克,连续服用 7 日,可以得到 6 周的保护。达菲主要的不良反应首先是消化道的不适,包括恶心、呕吐、腹泻、腹痛等;其次是呼吸系统的不良反应,包括支气管炎、咳嗽等;此外,还有中枢神经系统的不良反应,如眩晕、头痛、失眠、疲劳等。儿童慎用。

扎那米韦也是一种神经氨酸酶抑制剂,可选择性地抑制流感病毒表面的神经氨酸酶,抑制流感病毒复制。适用于 12 岁以上的患者。鼻吸入给药,每次 5～10 毫克,每日 2 次,疗程 5 日。对扎那米韦过敏者禁用,哮喘病人不宜用。

美国发表的资料认为,从最近的甲型 H1N1 流感病毒感染者中分离出的病毒对达菲和扎那米韦是敏感的,而对金刚烷胺和金刚乙胺则具有耐药性。

（2）抗生素治疗：如病人出现肺炎或其他细菌感染时，特别是对婴幼儿及年老体弱患者可酌情使用抗生素治疗。应根据病原菌的药物敏感性试验，选择适当的抗生素，如头孢菌素类、四环素类、大环内酯类等。

3. 中医辨证治疗

（1）毒袭肺卫

症状：发热、恶寒、咽痛、头痛、肌肉酸痛、咳嗽。

治法：清热解毒，宣肺透邪。

参考方药：炙麻黄、杏仁、生石膏、柴胡、黄芩、牛蒡子、羌活、生甘草。

常用中成药：莲花清瘟胶囊、银黄类制剂、双黄连口服制剂。

（2）毒犯肺胃

症状：发热、恶寒、恶心、呕吐、腹痛、腹泻、头痛、肌肉酸痛。

治法：清热解毒，化湿和中。

参考方药：葛根、黄芩、黄连、苍术、藿香、姜半夏、苏叶、厚朴。

常用中成药：葛根芩连微丸、藿香正气制剂等。

（3）毒壅气营

症状：高热、咳嗽、胸闷憋气、喘促气短、烦躁不安，甚者神昏谵语。

治法：清气凉营。

参考方药：炙麻黄、杏仁、瓜蒌、生大黄、生石膏、赤芍、水牛角。

必要时，可选用安宫牛黄丸，以及痰热清、血必净、清开灵、醒脑静注射液等。

（五）出院标准

卫生部 2009 年 5 月 15 日公布了《甲型 H1N1 流感确诊病例出院标准》。标准规定，同时满足下列条件时，可以出院。

1. 体温正常,流感样症状消失 3 天以上,没有并发症,临床情况稳定。

2. 流感样症状消失次日起,连续 2 天咽拭子甲型 H1N1 流感病毒核酸检测为阴性。

卫生部同时要求各医疗单位要密切配合疾病预防控制机构,做好患者出院后的随访工作。

(六)预防措施

1. 控制传染源 开展人和猪流感疫情监测。一旦发现猪或其他动物感染甲型 H1N1 流感病毒,应按照《动物检疫法》的有关规定,对疫源地进行彻底消毒。

猪在人流感发生中作用独特,原因有二:第一,猪是多种流感病毒的"贮存动物",禽流感病毒、人流感病毒、猪流感病毒都可能感染猪,这些病毒在猪体内可以发生变异或重组,产生新病毒,可能感染人;第二,猪的生命周期短,每年更新快,仔猪缺乏免疫力,对流感病毒易感性更高。

对甲型 H1N1 流感来说,病猪和带毒猪是动物传染源。病毒存在于呼吸道黏膜内,随咳嗽和喷嚏形成飞沫,通过呼吸道传染给健康猪。病毒在病猪和健康猪之间传播很快,2~3 天内就可以波及整个猪群。

潜伏期最短的为数小时,通常在 2~7 天之间。起病突然,病猪体温上升到 40.3℃~41.5℃,呼吸急促,精神萎靡,食欲减退或废绝。病猪咳嗽,眼、鼻流出黏性分泌物,常卧地不起,用手触摸病猪身体感觉肌肉发硬,有痛感。本病病程很短,一般 2~6 天可完全恢复。猪流感来势凶猛,但猪的发病率高,病死率低。如果继发细菌感染,可使病死率上升,但一般在 4% 以下。

目前,我国还没有针对猪流感的有效疫苗,而有的国家有猪流感疫苗,包括减毒疫苗和灭活疫苗两种。但因猪流感病毒亚型变异太大,不同亚型病毒之间没有交叉免疫力,所以单靠少数几个亚型疫苗进行免疫,效果并不太理想。这种情况和口蹄疫相似。因此,落实好兽医卫生防疫措施,是控制猪流感的主要手段。

但需要强调指出,符合卫生安全标准的猪肉及其制品不会传播病毒。因为加热到 70℃、20 多分钟就能彻底杀死甲型 H1N1 流感病毒,而猪肉和其他肉类的烹饪温度一般都可达到这个温度。因此,吃熟猪肉不会得甲型 H1N1 流感。

对已经发现的病人及疑似病人应及早进行隔离。我国这次防控甲型 H1N1 流感的成功实践证明,从源头上做好对传染源的隔离和治疗工作,就能有效控制甲型 H1N1 流感病毒的传播,降低疾病暴发流行的风险,最大限度地保障广大群众的健康与安全。

2. 切断传播途径　应对发现有病猪的养殖场、曾销售过病猪肉的摊档等进行消毒;对病死猪等废弃物应立即就地销毁或深埋。

对患者所在单位、家庭等进行消毒;收治病人的门诊和病房,按禽流感、传染性非典型性肺炎的标准做好隔离消毒;标本按照不明原因肺炎病例要求进行运送和处理。

3. 保护健康人群

(1)养成良好的个人卫生习惯,充足睡眠、勤于锻炼、减少精神压力、保障足够营养。

(2)避免接触有流感样症状(发热、咳嗽、流涕等)或发生肺炎的病人。

(3)注意个人卫生,经常使用肥皂和清水洗手,尤其在咳嗽或打喷嚏后。

(4)咳嗽或打喷嚏时用纸巾遮住口鼻,然后将纸巾丢进垃圾桶内。

(5)尽量避免接触生猪(特别是病猪)或前往有猪的场所。

(6)避免前往人群拥挤的场所。

（7）如在境外出现流感样症状（发热、咳嗽、流涕等），应立即就医（就医时应戴口罩），并向当地公共卫生机构和检验检疫部门说明；归国后，应立即向当地疾控部门报告，并主动配合采取相应措施。

4. 强化措施，控制医院内感染 对于疑似病人或确诊病人进行隔离并佩戴外科口罩。医务人员要做好个人防护，注意手的卫生，使用快速手消毒剂进行手消毒。

发热门诊和感染科等重点部门的医务人员，应佩戴外科口罩，必要时佩戴护目镜或防护口罩。对发热门诊和感染性疾病科等重点部门，应当加强室内通风。

用于人的甲型 H1N1 流感疫苗已研制成功。就目前情况看，普通的流感疫苗对预防人甲型 H1N1 流感没有明显效果。

5. 中医综合性预防 包括生活起居和心理预防、饮食预防、药物预防等。国家中医药管理局专门针对甲型 H1N1 流感，发布了一份中医药预防方案（2009 版）。这份方案强调要做好几个方面的预防。

（1）生活起居和心理预防

①"虚邪贼风，避之有时"，应随季节变化及时增添衣物。

②"食饮有节"，饮食要有规律。

③"起居有常"，作息要有规律。

④"精神内守，病安从来"，"恐则气下，惊则气乱"，对流感产生恐惧之心，必导致气机逆乱，气郁化热，产生毒热之邪，更易招致外感。

（2）饮食预防：饮食宜清淡，少食膏粱厚味之品（易化生积热）。在日常生活中，做一些简单、美味的小药膳，对预防流感也有帮助。方案中推荐的饮食小药膳如下：

①二白汤。葱白 15 克，白萝卜 30 克，香菜 3 克。加水适量，煮沸热饮。

②姜枣薄荷饮。苏叶 3 克,生姜 3 克,大枣 3 个。生姜切丝,大枣切开去核,与薄荷共装入茶杯内,冲入沸水 200～300 毫升,加盖浸泡 5～10 分钟,趁热饮用。

③桑叶菊花水。桑叶 3 克,菊花 3 克,芦根 10 克。沸水浸泡,代茶频频饮服。

④薄荷梨粥。薄荷 3 克,带皮鸭梨(削皮)1 个,大枣(切开去核)6 枚,加适量水,煎汤过滤,制成薄荷梨汤。用小米或大米 50 克煮粥。粥熟后加入薄荷梨汤,再煮沸即可食用。平时容易"上火"的人可吃。

⑤其他。荸荠、百合、梨等具有清热生津的作用,可以适当食用。鲜鱼腥草 30～60 克,蒜汁加醋凉拌。鲜败酱草 30～60 克,蒜汁加醋凉拌或蘸酱吃。鲜马齿苋 30～60 克,蒜汁加醋凉拌或蘸酱吃。赤小豆、绿豆适量,熬汤服用。

如果口鼻干燥较重,可用棉签蘸香油外涂,具有润燥的功效。

(3)药物预防

①桑叶 10 克,白茅根 15 克,金银花 12 克。

功能:清热宣肺。

适用人群:成人面色偏红,口咽、鼻时有干燥,喜凉,大便略干,小便黄。

煎服方法:每日 1 剂,清水煎。早晚各 1 次,3～5 剂为宜。

②紫苏叶 10 克,佩兰 10 克,陈皮 10 克。

功能:健脾化湿。

适用人群:成人面晦无光,常有腹胀,大便偏溏(稀薄)。

煎服方法:每日 1 剂,清水煎。早晚各 1 次,3～5 剂为宜。

③大青叶 5 克,紫草 5 克,生甘草 5 克。

功能:解毒清热。

适用人群:成人面色偏红,口咽、鼻时有干燥,喜凉,大便略干,小便黄。

煎服方法：每日 1 剂，清水煎。早晚各 1 次，3～5 剂为宜。

建议不同人群在执业医师的指导下连续服用 3 剂，在感冒流行期间可再服用 3～5 剂。在流感流行期间可广泛服用。

④藿香 6 克，紫苏叶 6 克，金银花 10 克，生山楂 10 克。

功能：清热消滞。

适用人群：儿童易夹食夹滞者。此类儿童容易"上火"，口气酸腐，大便臭秽或干燥。

煎服方法：每日 1 剂，清水煎。早晚各 1 次，3～5 剂为宜。

⑤服用中药预防感冒注意事项，老人、儿童应在医师的指导下适当减量服用，慢性疾病患者及妇女经期、产后慎用，孕妇禁用。预防感冒的中药不宜长期服用，一般服用 3～5 天即可。服药期间或服药后感觉不适者，应立即停止服药并及时咨询医师。对上述药物有过敏史者禁用，过敏体质者慎用，不要轻信所谓的秘方、偏方和验方。

三、人禽流感

我国人禽流感的病死率高于世界平均值

由于中国一些地区的基层医疗条件有限,一些病例发现较晚,治疗不够及时,再加上禽流感发病快,很容易引发多脏器功能衰竭。因此,目前中国发生的人感染禽流感的病死率高于全球平均值。2005 年 10 月至 2006 年 2 月,我国共确诊人感染禽流感病例 12 例,其中 8 例抢救无效死亡,病死率为 66.7%。而截至 2006 年 2 月 9 日,全世界已报告人感染禽流感病例 166 例,其中 88 人死亡,病死率为 53%。环境污染是导致未发生动物禽流感疫情地区出现人感染禽流感病毒病例的原因之一。我国已报告的人感染禽流感病例中,有几例发生在未发现动物禽流感疫情的地区。据专家分析,这些病例的患病原因是感染了禽流感病毒的病死家禽对环境造成了污染。

——摘自《上海证券报》(2006 年 2 月 11 日)　余　洋

(一)概述

引起人禽流感的病原是禽流感病毒,这种病毒很久以来只是对禽类有致病性,并不感染人类。但是 1997 年,我国香港首次发生了人类感染高致病性禽流感病例并导致死亡事件后,不断有人类感染禽流感的病例报道。人感染高致病性禽流感后,病情凶险,病死率超过50％。世界卫生组织认为,该疾病可能是对人类潜在威胁最大的疾病之一,已引起高度关注。

禽流感是禽流行性感冒的简称,是由禽流感病毒引起的一种禽类的传染性疾病。人禽流感是由禽流感病毒某些亚型中的病毒株感染人,而引起人的一种急性呼吸道传染病。目前已证实感染人的禽流感病毒亚型有 H5N1、H7N2、H7N7、H7N3、H9N2 等。其中以 H5N1 亚型禽流感病毒感染引起人的禽流感病情重、病死率高,称为高致病性禽流感。

1878 年,伯兰西多(Perroncito)首次报道在意大利鸡群暴发的一种严重疾病,当时称为"鸡瘟"。1901 年,森坦尼克(Centann-ic)和萨茹诺兹(Sarunozzi)分离和描述了该病的病原,并证实为病毒。直到 1955 年,夏弗尔(Schafer)才证实这种鸡瘟病毒实际上是甲型流感病毒。1959 年,威尔逊(Wilson)首次在苏格兰从发病鸡群中分离出 H5N1 亚型禽流感病毒。1981 年,在第一次国际禽流感会议上把本病正式命名为禽流感。

自首次报道禽流感后 100 多年间,本病不断在世界各地暴发,特别是近年来,禽流感疫情频繁发生,造成了大量家禽死亡和被宰杀,使家禽养殖业遭受了重创。如 1997 年香港爆发禽流感,为控制疫情宰杀了 130 万只鸡。1999 年英国爆发禽流感,感染的鸡群100％发病,3 天之内病死率达 90％,因病宰杀了 1 300 万只家禽。2002 年美国加州爆发禽流感,政府投入 1 500 万美元,1 500 名防疫人员,仍未能有效控制。2003 年 3 月荷兰再次爆发禽流感,虽然对 900 多个农场、1 400 多万只鸡进行了隔离,宰杀 1 800 多万只病鸡,但疫情仍扩散到与荷兰毗邻的比利时和德国,随后波及整个欧洲。2003 年底亚洲暴发大规模的 H5N1 亚型高致病性禽流感,很短时间内疫情波及韩国、日本、越南、泰国、印尼、巴基斯坦、老挝、中国及中国台湾、香港等十几个国家和地区,数以亿计的家禽病死或被宰杀,不但损失惨重,而且还威胁到人类健康。

通常禽流感病毒并不感染人类。然而1997年5月,我国香港特别行政区一个3岁儿童死于不明原因的多器官功能衰竭,同年8月经美国疾病预防和控制中心,以及荷兰鹿特丹国家流感中心鉴定,为H5N1亚型禽流感病毒感染引起。当年香港共确诊18例人禽流感病例,死亡6例。这是禽流感病毒直接感染人类的首次报道,引起了全世界的震惊和关注。

2003年以来,人禽流感在许多国家和地区暴发流行。根据世界卫生组织统计,截至2008年4月27日,有阿塞拜疆、柬埔寨、吉布提、埃及、印尼、伊拉克、老挝、缅甸、尼日利亚、巴基斯坦、泰国、土耳其、越南和中国的14个国家报告人禽流感病例。截至2008年4月29日,我国卫生部通报的全国人感染高致病性禽流感病例共30例,死亡20人,病死率为66.7%。

(二)发生原因和传播方式

禽流感的易感动物主要是家禽和野禽,如鸡、火鸡、珍珠鸡、鸽、石鸡、鹌鹑、鹅、鸭等家禽,以及八哥、乌鸦、麻雀、雉鸡、孔雀、鹧鸪、燕鸥、天鹅、鹭、海鸠、海鹦、野鸭、鹦鹉、燕子、鸵鸟、斑头雁、棕头鸥、鸬鹚、鱼鸥、喜鹊、游隼、苍鹭、池鹭等野禽,已发现带毒的禽鸟类达88种。家禽中以鸡、火鸡最易感,其次为鸭、鹅。除了鸭、鹅以外,其他水禽感染禽流感后,多表现为隐性经过,一般不发病,但可长期带毒,成为禽流感病毒的巨大储存库。另外,猪、马、豹、虎、猫、海豹、水貂、鲸等哺乳动物也可感染发病。目前认为,人类也可感染禽流感病毒,患者无明显性别差异。世界卫生组织认为,老年人、与家禽(尤其是病死禽)密切接触的人、与禽流感病人密切接触者(包括医护人员),为感染禽流感病毒的高危人群。

病禽、健康带毒的禽,特别是感染H5N1亚型病毒的鸡、鸭是重要的传染源。随着被感染候鸟的迁徙,常常导致禽流感的远距离传播扩散。人类感染禽流感的主要途径是呼吸道传播。其次,接触病禽及被病毒污染的物品,包括家禽的粪便、羽毛、呼吸道分泌物、内脏、血液,沾有禽粪的蛋等也可感染。另外,通过眼结膜或破损皮肤也能引起感染。到目前为止,还没有证据表明禽流感能够在人与人之间传播。禽流感高危人群包括兽医,从事家禽饲养、贩卖、屠宰、加工的人员,相应实验室的工作人员,在现场处置疫情而未采取严格防护措施的人员,诊治、护理禽流感病人或疑似病例的医护工作者。

(三)症状和诊断

人禽流感潜伏期一般为1～7天,通常为2～4天,最长可达10天。起病急,早期表现类似普通型流感。主要症状为发热,体温大多在39℃以上,可持续1～7天,一般3～4天;伴有鼻塞、流涕、咳嗽、咽痛、头痛、全身肌肉酸痛和全身不适。部分病人可有恶心、腹痛、腹泻、稀水样便等消化道症状。约半数病例出现肺部感染,查体可发现双肺有干、湿性罗音。少数患者病情进展迅速,出现临床症状明显的肺炎,导致肺出血、呼吸窘迫综合征、呼吸衰竭、心脏功能衰竭、肾功能衰竭、败血症、休克等多种并发症。最终因全身多脏器功能衰竭而死亡。通常感染H5N1亚型禽流感病死率超过60%。感染H9N2亚型的病人一般仅有轻微的上呼吸道症状,部分患者甚至没有任何症状;感染H7N7亚型的患者主要表现为结膜炎和上呼吸道卡他症状。

【人禽流感诊断要点】 一是依据流行病学史,如发病前2周曾到过禽流感疫区,2周内曾到过活禽交易市场或屠宰场,发病前7天内与病、死禽及其污染物有过密切接触。二是根据病人出现发热和上呼吸道感染的临床症状。三是进行必要的实验室检查,主要是血清学检测、病毒分离、病毒抗原及核酸检测等,并经两个不同的参考实验室验证。

(四)治疗方法

对确诊患者应进行隔离治疗。

1. 对症治疗　包括解热、镇痛、止咳、祛痰、缓解黏膜充血。儿童忌用阿司匹林或含阿司匹林,以及其他水杨酸制剂的药物。要密切观察病情,及时发现和处理各种并发症。

2. 抗病毒治疗　应在发病 48 小时内使用抗流感病毒药物。

(1)新型抗流感病毒药物——达菲,成人剂量每日 150 毫克,儿童剂量每日每千克体重 3 毫克,分 2 次口服,疗程 5 日。

(2)金刚烷胺和金刚乙胺,金刚烷按成人剂量每日 100～200毫克,儿童每日每千克体重 5 毫克,分 2 次口服,疗程 5 日。但应注意中枢神经系统和消化系统的不良反应。老年患者及孕妇慎用,有癫痫病史者、哺乳期妇女、新生儿和 1 岁内婴儿忌用。

(3)利巴韦林(又叫病毒唑),每次 200 毫克,每日 3 次,口服,疗程一般 3～5 日。世界卫生组织只推荐使用上述(1)、(2)类药物。

3. 中医药治疗　2005 年,卫生部对人禽流感中医中药的辨证治疗和中成药治疗进行了推荐。

(1)中成药应用:应当辨证使用中成药,可与中药汤剂综合应用。

①解表清热类。可选用连花清瘟胶囊、柴银口服液、银黄颗粒等。

②清热解毒类。可选用双黄连口服液、清热解毒口服液(或颗粒)、鱼腥草注射剂、双黄连粉针剂等。

③清热开窍化瘀类。可选用安宫牛黄丸(或胶囊)、清开灵口

服液(或胶囊)、醒脑净注射液、痰热清注射液、血必净注射液等。

④清热祛湿类。可选用藿香正气丸(或胶囊)、葛根芩连丸等。

⑤止咳化痰平喘类。可选用苦甘冲剂、痰热清注射液、喉枣散、祛痰灵等。

⑥益气固脱类。可选用生脉注射液、参麦注射液、参附注射液等。

(2)中医辨证治疗

①毒邪犯肺

主症:发热,恶寒,咽痛,头痛,肌肉关节酸痛,咳嗽,少痰,苔白,脉浮滑数。

基本方及参考剂量:柴胡10克,黄芩12克,炙麻黄6克,炒杏仁10克,金银花10克,连翘15克,牛蒡子15克,羌活10克,白茅根15克,生甘草6克。

加减:咳嗽甚者,酌加炙枇杷叶、浙贝母;恶心呕吐者,酌加竹茹、紫苏叶。

②毒犯肺胃

主症:发热,或恶寒,头痛,肌肉关节酸痛,恶心,呕吐,腹泻,腹痛,舌苔白腻,脉浮滑。

基本方及参考剂量:葛根20克,黄芩10克,黄连6克,鱼腥草30克,苍术10克,藿香10克,姜半夏10克,厚朴6克,连翘15克,白芷10克,白茅根20克。

加减:腹痛甚者,酌加炒白芍、炙甘草;咳嗽重者,酌加炒杏仁、蝉蜕。

③毒邪壅肺

主症:高热,咳嗽少痰,胸闷憋气,气短喘促,或心悸,躁扰不安,甚则神昏谵语,口唇紫暗,舌暗红,苔黄腻或灰腻,脉细数。

基本方及参考剂量:炙麻黄9克,生石膏(先下)30克,炒杏仁10克,黄芩10克,知母10克,浙贝母10克,葶苈子15克,桑白皮

15克,蒲公英15克,草河车10克,赤芍10克,牡丹皮10克。

加减:高热,神志恍惚,甚则神昏谵语者,酌加安宫牛黄丸,也可选用痰热清注射液、鱼腥草注射液;口唇发绀者,酌加黄芪、三七、当归尾;大便秘结者,酌加生大黄、芒硝。

④内闭外脱

主症:高热或低热,咳嗽,憋气喘促,手足不温或肢冷,冷汗,唇甲发绀,脉沉细或脉微欲绝。

基本方及参考剂量:生晒参15克,麦冬15克,五味子10克,炮附子(先下)10克,干姜10克,山茱萸30克,炙甘草6克。

加减:汗出甚多者,酌加煅龙骨、煅牡蛎;痰多,喉中痰鸣,苔腻者,酌加金荞麦、苏合香丸、猴枣散。

4. 支持治疗和预防并发症　注意休息、多饮水、增加营养,给予易消化的饮食。密切观察、监测并预防并发症。抗生素应在明确或有充分证据提示继发细菌感染时使用。

5. 重症患者的治疗　重症或发生肺炎的病人应送入重症监护病房进行救治。对出现呼吸功能障碍者,给予吸氧及其他呼吸支持。发生其他并发症患者,应积极采取相应治疗措施。

(五)预防措施

1. 防控人禽流感关键的是要做好禽类禽流感的预防　要按照我国农业部制定的《高致病性禽流感防治技术规范》的要求,做好各项防控工作。一是加强疫情的监测,包括对家禽和候鸟的监测,以便及时发现疫情。二是无病地区,加强检疫,禁止从发病地区输入动物及未经无害化处理的畜产品;避免鸡群与野鸟、水禽、海鸟接触,鸡场应远离迁徙性水禽、海鸟的水源地;加强兽医卫生管理措施,无关人员不得进出养禽场所,人员进出养禽场应消毒。三是进行免疫预防,禽流感是我国规定的强制免疫的疫病,对家禽必须按规定进行疫苗免疫；要使用与当地流行毒株毒型相同的疫苗进行免疫接种，我国现有 H5、H7、H9 亚型的灭活苗，其免疫效果良好。四是发生本病时，及时上报疫情，封锁疫区，并通知邻近地区做好防疫工作；扑杀疫区内（疫点周围 3 千米）所有易感动物，焚烧或掩埋禽类尸体及污染物；彻底消毒污染的禽舍、环境；停止易感动物流通、进出疫区要消毒。五是定期对养禽场内的环境、禽舍、用具进行消毒。消毒可使用 3%～5% 甲酚消毒剂，1% 复合酚，2%～4% 氢氧化钠，0.1%～0.2% 过氧乙酸等。养殖场门口设消毒池，同时对粪便和垃圾要深埋或发酵。六是加强禽群的饲养管理，减少应激，同时加强营养，增强抗病力，并做好其他疫病的防治，减少并发症和继发感染。

禽类发生禽流感的潜伏期通常为 3～5 天，最长 21 天。高致病性禽流感的症状为突然发病，病禽体温升高达 42℃ 以上，食欲废绝，极度精神沉郁，呆立、闭目昏睡，冠髯水肿、发绀，呼吸困难，流泪、咳嗽、打喷嚏，口流黏液，头、颈常出现水肿，腿部皮下水肿、出血，腹泻，粪便呈黄白色或绿色，产蛋急剧下降或停止；病程很短（2～3 天），常于症状出现后数小时内死亡，病死率接近 100%。

2. 与禽类密切接触者的预防 饲养管理人员，屠宰、加工人员及兽医等，应尽量减少与发病禽类的接触，必须接触时应戴手套和口罩，穿隔离衣，接触后做好消毒工作；用过的医疗器械应消毒处理；必要时工作人员可服用金刚烷胺等进行药物性预防。

3. 高危人群的预防 疫区内处理、销毁病死禽的工作人员应穿防护服，戴防毒面罩，预先服用抗病毒药物；儿童、老人和体弱者及高危人群要进行药物预防。

4. 加强对密切接触禽类人员的监测 当这些人员中出现流感样症状时，应立即进行流行病学调查，采集病人标本并送至指定实验室检测，以进一步明确病原，同时应采取相应的防治措施。

5. 加强对检测标本和实验室禽流感病毒毒株的管理 严格

执行操作规范。所有接触人禽流感病人的医护工作者,均应加强自身防护,如戴口罩、手套、穿隔离衣,接触病人后严格洗手消毒等,以杜绝医院内感染的发生。

6. 注意饮食安全 不食用未煮熟的禽蛋制品和病死禽。应尽量减少与活禽、鸟类接触,建议逐渐取缔活禽交易市场;饲养的宠物鸟、鸽要避免与其他鸟类接触。

7. 有效的疫苗接种 疫苗接种是最有效预防手段。我国研制的首个人用 H5N1 禽流感疫苗——盼尔来福(Panflu)已于 2008 年 4 月获批生产。该疫苗适合 18～60 岁人群,全程免疫需接种两针。据报道,该疫苗有较好的免疫效果和安全性,但尚未上市销售。

四、传染性非典型性肺炎

广东出现非典型肺炎病例

近来,广东省部分地区陆续出现一些非典型肺炎病例,引起有关部门和医学专家的关注。此次的非典型性肺炎多表现为急性起病,以发热为首发症状,偶有畏寒,同时伴有头痛、全身和关节酸痛、乏力特点,并有干咳与少痰等明显呼吸道症状,个别病人偶有血丝痰,部分病人出现呼吸加速,气促等上呼吸道病毒感染症状。该病有一定传染性,可以通过近距离飞沫、接触呼吸道分泌物等途径传播。有关专家提醒市民,保持生活和工作的室内空气流通,家庭可用食用醋酸熏蒸消毒空气;个人要注意清洁,勤洗手,与病人接触者需戴口罩,注意手的清洁和消毒,多参加锻炼,增强自身抗病能力。

——摘自《健康报》(2003 年 2 月 11 日) 李天舒、黄 飞

(一)概述

引起传染性非典型性肺炎的元凶是一种冠状病毒,它最早出现于我国的广东省,然后在短短 4～5 个月内迅速扩散,引起全世界 30 多个国家和地区的大流行。本病是一种人类急性呼吸道传染病。临床上以发热、乏力、头痛、肌肉关节酸痛和淋巴细胞减少,以及干咳、胸闷、呼吸困难等呼吸道症状为特征。其传染性强,发

病急,病死率高,常用抗生素治疗无效,因此成为人们高度关注的一种新发传染病。

传染性非典型性肺炎(SARS),俗称"非典",又称严重急性呼吸综合征,是 21 世纪出现的第一个新发感染性疾病。2002 年 11 月 16 日,广东省佛山市发现世界首例非典病例,到 2003 年 2 月份疫情开始在全省扩散,2 月底 3 月初达到高峰。随后蔓延到华北的山西、北京、内蒙古、天津及河北等地。2003 年 2 月 21 日,广州的一名医生到香港探亲,23 日发病死亡,并感染了住同一酒店的 10 名客人,进而导致了香港、越南、加拿大、新加坡的非典暴发流行。截止 2003 年 8 月非典流行终止,全球有 32 个国家和地区发生非典疫情,累计病例 8 422 例,死亡 916 例。

我国共报告非典病例 7 748 例,死亡 829 人,分别占全球总数的 92% 和 90.5%。其中,我国大陆 24 个省、市、自治区报告临床诊断病例 5 327 例,香港 1 755 例,台湾 665 例,澳门 1 例。

中国以外的其他国家共报告病例 674 例,死亡 87 例,报告病例数在 10 例以上的国家有加拿大、新加坡、越南、美国和菲律宾。蒙古、泰国和德国报告非典病例数均为 9 例。其他国家报告 1～7 例不等,除蒙古报告 1 例本地感染病例外,其余均为输入性病例。

人们对这场突如其来的新疫病,有一个认识的过程。2003 年 1 月 2 日,广州医学院第一附属医院专家第一次作出"非典型肺炎"的临床诊断。3 月 15 日,世界卫生组织将其命名为"严重急性呼吸系统综合征"。3 月 23 日,中国香港和美国分别报告在病例中分离出冠状病毒。4 月 7 日,中国卫生部印发《传染性非典型肺炎临床诊断标准(试行)》。4 月 12 日,加拿大某研究所完成了该病毒的全基因序列测定。4 月 16 日世界卫生组织正式确认,引起非典型肺炎的病原体是冠状病毒的一个变种,并正式命名为传染性非典型性肺炎冠状病毒。

2003 年 8 月该病的流行被扑灭。2003 年 12 月到 2004 年 1

月除广东省又发生一次局部性小范围的非典流行外,到目前为止疫情再未出现。迄今,人们对本病依然保持着高度的警惕性。流行病学调查表明,传染性非典型性肺炎冠状病毒来自动物、特别是野生动物的可能性最大。

(二)发生原因和传播方式

通过野生动物把传染性非典型性肺炎病毒传播到人,这一点已是肯定的。但是,到底是哪些动物、通过什么方式最终使人感染发病,目前还没有完全弄清楚。已从蝙蝠、果子狸、貉和浣熊等多种野生动物体内检测出传染性非典型性肺炎相关冠状病毒。病毒由野生动物传给人的主要原因,可能与人食用野生动物的行为有关。非典首发于吃野生动物风气较盛的广东省,并且流行初期,一些原发病例均与饮食行业相关也说明了这一点。

人类对传染性非典型性肺炎冠状病毒具有高度易感性。病毒从动物传入人类社会后,导致了毫无免疫准备的人群发病,然后发病病人就成为本病的主要传染源。个别病人由于在流行期间造成数十,甚至上百与之接触过的人感染发病,而成为"超级传播者"。传染性非典型性肺炎冠状病毒具有高度的传染性,医院感染率非常高,医务人员被感染约占总病例人数的20%。

近距离呼吸道飞沫传播,是传染性非典型性肺炎病毒经空气播散的主要形式。接触传播是另一种重要途径,非典病人的痰液、尿液、粪便等排泄物含有病毒,对环境造成污染,生活中不慎接触污染物,可经手、口、鼻、眼黏膜等引起感染。

(三)症状和诊断

该病潜伏期为1～16天,常见为3～5天。以高热、干咳、低氧血症、肺部有絮状阴影为主要特点,但不同患者症状有所不同。患者起病急,多以发热为首发症状,且100%的患者都有此症状,以持续高热为主,体温常超过38℃。部分病人在高热数天后,体温可自行下降,2～3日后再次出现高热。病人较常出现的症状依次为畏寒和寒战、肌痛、干咳、头痛、头晕,出现频率较低的症状有咳痰、咽喉痛、咯血、恶心、呕吐及腹泻。严重者出现呼吸困难、气促及胸闷等症状。个别病人病情进一步恶化,发展成呼吸窘迫综合征,导致呼吸衰竭。肺部听诊可闻干性或湿性罗音,偶有哮鸣音,严重者有肺实变体征。病情于10～14天达到高峰,14天后发热渐退,肺部阴影缓慢吸收。

非典的病死率受多种因素影响。据世界卫生组织统计分析,不同年龄的发病人群病死率差别很大,24岁以下不足1%,25～44岁为6%,45～64岁为15%,65岁以上超过50%。此外,机体免疫状态,以及是否并发其他疾病和感染,也影响病死率。

【传染性非典型性肺炎诊断要点】　根据中国疾病预防控制中心公布的《非典型肺炎病例的临床诊断标准(试行)》,本病的诊断要点如下:

(1)流行病学史,了解与发病者是否有密切接触,或属于受传染的群体发病者之一,或有明确传染他人的证据;发病前2周内是否到过或居住于报告有非典病人并出现继发感染疫情的区域。

(2)根据症状与体征。

(3)做肺部影像学检查。X线胸片显示肺部不同程度的片状、斑片状浸润性阴影或呈网状样改变。胸部CT检查,有助于发现早期轻微病变。

(4)抗菌药物治疗无明显效果。

(5)进行实验室检查,包括外周血白细胞计数、淋巴细胞计数、病原检查及血清学检查等。

(四)治疗方法

目前仍无特效治疗药物,临床上主要以对症支持治疗和针对并发症的治疗为主。结合 2003 年 5 月 26 日我国颁布的传染性非典型性肺炎推荐治疗方案,主要治疗方法如下:

1. 隔离和护理　按呼吸道传染病隔离和护理,疑似病例与临床诊断病例分开收治,病人要单间隔离。密切观察病情变化,检测症状、体温、呼吸频率、血氧饱和度或动脉血气分析、血常规、胸片(早期复查间隔时间不超过 2～3 天),以及心、肝、肾功能等。提供足够的维生素和热能,保持水、电解质平衡。病人在隔离初期,往往有沮丧、绝望或孤独的感觉,影响病情的恢复,所以关心安慰病人,给予心理辅导也很重要。

2. 一般治疗　卧床休息。避免剧烈咳嗽,咳嗽剧烈者给予镇咳,咳痰者给予祛痰药。发热超过 38.5℃者,可使用解热镇痛药,儿童忌用阿司匹林;或给予冰敷、酒精擦浴等物理降温。有心、肝、肾等器官功能损害者,应做相应处理。

3. 氧疗　出现气促或低氧血症者,应及早给予持续鼻导管或面罩吸氧。

4. 糖皮质激素治疗　具有以下指标之一者即可应用糖皮质激素治疗。

(1)有严重中毒症状,高热持续 3 天不退。

(2)48 小时内肺部阴影面积扩大超过 50%。

(3)有急性肺损伤或出现急性呼吸窘迫综合征。如可用甲泼尼龙,一般成人剂量为每日 80～320 毫克,必要时可适当增加剂量,大剂量应用时间不宜过长。具体剂量及疗程应根据病情调整,待病情缓解或胸片阴影有所吸收后逐渐减量、停用。注意糖皮质激素的不良反应,尤其是大剂量应用时,应警惕血糖升高和真菌感染等。建议采用半衰期短的糖皮质激素。儿童慎用。

5. 并发和继发细菌感染者的治疗　根据临床情况,选用适当的抗感染药物,如大环内酯类、氟喹诺酮类、盐酸去甲万古霉素等。

6. 应用抗病毒药物治疗　早期可试用。目前还没有特效药,推荐使用病毒唑、达菲或干扰素,其疗效仍有争议。

7. 增强免疫力　重症患者可试用增强免疫力的药物。恢复期患者血清疗法只在个别患者试用过,一般不主张使用。丙种球蛋白对继发感染者有一定疗效,胸腺素和干扰素等药的疗效与风险还需进一步评估。

8. 重症患者的处理和治疗

(1)加强对患者的动态监护,有条件的医院,尽可能收入重症监护病房。

(2)使用无创伤正压机械通气治疗。调节吸氧流量和氧浓度,维持血氧饱和度＞93％,应持续应用(包括睡眠时间),减少暂停时间,直到病情缓解。

(3)严重呼吸困难和低氧血症,经无创伤正压机械通气治疗后症状没有改善,或对无创伤正压机械通气治疗不能耐受者,应及时进行有创正压机械通气治疗。

(4)对出现急性呼吸窘迫综合征的病人,应直接应用有创正压机械通气治疗;出现休克或多器官障碍综合征,应予相应治疗。使用呼吸机期间,极易引起医务人员被病毒感染,因此需加强医护人员的自身防护。气管插管宜采用快速诱导,谨慎处理呼吸机废气,气管护理过程中吸痰、冲洗导管等,均应小心对待。

9. 中医治疗　非典属于中医"热病"范畴,病因为感受疫毒时邪,病位在肺。其基本病机特点为:热毒痰瘀,壅阻肺络,热盛邪实,湿邪内蕴,耗气伤阴,甚则出现气急喘脱的危象。卫生部《非典型肺炎中医药防治技术方案(试行)》推荐的预防措施和中医辨证治疗如下。

（1）中医预防措施

①处方一。鲜芦根 20 克，金银花 15 克，连翘 15 克，蝉蜕 10 克，白僵蚕 10 克，薄荷 6 克，生甘草 5 克。水煎代茶饮，连续服用 7～10 日。

②处方二。苍术 12 克，白术 15 克，黄芪 15 克，防风 10 克，藿香 12 克，沙参 15 克，金银花 20 克，贯众 12 克。水煎服，每日 2 次，连续服用 7～10 日。

③处方三。贯众 10 克，金银花 10 克，连翘 10 克，大青叶 10 克，紫苏叶 10 克，葛根 10 克，藿香 10 克，苍术 10 克，太子参 15 克，佩兰 10 克。水煎服，每日 2 次，连续服用 7～10 日。

④与非典病例或疑似病例有接触的健康人群，在医生指导下服用的预防性中药处方。生黄芪 15 克，金银花 15 克，柴胡 10 克，黄芩 10 克，板蓝根 15 克，贯众 15 克，苍术 10 克，生薏苡仁 15 克，藿香 10 克，防风 10 克，生甘草 5 克。水煎服，每日 2 次，连续服用 10～14 日。

（2）中医辨证治疗：在《非典型肺炎病例或疑似病例的推荐治疗方案和出院诊断参考标准（试行）》等防治技术方案的基础上，为进一步提高非典的临床疗效，可以根据实际情况，参考使用以下中医药治疗方法，对非典病例或疑似病例按照中医辨证论治的原则，因地制宜，分期分证，进行个体化治疗。同时还要根据病情变化，适时调整治法治则，随症加减。

①早期。患者以热毒袭肺、湿遏热阻为病机特征。临床上分为热毒袭肺、湿热阻遏、表寒里热夹湿 3 种证候类型。属热毒袭肺证者，宜清热宣肺，疏表通络，可选用银翘散合麻杏石甘汤加减；属湿热阻遏证者，宜宣化湿热，透邪外达，可选用三仁汤合升降散加减，如湿重热轻，也可选用藿朴夏苓汤；属表寒里热夹湿证者，宜解表清里，宜肺化湿，可选用麻杏石甘汤合升降散加减。

②中期。患者以疫毒侵肺，表里热炽，湿热蕴毒，邪阻少阳，疫

毒炽盛,充斥表里为病机特征。临床上分为疫毒侵肺,表里热炽;湿热蕴毒;湿热郁阻少阳;热毒炽盛4种证候类型。属疫毒侵肺、表里热炽证者,宜清热解毒,泻肺降逆,可选用清肺解毒汤;属湿热蕴毒证者,宜化湿辟秽,清热解毒,可选用甘露消毒丹加减;属湿热郁阻少阳证者,宜清泄少阳,分清湿热,可选用蒿芩清胆汤加减;属热毒炽盛证者,宜清热凉血,泻火解毒,可选用清瘟败毒汤加减。

③极期。患者以热毒壅盛,邪盛正虚,气阴两伤,内闭外脱为病机特征。临床上分为痰湿瘀毒、壅阻肺络,湿热壅肺、气阴两伤,邪盛正虚、内闭喘脱3种证候类型。属痰湿瘀毒、壅阻肺络证者,宜益气解毒、化痰利湿、凉血通络,可选用活血泻肺汤;属湿热壅肺、气阴两伤证者,宜清热利湿、补气养阴,可选用益肺化浊汤;属邪盛正虚、内闭喘脱证者,宜益气固脱、通闭开窍,可选用参附汤加减。

④恢复期。患者以气阴两伤,肺脾两虚,湿热瘀毒未尽为病机特征。临床上分为气阴两伤、余邪未尽,肺脾两虚两种证候类型。属气阴两伤、余邪未尽证者,宜益气养阴、化湿通络,可选用李氏清暑益气汤加减;属肺脾两虚证者,宜益气健脾,可选用参苓白术散合葛根芩连汤加减。

(五)预防措施

1. 避免接触野生动物 由于非典是从野生动物传给人类的,因此不随意猎食野生动物,和野生动物保持适当距离,对从源头预防非典至关重要。

2. 控制传染源 发现或怀疑本病时,应尽快向疾病预防中心报告,做到早发现、早隔离、早治疗。就地隔离治疗是控制非典传播的重要环节。发现非典疑似病人,应立即就地隔离观察和报告;对密切接触者,应进行小范围的在家、在宿舍或在住宿区的隔离观察,隔离期为14天。在家中接受隔离观察时应注意通风,避免与家人密切接触,并由专业人员进行医学观察,每天测量体温。如发现符合疑似或临床诊断标准时,立即以专门的交通工具转往指定医院。

3. 切断传播途径 一旦出现非典疫情,在疫区注意室内经常通风换气,促进空气流通,勤打扫环境卫生,勤晾晒衣服和被褥等。对有非典病人或疑似病人居住或到过的场所或乘坐的交通工具等,要进行医学监测,并由当地疾病预防控制机构采取消毒措施。保证商场、超市、影院等公共场所中央空调系统的送风安全,必要时对供送气设备进行消毒。

4. 控制医院感染 在非典流行期间,医护人员感染比例非常高,因此控制医院感染十分重要。医院应设立相对独立、通风良好的发热病人诊室;一旦发现疑似病人应立即收到专门的留观室;病人须收治在专门隔离病区,疑似病人与确诊病人要收入不同的病房;住院病人均需严格隔离,不得离开病区,不设陪护,禁止探视。进入病区戴口罩、帽子、防护眼镜、鞋套、穿隔离衣和洗手,是预防医护人员院内感染非典的重要保护措施。

5. 保护易感人群 目前尚无有效的预防药物。正在研制的马抗血清及灭活疫苗已进入临床验证阶段,还没有正式应用。因此,目前还是以注意个人防护为主,如保持良好的个人卫生习惯,打喷嚏、咳嗽和清洁鼻子后要洗手,不要共用毛巾。还应注意均衡饮食、定期运动、充足休息,增强身体抵抗力。避免去空气流通不畅和人口密集的公共场所。

五、鼠 疫

鼠疫并未远去

中华预防医学会媒介生物学及控制分会名誉主任委员、中国疾病预防控制中心汪诚信研究员指出,鼠疫是一种自然疫源性疾病,其地方性特征比较明显,一般不会向外扩展。目前对我国威胁最大的是旱獭鼠疫,它是一种古老的鼠疫,主要在青海、甘肃、西藏一带流行。汪诚信说,交通设施的改善以及人员交往和流动的日渐频繁,给鼠疫远距离传播带来了便利条件,应高度关注染疫动物的远距离贩运和食用染疫动物问题。经过近半个世纪的努力,鼠疫发病人数虽然每年很少,但并未被彻底控制。

——摘自《科学时报》(2006 年 9 月 18 日) 潘 锋

(一)概述

鼠疫是一种烈性传染病,主要是通过携带鼠疫杆菌的鼠蚤和接触染病动物而传播的。人感染鼠疫杆菌后,临床表现为体温升高,淋巴结肿大、出血、坏死、化脓,周围组织显著水肿与出血,发生出血性支气管炎,细菌侵入血流可引起败血症,造成各组织器官的出血性炎症、脑炎,以及感染性休克。最后病人意识模糊,血压下降,可于 2～3 天内死于休克及心力衰竭。本病一旦发生,传播迅速,病死率高达 70%～100%,属于我国《传染病防治法》规定管理的甲类传染病,也是国际检疫的主要传染病之一。

在 1884 年,日本人北里和法国学者耶尔森(Yersin)在香港鼠疫流行时同时发现本病。鼠疫在人类历史上曾有过 3 次大流行。

第一次大流行发生在公元 6 世纪(520～565 年),起源于中东自然发病地区,从埃及的西奈半岛,巴勒斯坦传到欧洲,几乎波及欧洲的所有国家,并持续了 40 余年。在急性暴发流行期,每天死亡 5 000～10 000 人,死亡总数将近 1 亿人。

第二次大流行发生于 14 世纪,一直持续到 17 世纪中叶(1346～1665 年),前后达 300 余年。起源于西亚的美索布达米亚平原,因十字军远征而被传播到欧亚大陆及非洲北海岸,欧洲死亡人数 2 500 万,我国死亡人数达 1 300 万。

第三次大流行始于 19 世纪末(1894 年),起源于我国云南与缅甸交界处,至 20 世纪 30 年代达最高峰,波及亚洲、欧洲、美洲和非洲的 60 多个国家,死亡人数约 1 500 万人,其中印度在 1907 年就有 131.5 万人死于本病。这次流行一直延续到 20 世纪 60 年代初。从此以后,鼠疫在世界上的一些国家或地区呈散发性流行。

20 世纪 70～80 年代,全世界报告的鼠疫病例平均每年约有 1 000 例左右。90 年代以来,世界鼠疫疫情呈明显上升趋势。1994 年印度发生鼠疫,死亡 100 多人。

我国从 20 世纪初至 1949 年,共发生过 6 次大流行,波及 20 多个省(区)的 500 多个县(市),发病人数约 115 万,死亡 102 万余人。1950～1999 年的 50 年间,共发生人间鼠疫 7.9 万余例,其中 90% 发生在建国的头 5 年。

卫生部的资料显示,20 世纪 90 年代以来,我国鼠疫疫情呈上升趋势,新疫源县不断出现,部分鼠疫静息疫源地重新活跃,动物鼠疫流行范围逐渐扩大;鼠疫疫情向城市、人口密集区逼近;交通日益发达,增加了鼠疫远距离传播的机会。目前,我国鼠疫疫源地分布于 19 个省(区),286 个县(市、旗),疫源地面积 115 万平方千米。

(二)发生原因和传播方式

鼠疫的病原是鼠疫耶尔森菌。鼠疫是一种典型的自然疫源性疾病,在人间流行前,一般先在鼠间流行。鼠间鼠疫的传染源(储存宿主)有野鼠、地鼠、狐、狼、猫、豹等,最重要的是黄鼠和旱獭。国内资料显示,旱獭、黄胸鼠及长爪沙鼠是我国人间鼠疫的重要传染源。

人间鼠疫的主要传播途径是野鼠→家鼠→鼠蚤→人,从事放牧、旅游的人员及在田间劳动的农民容易感染。狩猎(特别是捕捉旱獭)、考察、施工、军事活动进入疫区的人员,或被室内的带菌蚤叮咬后,也可发生感染。发病年龄在 1.5～72 岁之间,其中多为青壮年。

在传播方式上,主要有啮齿类动物传播、直接接触传播、消化道传播和呼吸道传播 4 种。

1. 啮齿类动物传播 主要是通过鼠蚤作为媒介传播,蚤类吸入病鼠的血液后,细菌就在其体内繁殖,当再吸人血时,病菌可随血流侵入人体,引起人发病。此类传播方式通常引起腺鼠疫或败血症鼠疫。

2. 直接接触传播 是通过皮肤和黏膜,直接接触患病动物的分泌物、脓液或皮、血、肉而发生感染,这种情况多见于兽医、屠宰工、饲养员在处理和宰杀患病动物时,划伤皮肤所致。当蚤粪及其呕吐物污染人的皮肤时,可出现皮肤瘙痒,因搔抓而造成皮肤感染。

3. 消化道传播 主要是通过食入了未充分煮熟的感染动物

的肉,经消化道感染。

4. 呼吸道传播　肺鼠疫可经呼吸道飞沫感染。我国西部地区旱獭鼠疫引发的病例病情最为严重。监测表明,这些地区旱獭的数量并无显著增加,但染菌旱獭数量却上升明显。旱獭是不喜欢接近人类的,也从不主动攻击人类。寄生于旱獭体表和巢穴中的跳蚤也不活跃,很少叮咬、吸食人类血液。只要人类不主动去接触旱獭,基本上没有感染旱獭鼠疫的机会。在最近几年的一些报告疫情中,鼠疫病人主要为农牧民,已经确认的病例多是因猎捕或剥食旱獭所致,其余病例也与接触病死动物有关。

各型患者均可成为传染源,以肺鼠疫患者最为重要。肺鼠疫患者痰中的鼠疫杆菌可随飞沫经呼吸道以"人传人"的方式传播,造成人鼠疫的流行。

(三)症状和诊断

鼠疫的潜伏期一般为 1～6 天。其中腺鼠疫或败血症鼠疫为 2～7 天;肺鼠疫为数小时,或 1～3 天;曾经接种过疫苗者可延长至 8～12 天。鼠疫常见以下几种类型。

1. 腺鼠疫　多见于流行初期,主要表现为严重的急性淋巴结炎。病人起病急,畏冷寒战、高热(体温可达 39℃～40℃)、头痛、全身痛、乏力、烦躁不安、神态惊慌,颜面潮红、结膜充血、呼吸增快。继而出现腹股沟、腋下、颈部淋巴结肿大(直径达 1～10 厘米左右),有剧痛,变硬,常与周围组织粘连而形成硬块,一般 4～5 天后淋巴结破溃而局部症状缓解。如及时治疗,可在 1 周后恢复。严重患者意识模糊、血压下降,可于 3～5 天内死于败血症、毒血症、休克或肺炎。

2. 肺鼠疫　肺鼠疫又可分为原发性和继发性两种。前者为直接吸入含鼠疫杆菌的飞沫感染,病死率高达 70%～100%。后者是由腺鼠疫或败血症鼠疫经血流感染而引起。其共同症状是起病急剧、咳嗽、咯血、胸痛，痰为稀薄泡沫样或鲜红血块，呼吸困难，口唇、颜面及四肢皮肤发绀。听诊时肺部有湿性罗音和胸膜摩擦音；胸部 X 线检查可见支气管肺炎。如抢救不及时，多于 2～3 天内因心力衰竭、休克及呼吸衰竭而死亡。

3. 败血症鼠疫 表现为起病急，高热、寒战、谵妄、昏迷、体温不高。常在 2～3 天内因循环和呼吸衰竭而死亡。由于死前皮肤出现广泛性发绀和瘀斑，所以死后皮肤常呈黑紫色，有"黑死病"之称。

4. 其他少见型鼠疫 可因鼠疫杆菌侵入和感染部位不同，而引发皮肤鼠疫、脑膜炎性鼠疫、肠鼠疫、眼鼠疫及扁桃体鼠疫等。

【鼠疫诊断要点】 一是询问病史，大多数病人在患病前 10 天内去过疫区，或在疫区曾捕猎旱獭与狐狸，与患病动物、病人有过接触，或进入过鼠疫实验室或接触过鼠疫试验用品。二是根据病人发病突然，发热和严重毒血症，淋巴结炎迅猛发展，皮肤表面有出血，咳血痰，明显的呼吸窘迫等症状。三是进行必要的实验室检查，如对淋巴结穿刺液、脓汁、痰液、血液、脑脊液做涂片或细菌培养，可查出鼠疫杆菌，有关血清学、分子生物学检测呈阳性。

(四)治疗方法

1. 严格隔离 对患者要严格隔离。患者排泄物要彻底消毒。医护人员应采取特殊的严格防护措施。病区灭鼠、灭蚤。

2. 全身治疗 链霉素每次 0.5 克，每 6 小时 1 次，肌内注射，2 日后减半，疗程为 7～10 日，或痰液检查连续 6 次阴性后停药。氯霉素，每日每千克体重 60 毫克，分 4 次口服，或静脉滴注，退热后减至每日每千克体重 30 毫克，疗程 10 日（对脑膜炎型鼠疫尤为适宜）。对腺鼠疫用庆大霉素每日 16 万～32 万单位，分 2～4 次肌内注射,或加入 5% 葡萄糖注射液 500 毫升,静脉滴注,疗程为 7～10 日;在开始 48 小时内用大剂量四环素,(每日 2 克),分 4 次口服,或静脉注射,严重病例在头 1～2 天必须静脉滴注。对轻症腺鼠疫,常用磺胺嘧啶 1～2 克,每 4 小时 1 次,肌内注射,首次加倍;对严重病例,可分别与链霉素、庆大霉素、四环素等联合用药。

目前,最有效的抗菌素是头孢三嗪和环丙沙星,其次是氨苄西林,这 3 种药物都比传统的抗鼠疫药物治疗效果好。一般常单一使用。

3. 对症治疗 补液,降温,输血或血浆。中毒症状严重者,加糖皮质激素静脉滴注。对淋巴结肿大者,可用链霉素 0.5～1 克,在其周围封闭注射,然后用 5%～10% 鱼石脂酒精或 0.1% 雷佛奴尔外敷或洗涤,避免挤压,以防扩散及形成败血症,液化后可切开引流。

(五)预防措施

对鼠疫应重点做好以下四方面的工作。

1. 严格控制传染源 一是对所有疑似病人,必须按甲类传染病的规定及时向当地疾病预防控制中心报告。病人按不同类型分别严格隔离、消毒,禁止探视及病人间互相往来。对确诊为腺鼠疫的病人,必须隔离至症状消失后 1 个月,其淋巴结内容物经连续 3 天培养检查为阴性,才能解除隔离;对确诊为肺鼠疫的病人,隔离满 6 周,经痰液培养连续 6 次阴性才能解除隔离。无论何种类型病人,在隔离期间的分泌物、排泄物及可能感染菌的物品都应彻底消毒处理或焚烧,对尸体应立即火化。对接触者应检疫 9 天,对曾接受预防接种者,检疫期应延至 12 天。二是对自然疫源地进行疫情监测,控制鼠间鼠疫。广泛开展灭鼠、灭蚤运动。在旱獭鼠疫疫源地区或有鼠疫动物病流行的地区,严禁猎捕旱獭,禁止加工、销售与旱獭有关的一切制品。避免因捕杀和加工旱獭而增加感染。在有条件的地区,可探索发展旱獭养殖,使其从野生动物转变为家养动物,关键是要控制寄生的蚤类,杜绝鼠疫的发生。

2. 切断传播途径 一是对污染严重的房屋和物品,用5%来苏水进行彻底消毒,也可用0.2%～0.5%过氧乙酸喷雾消毒。病人的衣物可用蒸气或煮沸消毒。除以上方法外,还可用甲醛熏蒸消毒(每平方米40～120毫升,密封24小时)。对病人分泌物或排泄物可用5%来苏水浸泡24小时后掩埋。搬运尸体时,应用5%来苏水浸泡过的棉球堵塞死者的自然孔,喷雾体表,然后再用浸泡过来苏水的被单包裹。二是加强交通及国境检疫。对来自疫源地的国外船只、车辆、飞机等,都应进行严格的国境卫生检疫,实施灭鼠、灭蚤消毒,对乘客进行隔离留检。

3. 保护易感人群 一是对疫区内及其周围的居民,或进入疫区的工作人员应进行预防接种。一般每年接种1次,必要时6个月后再接种1次。二是进入疫区的工作人员必须穿防护服,戴厚纱布口罩,用长筒胶靴、乳胶手套及防护眼镜。预防性服药,常用口服磺胺制剂或抗生素,如四环素每次250毫克,每日4次,一般连服7日。

4. 预防鼠疫重在监测 鼠疫在不同年份、不同地区的流行强度变动较大,为了掌握主动,应在重点地区有计划地开展监测活动,以期了解疾病的动态与发展,及时采取措施。同时,在鼠疫多发季节,要积极开展鼠疫交通检疫工作,对来自鼠疫疫源地的旱獭等进行检疫。

六、炭 疽

沈阳突发炭疽疫情已得到有效控制

沈阳市今年 7 月 29 日突发的炭疽疫情已得到有效控制。2005 年 7 月 29 日,沈阳新民市大民屯镇发生人疑似皮肤炭疽疫情。截至 8 月 5 日 14 时,沈阳市累计报告皮肤炭疽病例 12 例,其中 7 例为确诊病例,5 例为疑似病例,死亡 1 例。其余 11 位患者全部被集中于医院隔离治疗,目前患者病情已逐步好转。病例分布局限于新民市大民屯镇相邻的两个乡村。所有患者在近期内均从事过食用牛的饲养、屠宰、剥皮、加工、运输及销售工作。

——摘自《新华每日电讯》(2005 年 8 月 7 日) 葛素红

(一)概述

炭疽是一种人与动物共患的烈性传染病,危害巨大。人们如果接触病畜及其产品、食用了病畜的肉或吸入了炭疽杆菌的芽孢等就可感染发病,出现皮肤炭疽、肠炭疽、肺炭疽等病症,有时还可继发败血症或炭疽脑膜炎,病死率升高。因此,加强对动物炭疽的防治,消除主要传染源,对高危人群采用包括疫苗接种在内的防护措施,十分必要。

炭疽是一种古老的人畜共患病,早在 3500 年前就有炭疽病的记载。1752 年,马斯特(Maset)和 1769 年佛奈尔(Fournier)分别描述了人类炭疽。1780 年,查本特(Chabert)对动物炭疽进行了记载。炭疽杆菌是 1849 年由戴文(Davaine)和珀尔兰德(Pollender)在死于炭疽的病牛脾脏和血液中发现的。郭霍(Koch)在 1876 年证实了炭疽杆菌的病原作用,并证明该菌能形成芽孢。1881 年,巴斯德(Pasteur)研究成功了兽用炭疽活疫苗,这是人类历史上制备的第一个细菌疫苗。

目前,炭疽仍然对人类构成威胁,在世界各地,特别是发展中国家频繁出现暴发流行。据估计,世界范围内每年发生的炭疽病例介于 2 000～20 000 例。2000～2005 年,我国每年炭疽发病数波动在 400～1 000 人之间。

炭疽杆菌也是一种公认的生物战剂。第二次世界大战中,美国、英国和日本都对炭疽杆菌作为生物武器进行了研究。侵华日军 731 部队曾大量培养炭疽病菌,惨无人道地用活人进行细菌及细菌武器效能的试验,曾在辽宁、浙江等地投撒,并陆续暴发疫情,造成我国军民大批死亡。1979 年,前苏联的生化武器试验基地发生炭疽菌泄露,引发基地附近的叶卡捷琳堡炭疽流行,有数百人发生感染和死亡。2001 年 10 月,美国发生多起通过邮件传播炭疽病菌的生物恐怖事件,先后致使 17 人受到感染、5 人死亡。

(二)发生原因和传播方式

引起炭疽的罪魁祸首是炭疽杆菌,它的抵抗力和生存力非常强,如形成芽孢后在土壤中存留几十年后仍有致病性。草食动物对炭疽杆菌易感性高,其中以绵羊、山羊和牛最易感,其次是马、骡、驴、水牛、骆驼、鹿。肉食动物和杂食动物也有易感性,但猪易

感性较低，犬、猫易感性最低。家禽一般不感染。在野生动物中，羚羊、野牛最易感；角马、大象、长颈鹿、河马也可感染发病；野鼠中鼬鼠很易感；鸟类一般不感染；肉食和杂食动物，如狼、狐、貉、獾、豺、貂、猞猁、小灵猫、豹、狮、虎、山猫、熊等，常因吞食动物尸体而感染发病。人对炭疽杆菌也很易感，易感性仅次于草食动物，且无年龄和性别差异，发病与个体抵抗力有密切关系。部分人感染后不出现临床症状，而表现为隐性感染。

在传播方式上，首先主要是通过接触病畜或其排泄物发病，或因接触被炭疽杆菌污染的畜产品、皮毛、皮革、其他物品，甚至土壤而感染，特别是皮肤、黏膜有破损时更易发生。接触传播是炭疽最常见的传播方式，多引起皮肤炭疽。其次，吸入含有炭疽芽孢的气溶胶或尘埃也可感染。如在皮毛加工厂，接触皮毛的工人可因吸入有炭疽芽孢的尘埃而发病，多引起肺炭疽。再次，误食未煮透的病畜肉类、奶或污染炭疽杆菌的食物而感染发病，多引起胃肠型炭疽。另一种传播方式是通过吸血昆虫，如叮咬过病畜的牛虻、蚊子、硬壳虫等再叮咬人，也偶可引起人感染发病，但很少见。

炭疽是一种典型的由动物传给人的人与动物共患病，人与人一般不会直接传播。但有报道，从患者的痰中培养出了具有毒力的炭疽杆菌，所以肺炭疽病人应严格隔离。按照《中华人民共和国传染病防治法》规定，炭疽属乙类传染病，但肺炭疽则按甲类传染病预防、控制。

（三）症状和诊断

炭疽的潜伏期通常 1～5 天，一般为 3 天，最长可达 12 天；肺炭疽最短为 12 小时，肠炭疽可在 24 小时内发病。人的炭疽在临床上分为皮肤炭疽、肺炭疽、肠炭疽、脑膜型炭疽和败血型炭疽五种类型。

1. 皮肤炭疽　皮肤炭疽最多见,占炭疽病例的95％以上。可分为炭疽痈和恶性水肿两类。炭疽痈多发生于面、颈、肩和手脚等裸露部位的皮肤。最初在细菌入侵局部出现蚤咬样红色小丘疹或斑疹,稍有痒感;1～2天后逐渐发展成水疱,水疱周围水肿、发硬,随后变为浆液血性黑色疱疹;5～7天出现坏死、破溃形成溃疡,直径一般为1～5厘米,周围水肿区达5～20厘米不等。无痛略痒,不化脓,可有粉红色稀薄分泌物外渗,创面中央略凹陷,上覆盖黑色似炭块样的干痂,这是炭疽痈和其他痈的鉴别点。局部淋巴结可有红肿,压痛较明显,发热、头痛、不适等全身症状随皮疹发展而加重。

少数病例局部无原发性水疱,但形成大块状恶性水肿,患处肿胀透明柔软,微红或苍白,扩展迅速,可致大片坏死,累及部位多为眼睑、颈、大腿及手等皮肤松弛处。病人全身毒血症明显,重度毒血症可发展为败血症而造成死亡。

2. 肺炭疽　肺炭疽比较少见,大多为原发性,由吸入的炭疽杆菌芽孢引起,又称"吸入性炭疽"。也可继发于皮肤炭疽。可在吸入病菌后1～5天发病,起病多急骤,但一般先有几小时至2～4天的感冒症状,如低热、倦怠、轻咳、肺部干罗音等,且在缓解后再突然起病。临床表现为寒战、高热、气急、呼吸困难、喘鸣、发绀、血样痰、胸痛、咳嗽加重等。有时颈、胸部出现皮下水肿,肺部有湿罗音或捻发音,胸部X线检查大多数显示肺炎、纵隔增宽、胸腔积液。病情大多危重,常并发败血症和感染性休克,偶可继发脑膜炎。若不及时诊断与抢救,常因败血症及休克在24小时内死亡。

3. 肠炭疽　常因食入被炭疽杆菌污染的食物或牛奶等所引起。感染后多在2～5天内发病,临床症状不一。轻者恶心呕吐、腹痛、腹泻,但便中无血,里急后重不明显,可于数天内恢复。重者表现为腹痛、腹胀、腹泻、血样便等急腹症症状,易并发败血症和感染中毒性休克,如不及时治疗常可导致死亡。

4. 脑膜型炭疽　多继发于有败血症的各型炭疽,偶有原发性患者。临床症状有剧烈头痛,频繁呕吐,神志障碍,抽搐及明显脑膜刺激征。脑脊液大多呈血性,压力增高,白细胞数及中性粒细胞增多。本型病情凶险,发展极为迅速,常因治疗不及时在病后 2～4 天内死亡。

5. 败血型炭疽　多继发于肺炭疽或肠炭疽,由皮肤炭疽引起的较少。可表现为高热、头痛、出血、呕吐、毒血症、感染性休克等,病死率极高。

皮肤炭疽不经治疗的患者病死率为 20%～25%,在有效治疗的情况下已降低到 1% 左右;肺炭疽致死率较高,虽经积极治疗,病死率仍高达 80%～100%;肠炭疽的病死率为 25%～75%。

【炭疽诊断要点】　一是询问病史,患者多是与草食家畜有频繁直接接触的农牧民或屠宰、肉类加工和皮毛厂工人,往往在 2 周内接触过被污染的皮毛,吃过污染的肉类、到过炭疽疫区或吸入污染的尘埃;还要注意了解当地近来有无家畜暴死的现象。二是根据病人的临床症状,皮肤炭疽因局部病变特殊,一般不难做出诊断;肺炭疽、肠炭疽等主要结合感染史及典型临床表现来诊断。三是进行必要的实验室检查,包括外周血白细胞总数升高,中性粒细胞明显增多,血小板减少,以及进行细菌分离、抗原或抗体检测,荧光抗体检测常作为快速诊断的方法之一。

(四)治疗方法

对炭疽病人的治疗原则是早期诊断,尽早治疗;杀灭体内细菌,中和体内毒素;抗生素与抗血清联合使用;及时对症治疗,防止呼吸衰竭和并发脑膜炎、败血症。

1. 对病人应严格隔离　对其分泌物和排泄物按芽孢的消毒方法进行消毒处理。饮食给予高热能流质或半流质,必要时静脉补液,出血严重者应适当予以输血。

2. 及早应用抗生素　确诊或高度疑似炭疽的病人应及早使用抗生素。炭疽杆菌对抗生素及磺胺类、氟喹诺酮类药物都极为敏感。青霉素 G 是首选抗生素。一般皮肤炭疽每日给予青霉素240 万～320 万单位,分 3～4 次肌内注射,疗程 7～10 日。肺炭疽、肠炭疽、脑膜型炭疽和败血型炭疽可加至每日 1 800 万～2 400万单位。还可与其他抗菌药物联合应用,如链霉素每日 1～2 克,分次肌内注射;庆大霉素每日 16 万～24 万单位,或用阿米卡星每日 0.4～0.8 克,疗程需在 2 周以上。对青霉素过敏者,可用红霉素或多西环素。红霉素每日 1.5～2 克,或多西环素每日 200～400 毫克,口服或静脉滴注。

3. 局部处理　对皮肤炭疽病人的皮肤病灶局部可用 1∶2 000 高锰酸钾液洗涤,并敷以无刺激性软膏。切忌按压及外科手术,以防发生败血症。

4. 使用抗炭疽血清　由于抗生素只对炭疽杆菌有效,而对炭疽毒素无效,所以重症病人可在应用抗生素治疗的同时加用抗炭疽血清以中和毒素,按说明书使用。但使用前必须做过敏试验。

(五)预防措施

1. 防控动物炭疽　按照我国农业部制定的《炭疽防治技术规范》的要求,首先做好动物炭疽的防控工作。一是加强对动物疫情的监测,发现疫情及时报告并按规定处理。二是对炭疽高发地区的牲畜,特别是草食家畜,按规定的免疫方案进行炭疽疫苗接种。Ⅱ号炭疽芽孢苗适用于牛、马、驴、骡、羊和猪,注射 14 天后可产生较强的免疫力,免疫期 1 年;无毒炭疽芽孢疫苗禁用于山羊。三是加强检疫、处理和消毒工作。

动物炭疽的潜伏期一般为 3～7 天,变动范围为 1～14 天。

牛、羊和野生草食动物发生急性炭疽,症状是发热、沮丧、呼吸困难和抽搐,如果不加以处理,可在 2～3 天之内死亡。猪发生炭疽,常见咽喉肿大,可能引起呼吸困难。狗、猫和野生肉食动物的炭疽症状和猪相同。

对于炭疽病畜尸体,根据我国颁布的国家标准《病害动物和病害动物产品生物安全处理规程》(GB 16548－2006)的规定,只能进行焚毁处理,不能掩埋,更不能剥皮或食用。

2. 严格隔离病畜　病畜的用具、分泌物、排泄物应严格消毒或焚毁;加强食品卫生管理,禁止出售被污染或可疑污染的乳、肉类等食品,严禁出售炭疽病畜的皮、毛、肉、骨等制品。

3. 加强防护设施　畜产品加工厂、皮毛厂等工作场所要改善劳动条件,工作时要穿工作服、戴口罩和手套,以防炭疽芽孢的接触和吸入感染。

4. 炭疽病人应进行严格的隔离治疗　应隔离到伤口愈合,痂皮脱落或症状消失。病人的分泌物、排泄物等应进行严格消毒或焚毁。

5. 加强健康教育,养成良好的卫生习惯　皮肤受伤破损后立即用 0.5％～1％碘酒涂抹,以免感染。从事与牲畜和畜产品有关的工作人员及收治炭疽患者的医护人员等高危人群,应接受炭疽疫苗预防接种。目前,我国人用炭疽疫苗是一种弱毒疫苗,采用皮肤划痕法接种,在上臂外侧皮肤上滴 0.1 毫升菌苗,划一"井"字形即可,免疫期为 1 年。

七、结 核 病

广东每年有 5 000 人死于结核病

2007 年,广东全省共诊治结核病人 57 654 人,67%的患者集中在 15～55 岁年龄段。流行病学调查显示,每年有 5 000 名广东人死于结核病,平均每 2.5 小时有一人因此而丧生。省卫生厅指出,目前结核病防治工作仍面临三大严峻挑战。一方面,全省结核病疫情仍然严重,是当前单个传染病发病率最高的病种;另一方面,耐药结核病的严重流行、结核病与艾滋病双重感染更加重了对疫情的影响;三是 3 000 多万流动人口对全省结核病控制工作增加了压力。

——摘自《广州日报》(2008 年 3 月 23 日) 任珊珊、粤卫信

(一)概述

结核病是人和多种动物共患的一种慢性传染病。人最常发生的是肺结核,它是导致死亡人数最多的疾病之一,随着疫苗和特效药物的广泛应用,患病率和病死率逐渐下降。然而,近年来结核病在世界各地患病率又有明显上升的趋势。为此,世界卫生组织在 1993 年发布了《全球结核病紧急状态宣言》,并于 1995 年宣布每

年3月24日为"世界防治结核病日",以唤起各国政府和民众对防控结核病疫情的高度重视。

结核病是一种古老的疾病。死于公元前3800年至公元前1000年前的埃及木乃伊、秘鲁印加人木乃伊的骨关节中,可见到结核病的遗迹。我国长沙马王堆汉墓出土的2100多年前的女尸,左肺发现有结核钙化灶。古希腊著名医生希波克拉底(Hipp-crates)首次描述了人的结核病。但人类真正认识结核病仅有100多年历史。威莱梅恩(Villemin)在1865~1868年证明结核病是一种传染病。1882年3月24日,郭霍(Koch)发现结核杆菌;同年,艾利希(Ehrlich)发明结核菌的抗酸染色法,使人们清楚地看到了结核杆菌的真面目。1890年,郭霍发明了诊断结核病的结核菌素。1895年,伦琴(Roentgen)发现X射线,成为诊断肺结核的重要工具。1921年,由卡美特(Calmette)和介伦(Guerin)耗费13年研制出的结核菌苗开始应用于人类,为了纪念他们的贡献,人们把这种疫苗叫做"卡介苗",直到今天依然在结核病的防治中发挥着重要作用。1944年,瓦克斯曼(Waksman)发现了治疗结核病的特效药链霉素。1952年异烟肼(雷米封),1965年利福平等特效药相继问世,使结核病不再是不治之症。

近年来,由于艾滋病的传播、结核耐药菌株的增加,使本病发病率又明显上升。据世界卫生组织的统计资料显示,目前全球有近三分之一的人口感染了结核杆菌,95%发生在发展中国家;大约有2000万人发病;2006年全球有170万人死于结核病,相当于其他传染病死亡人数的总和;平均每天有5000人死于结核病;非洲是全球结核病感染率最高的地区,而亚洲则是结核病患者最多的地区,以印度的结核病患者最多。

我国是世界上结核病患病率高的国家之一。目前,全国约有5.5亿人口感染结核菌,占全国人口的45%,明显高出全球平均感染水平;这些感染者中约有10%发展为结核病。现有结核病人

500万,传染性肺结核病人150万;每年新增病人140万,每年因患结核病死亡的人数达13万人,其中80%的病人在农村,75%的病人为中青年。因此,卫生部将结核病与艾滋病、乙型肝炎、血吸虫病、非典列为重点防治的五大传染病。

(二)发生原因和传播方式

在自然界中,约有50多种温血脊椎动物、20多种禽类都能感染结核杆菌而患病,如牛、羊、猪、马、骆驼、鹿、羊驼、犬、猫、猴、美洲野牛、野兔、雪貂、野猪、羚羊、獾、松鼠、狮子、大象、鸡等。易感性因动物种类和个体不同而异,家畜中以牛最易感,特别是奶牛,其次为黄牛、牦牛、水牛,猪和家禽易感性也较强,羊极少患病。野生动物中猴、鹿易感性较强,狮、豹等也有发病报道。

病人和患病畜禽,尤其是开放型患者和病畜是主要传染源,其痰液、粪尿、乳汁和生殖道分泌物中都可带菌,污染食物、饮水、空气和环境而散播传染。据我国1985、1987年两次奶牛结核病抽样调查结果显示,奶牛患病率分别为5.83%和5.43%。

在传播方式上,主要是通过呼吸道感染,当病人和发病动物咳嗽或打喷嚏时,病菌排出体外飘浮在空气中,被健康人吸入后可引起感染发病。其次,食用了未经消毒的牛奶或污染了结核菌的食物,也可通过消化道感染。

(三)症状和诊断

人感染结核菌后不一定都发病,潜伏期长短也不同,短的可能几个月,长的可达3~5年,甚至更长。结核病以肺结核最为常见,占结核病人的80%以上。

主要症状为身体不适,倦怠,易烦躁,心悸;食欲缺乏,消瘦,体重减轻;自主神经功能紊乱;长期低热,多表现为午后发热,傍晚下降,早晨或上午体温正常;重症患者出现盗汗;妇女可有月经失调或闭经。器官结核还会出现一些特殊症状:肺结核可见咳嗽和咳痰,有空洞的患者则咳出脓痰、痰中带血或咯血,胸痛、气短或呼吸困难等;颈淋巴结核见颈部淋巴结肿大,初期可移动,如破溃可经久不愈;肠结核往往出现右下腹痛,可见腹泻、便秘或两者交替出现,有时发生不全性肠梗阻。

【结核病诊断要点】 一是询问病史,如了解患者的相关疾病史、既往结核病史、结核病接触史、接种卡介苗情况等。需要注意,一些疾病,如糖尿病、艾滋病等常成为结核病的诱因;过度疲劳、酗酒、吸毒等不良生活习惯也常诱发结核病;与家庭或周围环境中的活动性肺结核病人接触也容易感染。二是根据病人的临床症状,有下列情况者应高度怀疑结核病的可能性:反复发作或迁延不愈的咳嗽、咳痰,或呼吸道感染经抗生素治疗 3～4 周仍无改善;痰中带血或咯血;长期低热或不明原因发热;体检肩胛区有湿罗音或局限性哮鸣音。三是进行 X 线胸透、结核菌素试验或其他检查,包括涂片显微镜检查、结核菌培养等,以便确诊。

(四)治疗方法

结核病治疗的原则是"早期、联合、适量、规律和全程"。一旦确诊应立即进行规范治疗,采用抗结核药物是惟一有效方法。常用抗结核药物有:异烟肼、利福平、链霉素、吡嗪酰胺、乙胺丁醇、对氨基水杨酸、卡那霉素等。

1. 短程化疗 联用异烟肼、利福平等 2 个以上抗结核药,具有较好的效果,疗程 6～9 个月,异烟肼、利福平、吡嗪酰胺和链霉素为短程化疗的主药。短程化疗的方案有许多种,应执行国家推荐的统一的化疗方案。

2. 对症治疗　高热时可用物理降温。止咳、化痰。小量咯血者,如痰中带血无需特殊处理,必要时可用小量镇静药。年老体弱、肺功能不全者慎用镇咳药,以免抑制咳嗽反射和呼吸中枢,使血块不能咳出而发生窒息。不规则的轻微胸痛无需治疗,胸痛明显时可适当应用镇痛药。

3. 中医辨证分型治疗　本病属中医学"肺痨"、"痨瘵"、"肺疳"等的范畴。先天禀赋不强,后天嗜欲无节,酒色过度、忧思劳倦、久病体衰时,正气亏耗为内因;外受"痨虫"(结核杆菌)所染,邪乘虚而入而发病。一般来说,初起肺体受损,肺阴受耗,肺失滋润,继则肺肾同病,兼及心肝,阴虚火旺,或肺脾同病,致气阴两伤,后期阴损及阳,终致阴阳俱伤的危重结局。

(1)肺阴亏损型:临床表现为干咳、声音嘶哑,痰中带血丝、胸部隐痛,骨蒸潮热与手足心热,两颧发红午后更著,盗汗,形体消瘦,口干喜冷饮,舌红脉细数;此型多见于疾病初起阶段。可用养阴润肺,清热杀虫的治法,选用月华丸加减方。方药:沙参12克,麦冬12克,天冬10克,生地黄18克,百部15克,白及20克,山药30克,茯苓15克,川贝12克,菊花10克,阿胶15克(烊化,即先隔水加热使其熔化,再与其他煎好的药液混合服用),三七(冲服)3克。水煎,每日1剂,早晚分2次口服。咯血者,酌加茜草,大、小蓟,三七。盗汗者,酌加糯稻根;虚火盛者,酌加黄芩、知母;遗精者,酌加煅牡蛎。

(2)阴虚火旺型:临床表现为咳嗽、气急,痰黏而少,颧红、潮热、盗汗少寐,胸疼、咯血,遗精、月事不调,消瘦乏力,舌绛苔剥,脉沉细数。多见于病发日久的结核病患者。可用滋阴降火,抗痨杀虫的治法,选用百合固金汤合青蒿鳖甲散加减方。方药:龟版10克,阿胶(烊化)12克,冬虫夏草12克,胡黄连10克,银柴胡10克,百合30克,生地黄20克,麦冬12克,桔梗12克,贝母12克,当归12克,青蒿15克,知母12克。水煎,每日1剂,早晚分 2 次口服。

（3）气阴耗伤型：临床表现为面色㿠白,神疲体软,咳语声微,纳呆便溏,痰多清稀,畏风自汗与颧红盗汗并见,舌淡苔白有齿痕,脉沉细而少力。多见于久病不愈的结核病患者。可用益肺健脾、杀虫补虚的治法,选用参苓白术散加减方。方药:太子参 15 克,茯苓 15 克,白术 15 克,山药 30 克,桔梗 12 克,百合 30 克,大枣 10 个,黄芪 20 克,莲子 15 克,当归 12 克,白及 20 克,十大功劳叶 12 克。水煎,每日 1 剂,早晚分 2 次口服。

（4）阴阳两虚型：临床表现为面色苍白,形销骨立,大肉已脱,毛发枯槁,神疲怯弱,语声低微,自汗盗汗,气短喘促,咳声频频,咳而难瘥,形寒不温,面浮肢肿,食少便溏,男子遗精或阳痿,女子经血少或闭经,舌质淡红,苔白糜或光剥,脉细微弱。多见于重症肺结核晚期。可用滋阴补阳,固本杀虫的治法。选用补天大造丸加减方。方药:太子参 15 克,白术 15 克,山药 30 克,茯苓 20 克,黄芪 30 克,紫河车 15 克,当归 15 克,鹿角 10 克,龟版 12 克,白芍 12 克,白及 30 克,十大功劳叶 12 克。水煎,每日 1 剂,早晚分 2 次口服。

（五）预防措施

1. 关键要控制人和动物的传染源

（1）结核病人：应尽早发现开放性结核病人,使用国家推荐的标准抗结核治疗方案,规范治疗,减少传染源。

（2）结核病牛：可以通过牛奶等把本病传染给人,所以应对奶牛等动物的结核病进行防控。一是要加强奶牛的结核病监测,检出阳性牛及时扑杀;二是做好调运奶牛的检疫、隔离;三是培养健康犊牛群,逐步达到牛群的净化;四是搞好牛场的消毒工作。

奶牛患病的潜伏期 2 周到数月,甚至长达数年。临床上常见的类型如下。

①肺结核。最常见。病初易疲劳,有短促干咳,渐变为脓性湿咳,有时从鼻孔流出淡黄色黏稠液。病牛日渐消瘦,奶量大减。体温一般正常或略升高。

②乳房结核。乳房的淋巴结肿大,在乳房内可摸到局限性或弥漫性硬结,无热无痛。乳量渐减,乳汁稀薄,甚至含有凝乳絮片或脓汁,严重者泌乳停止。

③肠结核。多见于犊牛,病牛迅速消瘦,常有腹痛和顽固性腹泻,粪便混有黏液和脓汁。

2. 保持室内空气新鲜 病人的衣物、被褥要经常洗晒,餐具可煮沸消毒;病人千万不要随地吐痰,要将痰吐在纸上烧掉,也不要近距离对别人咳嗽、高声谈笑,以减少传播机会。

3. 重点人群控防 我国把青少年特别是中、小学生作为结核病控制的重点人群。卡介苗接种对预防结核病有相当明显的作用,卡介苗接种的主要对象是新生婴幼儿。如果出生时没有及时接种,在 1 岁以内一定要到当地结核病防治机构或疾控中心去补种。

八、布鲁菌病

辽宁省启动"手套工程"防控布病

2007 年 11 月 21 日,省动物卫生监督管理局在铁岭县举行全省防控布病"手套工程"启动仪式,在全省农村普及"戴手套接产羊羔"活动,杜绝布病。近年来,辽宁省畜牧业取得了较快发展,但在肉羊、绒羊繁育过程中,养殖户因缺少疫病防控知识,赤手接产羊羔从而染上布病的事情时有发生。人患上布病即长期遭受高热病痛折磨,并丧失劳动和生育能力。专家介绍,布病是由布鲁菌引起的人与动物共患传染病,被国家确定为二类传染病。牲畜患布病极易传染给人及其他牲畜,而戴上防护手套接产羊羔,可有效切断传播途径。

——摘自《辽宁日报》(2007 年 11 月 22 日) 张会斌

(一)概述

布鲁菌病是一种人与动物共患的慢性消耗性疾病,也称布氏杆菌病。病人往往出现长期发热、多汗、关节痛、睾丸炎、脾脏大等症状,严重的丧失劳动能力。病期可长达数月、数年,甚至十几年。由于这种细菌是在细胞内繁殖的,所以治疗效果欠佳,容易复发,严重威胁人的健康。我国民间称这种病为"蔫巴病"、"懒汉病"。

在地中海沿岸，特别是马耳他岛，很久就存在一种以发热为主要表现而原因不明的疾病。1814年，伯奈特(Burnet)首先报道了这种疾病。1860年，马斯顿(Marston)对该病作了系统描述，并认为是一种独立的传染病，称之为"马耳他热"。1887年，英国军医布鲁斯(Bruce)在马耳他岛从死于"马耳他热"的士兵脾脏中分离出了一种微小的细菌，当时称为"马耳他微球菌"(即羊种布鲁菌)，首次明确了该病的病原体。为纪念布鲁斯的功绩，后来把这种细菌及其引起的疾病分别命名为"布鲁菌"和"布鲁菌病"。1897年，休斯(Hughes)根据本病的发热特征，建议称为"波浪热"。1897年，怀特(Wright)及其同事发现，病人血清与布鲁菌的培养物可发生凝集反应，从而建立了沿用至今的凝集反应诊断方法。同年，丹麦兽医柏兰(Brang)从流产牛胎儿分离出了牛种布鲁菌。1905年，英国研究人员从马耳他岛的山羊奶中，也分离出了羊种布鲁菌，并通过人体感染试验，第一次搞清了马耳他岛人感染布鲁菌病的来源——喝患布鲁菌病山羊的奶引起的。1914年，美国人图奥姆(Traum)从流产猪胎儿分离出了猪种布鲁菌。1921年，在意大利从病人身上分离出牛种布鲁菌。1924年，在北美洲从病人身上分离出猪种布鲁菌，在流行病学上证实了病牛和病猪也是人布鲁菌病的传染源。1953年，新西兰布德勒(Buddle)分离出绵羊附睾种布鲁菌。1958年，美国斯托奈尔(Stoenner)分离出沙林鼠种布鲁菌。1966年，美国卡美察(Carmichael)分离出犬种布鲁菌。

当前，世界上共有170多个国家和地区报告有人、畜布鲁菌病疫情。本病在人间的患病率波动范围较大，曾超过1/10万的国家有：希腊、意大利、美国、阿根廷、老挝、黎巴嫩、匈牙利、伊朗、爱尔兰、北爱尔兰、西班牙、叙利亚、马耳他、墨西哥、新西兰和葡萄牙等。经过数十年的努力，至今全球已有12个国家和地区宣布消灭了布鲁菌病。另外，冰岛和维尔京群岛一直未发现本病。

1905 年,鲍恩(Boone)在我国重庆报告了两个布鲁菌病病例。1925 年,林宗杨在河南发现 4 名印度侨民感染布鲁菌病,并从患者血液中分离出羊种布鲁菌。1932、1936 及 1949 年,谢少文先后在北京地区发现布鲁菌病患者。1936 年,在内蒙古发现病牛,并从牛的流产胎儿中分离出牛种布鲁菌。同年,日本人北野正次等在吉林调查发现羊感染率达 33%。

本病曾是我国危害严重的人与动物共患传染病之一。1949 年后,该病被列为二类法定传染病,防治工作得到高度重视。特别是自 20 世纪 60 年代起,对高危人群和家畜进行疫苗防治,使患病率大幅度下降,取得了举世瞩目的成就,畜间布鲁菌病疫情到 90 年代初期曾得到较好控制。近年来,由于养殖业迅速发展,奶牛和羊大范围流动,加上免疫率下降、检疫监管力度不够等因素,使畜间布鲁菌病新发病例急剧增加,疫情形势日趋严峻。农业部统计资料显示,2005 年全国共报告畜间布鲁菌病疫点 351 个,2006 年报告疫点达 1 178 个。畜间布鲁菌病疫情反弹,造成我国近年来人间布鲁菌病疫情持续快速上升,部分地区呈暴发和流行趋势,已波及 28 个省份。1996~2005 年,我国人间布鲁菌病患病率上升了 16.7 倍。2008 年共报告发病 27 767 例,2007 年共报告病例 19 721 例。目前,我国人间布鲁菌病患病率也已超过 1/10 万。

(二)发生原因和传播方式

1985 年,世界卫生组织把布鲁菌属分为 6 种,就是前面提到的羊种布鲁菌、牛种布鲁菌、猪种布鲁菌、绵羊附睾种布鲁菌、沙林鼠种布鲁菌和犬种布鲁菌。各种布鲁菌对相应的动物具有最强的致病性。目前已知有 60 多种家畜、家禽和野生动物可感染布鲁菌,其中主要的是羊、牛、猪和犬,首先在同种动物间传播,然后可能危害到人类。

患病及带菌动物是传染源,通过乳汁、粪便和尿液排菌,污染草场、畜舍、饮水、饲料及排水沟等使病菌扩散。感染的母畜是最危险的传染源,在分娩或流产时,大量的病菌会随着胎儿、胎衣和羊水排出。由于羊、牛和猪布鲁菌病多发,特别是羊布鲁菌病更为多见,所以对人造成的危害最大,其次是病牛、病猪。

人对布鲁菌易感。但由于职业各异,和动物及其产品接触的机会不等,使不同人群的感染率、患病率有很大差别。其中兽医、牧民、家畜饲养员、挤奶工、屠宰工、皮毛收购员、毛纺工、制革工等感染、发病的人数明显高于其他人群。

在传播方式上,主要是通过正常的或损伤的皮肤、黏膜,接触到病菌而发生感染。例如,直接接触病畜或其排泄物、阴道分泌物、娩出物(如接羔);或在饲养、挤奶、剪毛、屠宰,以及加工皮、毛、肉等过程中没有注意防护;或接触病畜污染的环境及物品等。其次,食用被病菌污染的生乳及未熟的肉、肉制品等食物和水,病菌可经消化道感染。另外,病菌污染环境后形成气溶胶,可引起呼吸道感染。人与人的一般接触不会传染。人感染后患病率较高,但病死率很低。

(三)症状和诊断

布鲁菌病潜伏期为7~60天,平均2~3周,少数患者可长达数月或1年以上。临床表现复杂多变,症状各异,轻重不一。一般可分为为急性期和慢性期。

1. 急性期　80％的病例起病缓慢,常出现像重感冒样的前驱症状。表现为全身不适、疲乏无力、食欲减退、头痛肌痛、烦躁或抑郁等,持续3~5天。10％~27％的患者起病急骤,以寒战高热、多汗、游走性关节痛为主要表现。

典型病例呈波浪热。初起体温逐日升高,达到高峰后缓慢下降,发热持续 2～3 周,间歇数日至 2 周后又开始发热,反复数次。但目前典型的波浪热出现比率并不高,常见的是长期低热等。多汗是本病的突出症状之一,常常在夜间或凌晨退热时大汗淋漓。有的患者发热不高或处于发热间歇期,仍有多汗,汗味酸臭。多汗后多数感觉软弱无力,甚至可因大汗而发生虚脱。76%以上的患者有游走性关节痛,与发热并行。疼痛呈锥刺样或钝痛,痛剧者似风湿,辗转呻吟。病变主要累及大关节,如髋、肩、膝关节等,单个或多个,非对称性,局部红肿。也可表现为滑膜炎、腱鞘炎、关节周围炎。少数表现为化脓性关节炎。肌痛明显,尤其下肢肌及臀肌,重者呈痉挛性疼痛。此外,男性患者可发生睾丸炎及附睾炎,多为单侧。个别病例有鞘膜积液、肾盂肾炎。女性患者可有卵巢炎、子宫内膜炎及乳房肿痛,但因本病引起流产的比较少见。其他症状可有坐骨神经及三叉神经痛、皮疹、心肌炎、便血等。

2. 慢性期　多由急性期发展而来,但也可由无症状感染者或轻症者逐渐变为慢性。

慢性期活动型的病人具有急性期的表现,可长期低热或无热,疲乏无力,头痛,反应迟钝,精神抑郁,神经痛,关节痛,一般局限于某一部位,但重者关节强直、变形。一部分患者可表现为多器官和系统损害,如骨骼肌肉持续不定的钝痛,迁延不愈。晚期有的发展成为关节强直,肌肉挛缩,畸形,瘫痪。神经系统表现为神经炎、神经根炎、脑脊髓膜炎。泌尿生殖系统可有睾丸炎、附睾炎或卵巢炎、子宫内膜炎等。

慢性期相对稳定型的病人,其症状比较稳定。只是当气候骤变或过度劳累时,器官功能障碍才加重。但久病后出现体力衰竭、营养不良、贫血者甚为多见。

【布鲁菌病诊断要点】　一是询问病史,了解病人是否在流行发病地区居住过,是否接触过病畜或进食未消毒的乳制品,或未煮熟的动物肉等;二是根据病人出现波浪热或长期低热、多汗、游走性关节痛或睾丸肿大疼痛、神经痛等临床症状，作出初步诊断；三是在实验室进行病原分离和免疫血清学检查等，以便确诊。

（四）治疗方法

布鲁菌病的治疗原则：对于已经确诊的病人应立即采取治疗措施，以防由急性转为慢性；应按疗程进行治疗，药物剂量要足，时间要够，不得中间停药；坚持中西医结合，以进一步提高疗效；采取以药物治疗为主的综合治疗措施等。

1. 急性期病人的治疗　一是卧床休息；适当增加营养，吃高热能、易消化的食物；根据情况给予维生素；保证充足饮水；出汗过多要输葡萄糖及电解质溶液；头痛或失眠者，可口服止痛药或镇静药，如复方阿司匹林、苯巴比妥等；发热的应用物理方法降温，持续不退者也可用退热药。二是采用抗菌药物进行治疗，急性期要以抗菌治疗为主。常用抗菌药物有链霉素、四环素族药物、磺胺类及甲氧苄胺嘧啶（即 TMP，磺胺增效剂）、利福平等。

可以选用以下治疗方案。

（1）方案一：利福平每日 600～900 毫克，加多西环素每日 200 毫克，疗程 6 周。此为世界卫生组织推荐的治疗方案。

（2）方案二：多西环素与链霉素合用，链霉素每日 0.75～1 克，肌内注射，共 15 日，多西环素每日 200 毫克，共服 45 日，也可用庆大霉素或阿米卡星替代链霉素。

（3）方案三：TMP 加磺胺类药或加四环素族药，如复方新诺明每日 4～6 片，分 2 次口服。

为了减少复发，上述方案的疗程均需 3～6 周，且可交替使用上述方案 2～3 个疗程。疗程间间歇 5～7 日。

2. 慢性期病人的治疗　一是可采用布鲁菌苗、菌素抗原制剂的脱敏疗法。此疗法有严格的适应证和禁忌证，应在医生指导下使用。二是抗菌药治疗。一般认为四环素与链霉素合用有一定疗效,但四环素的疗程应延长至 6 周以上,链霉素的疗程以 4 周为宜。三是采用中医药疗法。实践证明,对于慢性布鲁菌病人中医药有很好的疗效。

3. 中医药疗法 急性期湿热毒邪外犯肌表,内侵脏腑,治疗以清热化湿解毒为主;慢性期正虚邪实,治疗以益气养血、活血通络为主,佐以清除余邪。

(1)湿热内蕴型:相当于急性期,菌毒血症及病灶损害轻浅阶段。表现为:畏寒发热,午后热甚,身痛,脘痞,舌苔腻,脉濡数。宜采用利湿化浊,清热解毒的治法。可选用甘露消毒丹加减方。方药:藿香 10 克,佩兰 10 克,豆蔻仁 10 克,滑石 15 克,石菖蒲 10 克,黄芩 12 克,连翘 15 克,木通 6 克,茯苓 15 克。水煎,每日 1 剂,早晚分 2 次口服。

(2)湿热伤营型:此时菌毒血症及脏器病损均较严重。表现为:烦热多汗,关节疼痛,肝脾、睾丸肿痛,舌苔黄,脉细数。宜采用清热解毒,滋阴养血的治法。可选用清营汤合三仁汤加减方。方药:丹参 15 克,生地黄 15 克,玄参 10 克,麦冬 15 克,黄连 6 克,连翘 10 克,郁金 12 克,杏仁 10 克,薏苡仁 15 克,滑石 15 克,芦根 15 克。水煎,每日 1 剂,早晚分 2 次口服。

(3)正虚邪实型:相当于慢性期,已无菌毒血症,以神经功能失调为主。表现为:烦热失眠、乏力,腰腿疼痛,身体虚弱,或已有关节变形及活动受限,舌有瘀点,脉沉细。宜采用益气养血化瘀,清除余邪的治法。可选用独活寄生汤加减方。方药:党参 12 克,当归 10 克,熟地黄 15 克,白芍 15 克,赤芍 10 克,川芎 10 克,丹参 30 克,茯神 12 克,桑寄生 15 克,秦艽 15 克,独活 10 克,黄柏 10 克,鸡内金 6 克。水煎,每日 1 剂,早晚分 2 次口服。

（五）预防措施

1. 控制和清除传染源　防控布鲁菌病，最重要的措施就是控制和清除传染源。要按照农业部制定的《布鲁菌病防治技术规范》的要求，做好各项防控工作。一是加强疫情的监测和报告，发现患病动物全部扑杀。母牛患病除流产外，其他症状并不明显。流产多发生在妊娠后 5～8 个月，产出死胎或弱胎。流产后可能出现胎衣不下或子宫内膜炎。流产后阴道内继续排褐色恶臭液体。公牛发生睾丸炎，并失去配种能力。二是加强对异地调运动物的审批、检疫和隔离，根据新修订的《中华人民共和国动物防疫法》规定，跨省引进乳用动物、种用动物必须经省级动物卫生监督机构审批。三是患病动物及其流产胎儿、胎衣、排泄物、乳等，按照 GB 16548—2006《病害动物和病害动物产品生物安全处理规程》的要求，用焚毁或掩埋的方法销毁。四是做好奶牛场的检疫、淘汰和净化工作。五是进行预防接种。对布鲁菌病流行地区的畜群，应进行免疫接种。可选用的疫苗有猪布鲁菌 2 号疫苗、羊布鲁菌 5 号疫苗等。六是加强消毒和兽医卫生措施。对被污染的畜舍、运动场、饲槽、水槽、奶具和管理用具要及时消毒，特别是对产房要注意消毒。目前在我国，奶牛的布鲁菌病主要是依靠检疫、淘汰、净化牛群来防控。

2. 切断布鲁菌病传播途径　加强对畜产品的卫生监督，禁食病畜肉及乳品，防止病畜或患者的排泄物污染水源。对与牲畜或畜产品接触密切者要进行宣传教育，做好个人防护。例如，接羔助产人员要穿戴工作服、橡皮围裙、帽子、口罩、乳胶手套及线手套；来自疫区的皮毛在收购地进行消毒、包装，并经表面消毒后方可运出；不收病畜奶，装奶桶必须消毒，生乳禁止销售；切忌食用生的或半生半熟家畜肉；生、熟肉一定要分开，餐具不能混用；加强水源管理,定期消毒等。

3. 保护易感危险人群 对接触羊、牛、猪、犬等牲畜的饲养员、挤奶员、兽医、屠宰人员、皮毛加工员及炊事员等,可进行预防接种。人用疫苗有 19-BA 菌苗及 104M 菌苗,采用皮上划痕法接种,免疫期均为 1 年,需每年接种 1 次。但是,因人用菌苗免疫保护力是相对的;另外,接种后产生的抗体与感染产生的抗体无法区别,给诊断带来困难,因此近年主张不要广泛使用。

4. 加大对布鲁菌病危害及防治的宣传力度 增强广大群众,特别是牛、羊养殖户对布鲁菌病的认识和自我保护能力。在饲养生产过程中,主动地对牛、羊圈舍进行消毒,发现疫情及早报告,减少布鲁菌病的传播机会。辽宁省在农村推广的"戴手套接产羊羔"活动,能有效切断在产羔时的病菌传播途径,值得推广。

九、血吸虫病

我国有螺水面出现扩展趋势，
日本血吸虫病防治不容忽视

建国初期调查证明,血吸虫病在我国长江流域及其以南的江苏、浙江、安徽、江西、湖南、湖北、广东、广西、福建、四川、云南和上海的 12 个省、市、自治区共 373 个县(市)流行;钉螺面积达 148 亿平方米;累计查出病人 1 200 多万,其中有症状者约 40%,晚期病人约为 5%,受威胁的人口在 1 亿以上;查出病牛 120 多万头。经过 30 多年的防治,我国血吸虫病流行状况发生了举世瞩目的变化。至 1988 年止,已有上海、广东、福建两省一市达到消灭血吸虫病的标准,全国有 263 个县(市)达到消灭或基本消灭血吸虫病的标准,有 110 县(市)仍处于流行状态;全国有螺面积 34.6 亿平方米;查出病人 43.5 万,急性感染 4 441 例。但近年来,钉螺面积呈徘徊、增加趋势;急性感染增长,晚期病人不断出现;部分地区流行较严重,疫情回升。血吸虫病的流行态势值得重视。

——摘自《健康报》(2004 年 5 月 18 日)

（一）概述

血吸虫病俗称"大肚子病"，是一种人与动物共患的寄生虫病。人发生血吸虫病可出现发热、腹泻等症状，反复感染或久治不愈可引起肝硬化、腹水。青少年感染严重者可影响生长发育，丧失劳动能力，甚至危及生命。血吸虫病是我国重点防治的寄生虫病之一。

血吸虫病是一种古老的人与动物共患寄生虫病，是世界上对人体危害较严重的寄生虫病之一。迄今共发现 6 种类型的血吸虫，其中以日本血吸虫引起的疾病流行范围最广，危害最大。日本血吸虫是 1904 年在日本山梨县首次发现的，主要分布于菲律宾、日本与印度尼西亚等国家。目前仍流行于 74 个国家，6.5 亿人受威胁，1.93 亿人受感染。每年死于本病者达百万人之多。在我国流行的也是日本血吸虫。

在我国血吸虫病久已存在。例如，湖南长沙马王堆西汉女尸和湖北江陵西汉男尸的肝脏、肠道内，都曾发现了血吸虫卵，证明 2100 多年前长江流域即有该病流行。1956～1957 年，我国对血吸虫病进行了全面普查和防治试点工作。调查结果表明，血吸虫病流行范围北至江苏省宝应县，南至广西壮族自治区的玉林县，东至上海市的南汇县，西至云南省的云龙县，遍及长江流域及以南共 12 个省、自治区、直辖市。其中，除湖北省宜昌到上海的长江中下游流行区基本连成一片外，其余均呈分散、隔离状态。经过 50 多年的有效防治，大部分流行区已消灭或控制了血吸虫病。至 1995 年，已有广东、上海、福建、广西、浙江 5 省、自治区、市阻断了血吸虫病的传播，共有 260 个县、2 276 个乡镇达到流行阻断标准，63 个县、736 个乡镇达到传播控制标准。至 2003 年，未控制流行的尚有 7 个省，110 个县、市、区，1 066 个乡镇，主要分布在水位难以控制的江湖洲滩地区（湖南、湖北、江西、安徽、江苏 5 省）和人口稀少、经济欠发达、环境复杂的大山区（四川、云南两省）。血吸虫病流行省、县、乡镇，较防治初期分别减少了 42%、40% 和 53%。据卫生部统计报告，我国 2007 年共发现血吸虫病例 2 785 个，2008年为 2 948 个。血吸虫病的防治工作依然任重道远。

（二）发生原因和传播方式

血吸虫病的病原是日本血吸虫，病人、病畜及野生动物因排出虫卵而成为传染源。但主要传染源为感染发病的牛、羊、猪、犬、野鼠等。在家畜中，黄牛比水牛易感。

本病主要是由钉螺作为媒介来传播的。血吸虫卵在被污染的水中孵出毛蚴，并钻入钉螺体内，经过进一步发育产生许多尾蚴，尾蚴成熟后即自螺体钻出浮游在水面上，与人体皮肤接触后，即可钻入人体内发育为成虫而引起疾病。所以，采取有效灭螺措施对降低患病率具有重要的价值。在没有钉螺的地区，即使有血吸虫病人进入，也不能使血吸虫病在当地传播。

不同年龄及性别的人都可感染血吸虫病，其中以儿童、青少年感染率较高。而在职业分布中，以长期生活在水上、水边的人，如从事打草、捕鱼捞虾、耕种水田、护堤，以及水边放牧人员等，感染率较高。人感染后可获得一定的免疫力，但不足以防止再次感染的发生。

包括我国在内的许多国家的科技工作者，对血吸虫病疫苗进行了研究，并取得了一定进展。但目前还没有可供临床使用的疫苗。

（三）症状和诊断

血吸虫病潜伏期长短不一，80% 的病人为 30～60 天，平均为

40 天,少数病例为 25 天后发病,最短者为 14 天。本病可分为急性期、慢性期和晚期。

1. 急性期　病人的主要症状是发热,重症可延续数月,体温多在 39℃～40℃,伴有畏寒和盗汗,腹胀,甚至出现严重贫血、消瘦、谵妄。轻症者体温低于 38℃,仅持续数日。在发热过程中还可出现荨麻疹、血管神经性水肿、全身淋巴结肿大。随后约半数以上病人有腹痛、恶心、呕吐、腹泻。腹泻每天 2～5 次,粪便稀薄,或排黏液、脓血便,少数有便秘。90% 病人肝脏大,有压痛。50% 病人脾大,偶尔有黄疸。其次,表现为轻度咳嗽、少痰,胸部隐痛,偶有痰中带血。肺部可听到干、湿性罗音。常伴有胸膜病变。感染不久的患者,约半数病人在尾蚴入侵处皮肤出现尾蚴性皮炎,表现为红色小丘状、瘙痒,数小时或 2～3 天自行消退。急性血吸虫病人发病凶险,如不及时治疗可引起死亡。

2. 慢性期　病人占绝大多数。病程较长,有的可持续 10～20 年,症状轻重差异很大。轻的无明显临床症状,以间歇性腹痛、腹泻为主,每天 2～3 次,偶尔便血。重症病人有脓血便、里急后重。临床检查常见肝脾大。大多数慢性血吸虫病人症状不明显,常因发现和治疗不及时而转成晚期血吸虫病患者。

3. 晚期　病人病程一般多在 5～15 年以上。在严重流行区可占血吸虫感染者总数的 5%～10%。主要表现为肝硬化和腹水等症状,重者丧失劳动能力,给家庭和社会带来沉重负担。

(1)巨脾型:巨脾是肝硬化门脉高压的主要表现,约占 70%。由于本型患者的肝功能还处于代偿期,所以一般状况尚可,食欲良好,多数患者还保存部分劳动力。

(2)腹水型:这是严重肝硬化的重要标志,常在呕血、感染、劳累过度后诱发,约占 25%。腹水常在中等量以下,但大多是进行性加剧,以致腹部高度膨大,下肢高度水肿、呼吸困难、腹壁静脉曲张,发生脐疝和巨脾,还易出现黄疸。病程长者可达 10～20 年。

如果并发门脉高压或肝纤维化，由于食管、胃底静脉曲张，导致消化道大出血，可继发肝性脑病、肝肾综合征等而死亡。

（3）结肠肉芽肿型：这是一种以结肠病变为突出表现的临床类型。病程一般为 6 年以上。表现为腹痛、腹泻、便秘，有时排水样、黏液脓血便，有时出现腹胀、肠梗阻，左下腹可摸到条状肿块，有压痛。X 线或结肠镜检显示肠腔狭窄，肠壁溃疡、息肉等变化。此型有并发结肠癌的可能。

（4）侏儒型：比较少见，除表现晚期血吸虫病的症状外，主要是身材矮小，面容苍老、生长发育低于同龄人，无第二性征，但智力正常。X 线照片显示，骨骼生长成熟迟缓，女性骨盆呈漏斗状。但经有效药物治疗后，大部分病人垂体功能可恢复。

【血吸虫病诊断要点】　一是询问病史，患者是否生活、居住在血吸虫病流行区，或去过流行区接触过被血吸虫污染的水。二是根据临床症状，如患者突然发热，皮肤出现荨麻疹，肝大，伴发腹部压痛、腹泻；或出现不明原因的腹痛、腹泻便血；或在流行区有巨脾、腹水、上消化道出血、侏儒等症状，都应怀疑本病。三是进行必要的实验室检查，如急性病人外周血嗜酸性粒细胞显著增多，晚期病人伴发脾功能亢进时白细胞、血小板或红细胞计数减少，嗜酸性粒细胞轻度增多。特别是一些免疫学方法，检测的灵敏性较高。

（四）治疗方法

1. 常规治疗　吡喹酮是一种治疗血吸虫病的首选新药，治疗剂量如下。

（1）急性期病人：成人总剂量为每千克体重 120 毫克，儿童总剂量为每千克体重 140 毫克，疗程 4～6 天，每日 3 次，口服。一般病例在服药 2～3 天后体温逐渐降到正常，全身情况好转。

（2）慢性期病人：成人总剂量为每千克体重 60 毫克，30 千克以内体重的儿童,总剂量为每千克体重 70 毫克,在 2 日内分 4 次口服。体重 30 千克以上的儿童与成人相同。

(3)晚期病人:总剂量为每千克体重 40～60 毫克,于 2 日内服完,每日分 2～3 次口服。严重感染病人可用总剂量每千克体重 90 毫克,于 6 日口服,每日 3 次。

2. 对症疗法

(1)发生巨脾的病人:对脾大、脾功能亢进,并伴有门脉高压、食管静脉曲张、上呼吸道出血的病人,适宜做脾切除术。

(2)上消化道出血的病人:消化道出血是晚期病人最主要的死因。出血时应先积极采用止血及支持疗法,止血后再选择适当时期进行门脉减压术。

(3)晚期出现腹水的病人:改善营养和肝脏功能,控制感染和并发症,纠正钠、水潴留等。根据病情应减少食盐和水的供给。轻度腹水时,盐控制在每天 2 克以内;中度腹水时,每天盐控制在 1～2 克,进水量控制在 1 000 毫升左右,可用利尿药;重度腹水时,每天控制盐在 0.5 克以内,同时限制进水量。利尿药可用螺内酯(安体舒通)加呋塞米(速尿)或氢氯噻嗪(双氢克尿塞)等。对腹水量较多的病例,可采用腹水浓缩回输法。

(4)侏儒症病人:应及时采用化疗,剂量应当足量。也可用吡喹酮,总量为每千克体重 70 毫克,分 2 日服完。对未好转的病例可用激素治疗。如人生长激素每千克体重 30～100 国际单位,皮下或肌内注射,每周 2 次。男性病例可同时用苯丙酸诺龙,每周 12.5～25 毫克,肌内注射,疗程为 1 年左右。

(5)肝性脑病病人:应控制蛋白饮食、清洁肠道、纠正电解质和酸碱平衡失调、降低血氨、促进氨基酸代谢平衡,消除引起肝性脑病的诱因。

(6)肝纤维化的病人:抗肝纤维化的化学药物有 γ-干扰素、秋水仙碱、汉防己碱、马洛替酯、环孢素、糖皮质激素、核糖核酸、胶原前肽和促肝细胞生长素等,中药有复方丹参、桃仁提取物和心肝宝等。

(五)预防措施

1. 开展普查,同步治疗　在发生过血吸虫病的疫区进行普查,并对血吸虫病病人及感染家畜同步治疗。

可用硝硫氰胺治疗病牛,以 2％水溶液 1 次静脉注射,水牛每千克体重 1.5 毫克,黄牛为 2 毫克,1 次治愈率达 98％以上。达到既消除传染源,又控制临床发病,提高人体健康水平的目的。急性血吸虫病病牛:主要表现为体温升高到 40℃以上,呈不规则的间歇热,可因严重的贫血导致全身衰竭而死亡。常见的多为慢性血吸虫病病牛:主要表现为消化不良,发育迟缓,腹泻及便血,逐渐消瘦,如果饲养管理条件较好,则症状不明显,常成为带虫牛。

2. 查螺灭螺

(1)开新填旧,疏通沟渠,引渠移沙。此法适宜于湖滩、河滩、小河、沟、塘、坑、田埂等有螺环境的整治。

(2)采用水淹灭螺法、水改旱灭螺法、硬化灭螺法等消灭钉螺。

(3)药物灭螺用氯硝硫胺灭螺,为每立方米水加 2 克,浸泡 3 天,钉螺死亡率可达 98％～100％。每担水加漂白粉 1 克或次氯酸钙 1 片对饮水消毒,15 秒钟后使用。

3. 保护易感人群　一是加强对疫区居民的卫生教育,强化对粪便和水源的管理,增强个人防护意识,尽量少接触疫水。二是对于接触疫水的人员,应穿长筒胶靴、塑料防护衣等。在下水前往皮肤上涂擦 1‰吡喹酮,12 小时内有可靠的预防作用。三是在感染季节,可口服青蒿琥酯片,适宜对象为短期突击下水的抗洪人群、经常接触疫水的职业人群,以及重度、中度疫区的高危村民。从接触污染区第七天开始口服,成人每千克体重 6 毫克,以后每隔 7 天服 1 次,停止接触疫水后再加服 1 次,即可获得满意的预防效果。

十、弓形虫病

养猫的孕妇生下智障儿

记者从淄博市妇幼保健院获悉,一名来自福建的 28 岁年轻母亲,由于在怀孕期间养猫患上了弓形虫病,不幸的是,在生下孩子 3 个月后,发现这种病传染给了孩子。目前患儿已出生 3 个月,眼距增宽,爱伸舌头,体质很差,经常感冒。诊断表明,患儿的这些症状是因患上了弓形虫病所致,孩子大脑发育迟缓,属于痴呆儿。

医生提醒,孕妇在怀孕前感染弓形虫的,一般不会传染给胎儿。感染最危险的时期是怀孕 2～3 个月时。准备要孩子的女士可提前一年给猫做弓形虫病检查,提前半年给自己检查,怀孕前期注意随时检查是否感染,若胎儿情况不佳,应终止妊娠。

——摘自《齐鲁晚报》(2006 年 9 月 9 日)

王　恒、李　黎、褰　振

(一)概述

弓形虫病是一种由原虫引起的人与动物共患寄生虫病。人对于弓形虫普遍容易感染,主要侵犯脑、眼、淋巴、心、肝、脾、肾等组织器官。孕妇感染后,可通过胎盘传给胎儿,引起流产、早产、死胎

或胎儿畸形,严重影响优生,已成为人类先天性感染中最严重的疾病之一,应引起高度重视。

1908 年,法国学者尼科尔(Nicolle)和曼考斯(Manceaux),在突尼斯的一种叫龚地梳趾鼠的体内发现弓形虫。同一年,斯珀兰多(Splendole)从巴西兔的体内也分离到弓形虫。1923 年,捷克眼科医生简库(Janku)首次发现弓形虫引起的病例。1941 年,萨宾(Sabin)从一名死于急性脑炎的 5 岁男孩脑组织中分离出弓形虫。目前,弓形虫病分布于世界各地。在前苏联特别严重,美国也接近于流行,法国弓形虫阳性率高达 40%(可能与生活及饮食习惯有关)。据报道,国外人群的平均感染率为 25%~50%。

本病在我国分布也很广泛。1955 年,于恩庶从兔和猫体内分离到弓形虫。1964 年,谢天华报告 1 个弓形虫性视网膜炎病例。1977 年,吴硕显在上海从无名高热猪体内分离出弓形虫。1981年,崔君兆在广西报告 1 例弓形虫性心肌炎心包炎,1987 年又报告 1 例弓形虫脑病,并从脑脊液中分离到弓形虫。据 1985~1990年对全国 23 个省、市、自治区的调查,本病人群感染率为 5%~20%,远低于某些西方国家,可能与中国人喜欢熟食的习惯有关。家畜弓形虫感染率估计达 10%~15%,其中以猫感染率最高,为16%~73%,其余依次为猪、犬、羊、牛、马等。

(二)发生原因和传播方式

引起弓形虫病的病原是龚地弓形虫。自然界中几乎所有哺乳类动物和一些禽类,都能作为弓形虫的储存宿主,但它们在本病流行上所起作用是不同的。由于猫饲养量大,与人接触密切,从粪便排出卵囊感染人的机会多,有的地区人感染率可达 80%以上,因此病猫对人危害最为严重;其次为猪、羊、犬、鼠等。急性期病人的尿、粪、唾液和痰内,虽然可含弓形虫,但因不能在外界久存,所以病人作为传染源的意义不大。但是孕妇除外，因可经胎盘传染给胎儿。人对弓形虫普遍易感，没有年龄、性别等方面的差异。通常接触动物机会多的人感染率高，如动物饲养员、屠宰场工人、兽医等容易感染。

传播方式有两种，一种是先天性传播：主要为急性感染的孕妇经胎盘引起胎儿感染。另一种是后天传播：主要包括通过食入未煮熟的含有包囊的肉、蛋等食物或未消毒的奶等造成感染；病猫、病狗痰和唾液中的弓形虫，通过舔舐经黏膜及损伤的皮肤引起感染；实验室工作人员在尸体剖检时受伤发生感染。还有一种少见的情况，是通过输血及器官移植也能引起弓形虫病。因此，无论是猫、犬等宠物爱好者，还是医务工作人员，都要对本病引起高度重视，万万大意不得。

(三)症状和诊断

本病在临床上分为先天性和后天性两种。

1. 先天性弓形虫病 在妊娠3个月内发生急性感染者症状最严重，虫体经胎盘感染胎儿，引起流产、早产、死胎，或导致多种先天性畸形，如脑积水、无脑儿、小头畸形、小眼畸形、硬或软腭裂、兔唇、无耳郭、无肛门、两性畸形、脐疝、内脏外翻及先天性心脏病等。婴儿出生后有发热、呼吸困难、皮疹、腹泻、呕吐、黄疸及肝大等表现，如不及时救治可导致死亡。但妊娠后期感染，对胎儿的损伤多数较轻。

2. 后天性弓形虫病 常发生于免疫功能低下的病人，如做过器官移植手术、使用过免疫抑制剂、肿瘤患者。发病初期，主要表现为低热、头痛、咽痛、肌肉痛、食欲缺乏、恶心、呕吐、腹痛、腹泻、乏力等症状。同时，可见头、颈、腋下淋巴结肿大，但多数无压痛、不化脓。此外，还有纵隔、肠系膜、腹膜后等深部淋巴结肿大，腹腔内淋巴结肿大时可伴有腹痛。严重病例可并发心肌炎、肺炎及脑炎等。应强调的是,艾滋病病人常可发生弓形虫的机会性感染。

【弓形虫病诊断要点】 由于本病临床表现复杂,单靠临床表现和体征诊断较难,需结合实验室检查才能确诊。

(1)将病人的血液、痰、胸腹水、骨髓、脑脊液做涂片,淋巴结做活检,进行染色镜检,可能找到滋养体或包囊,但一般阳性率不高。

(2)用病人的体液、活检组织或尸体剖检病料,培育弓形虫。

(3)免疫学或分子生物学检测方法,如酶联免疫吸附试验有助于确诊。

(四)治疗方法

1. 免疫功能正常的急性病人 采用磺胺嘧啶和乙胺嘧啶联合治疗:磺胺嘧啶,成人每日 4～6 克,儿童每日每千克体重 150 毫克,分 4 次口服,4 周为 1 个疗程;乙胺嘧啶,成人每日 50 毫克,儿童每日每千克体重 1 毫克,分 2 次口服。同时给予适量亚叶酸,以减轻药物对骨髓的抑制作用。

2. 免疫功能低下的急性病人 通常用乙胺嘧啶,成人每日 25～50 毫克,加磺胺嘧啶每日 6～8 克联合治疗,儿童剂量酌减。并适量补充亚叶酸,直到急性症状和体征完全消失后,再继续服药 4～6 周。需要注意的是单独服用乙胺嘧啶剂量不要过大(一般 150～200 毫克为宜),过大可引起头晕、恶心、呕吐,严重者可造成昏迷,甚至死亡,因此要严格控制好剂量。

3. 妊娠期急性感染病人 用螺旋霉素,剂量是每日 3 克,分 3 次口服,20 日为 1 个疗程;也可用阿奇霉素,每日每千克体重 5 毫克,分 4 次口服,首服加倍,10 日为 1 个疗程。上述两种药都建议应用 2 个疗程。如果在妊娠后期(33 周后)感染的病人,则应用乙胺嘧啶加磺胺嘧啶联合治疗。应灵活掌握并与螺旋霉素交替使用,以减轻不良反应。

4. 眼弓形虫病人 可联合应用乙胺嘧啶加磺胺嘧啶(或螺旋霉素),其剂量分别为每日 75 毫克和每日 2 克,疗程至少 1 个月。如感染持续存在,疗程还可延长。为了增强病人的免疫功能,应给予重组 γ-干扰素等。对眼弓形虫病和弓形虫脑炎等可应用肾上腺皮质激素。

5. 器官移植者弓形虫病的预防 应在移植前口服乙胺嘧啶,成人每日 25 毫克,6~8 周为 1 个疗程;也可同时加服磺胺嘧啶,每日 4 克,分 3~4 次口服,或螺旋霉素每日 2 克,分 2 次口服。

(五)预防措施

1. 避免接触病猫 控制传染源,最关键的是病猫。猫感染后可出现咳嗽、肺炎等症状。当人与病猫密切接触时,可通过飞沫或接触污染的食物和水感染。通常养猫的人弓形虫抗体阳性率明显高于不养猫的人。所以应当避免接触病猫,也要防止病猫污染水源和食物。

此外,要严格加强对供血员和器官移植供体者的筛选。

2. 妊娠女性不要接触宠物 为了对下一代负责,建议准备要孩子的妇女最好不要养宠物,已经饲养宠物特别是养猫的女性在怀孕前要做病原化验,检查有无感染弓形虫,如果没有感染,在整个怀孕期间不要接触猫和犬。如果化验结果显示有感染,则暂时不能怀孕。对妊娠初期感染本病者应给予人工流产,对妊娠后期感染者应给予治疗。

3. 做好个人防护 提高弓形虫病的防治水平,需注意个人卫生,勿与猫、犬等宠物密切接触。饭前认真洗手,不喝生乳,不吃生肉、生蛋等,也不能吃半生不熟的家禽类肉食,对肉类应充分煮熟,以破坏肉中的包囊。不食用没洗干净的水果和未经烹饪的蔬菜。

对易感人群,如屠宰场、肉类加工厂的工人,畜牧兽医技术工作人员和弓形虫实验研究人员,免疫功能缺陷者等,应该特别注意做好个人防护。

十一、口蹄疫

英国有人染上口蹄疫，专家表示人类 大规模感染口蹄疫的可能性不大

在导致数千头牲畜患病，并且由政府强制屠宰了超过 100 万头牲畜以后，在英国终于出现了第一例被口蹄疫传染的患者。英国官方证实，4 月 23 日，一名帮助清查患口蹄疫动物的临时工人被口蹄疫所传染，另外还有 6 名病人正在等待检查以确定他们是否已经被病毒所感染。口蹄疫主要发生在偶蹄类动物身上，主要表现为在动物的蹄及口腔内产生大面积的病变，人类同样能够表现出类似的症状，但是这样的病例极其稀少。专家指出，需要对这种对人类有危险的传染病进行更深入的研究，例如可以从英国农民及兽医身上寻找抗体。但是也不宜将口蹄疫对于人类的危险性过分地夸大；在英国有数以千计的人参加了处理动物尸体的工作，但是只发现了 1 例口蹄疫患者。

——摘自《科学时报》(2001 年 4 月 29 日) 赵 路

(一)概述

口蹄疫主要是危害偶蹄类动物的一种具有高度传染性的疾病。目前发现有 80 多种家养和野生动物可感染发病。人也可感染口蹄疫病毒而发病，但易感性不高，出现的临床病例很少，引起

死亡的病例更是少见。人患口蹄疫后主要的症状是发热、口腔黏膜和手足部位出现丘疹、水疱及溃疡。

口蹄疫是一种古老的人与动物共患病。1514年,弗兰卡斯特罗斯(Fracastorius)最早记述了意大利牛口蹄疫病例。1764年,萨格(Sagar)发现本病具有传染性。1898年,德国的莱夫勒尔(Loeffler)和弗罗茨(Frosch)确认口蹄疫的病原是病毒,这是人类第一个证明的由病毒引起的动物疾病。1920年,发现天竺鼠是口蹄疫病毒敏感的实验动物,促进了对本病的研究工作。1922年,发现口蹄疫病毒有不同的型别。

口蹄疫是家畜的烈性传染病,其暴发流行往往造成巨大的经济损失,影响国际贸易和社会稳定,所以国际社会和各国政府都高度重视对它的防控。1924年成立的国际兽疫局(2003年改称为世界动物卫生组织),将口蹄疫列为重点疫病。1951年,世界卫生组织建立了泛美口蹄疫中心。1953年,欧洲口蹄疫防治委员会成立。1958年,在英国的动物病毒研究所建立了口蹄疫世界咨询实验室。1974年,国际兽疫局第42届常委会在国际动物卫生法典中将口蹄疫列为18个A类动物传染病之首。据联合国粮农组织和世界动物卫生组织的统计,1953年,欧洲、非洲、拉丁美洲有66个国家流行口蹄疫。1959年有57个国家流行,1979年仍有68个国家和地区流行口蹄疫。

1695年,瓦伦蒂尼(Valentini)报道了在德国发现人感染口蹄疫的病例。根据怀特雷恩(Vetterlein)提出的确诊人口蹄疫的判定标准,在1926~1954年,经证实的病例有21个。到2001年,全球共发现人感染口蹄疫病例50多例,欧洲、非洲及南美洲都有分布。但总的看来,口蹄疫很少传染给人类,导致人死亡的病例更属罕见。

（二）发生原因和传播方式

口蹄疫是由口蹄疫病毒引起的，在自然界中多种偶蹄动物都能感染发病。家畜中以牛最易感（奶牛、黄牛、牦牛、犏牛、水牛），其次是猪，再次为绵羊、山羊和骆驼。仔猪和犊牛不但易感而且病死率高。野生动物中黄羊、鹿、麝、野猪、非洲水牛、长颈鹿、扁角鹿、野牛、驼羊、岩羚羊、瘤牛、亚洲象和非洲象等也都可感染。口蹄疫病毒可通过直接接触、空气、污染饲料等途径，引起易感动物损伤的皮肤、黏膜、呼吸道和消化道感染。最令人烦恼的是病毒随风的运动可远距离播散，甚至能传到50～100千米以外，造成口蹄疫的跳跃式传播。在新疫区，动物口蹄疫的患病率经常高达100％，在老疫区的患病率为50％左右，但病死率一般不超过5％。

人对口蹄疫病毒的易感性较低。在传播方式上，主要是在接触病畜或被污染的毛皮时，病毒通过破损的皮肤和黏膜侵入人体感染发病；其次是误食了含病毒的乳或患病动物的肉而感染。

（三）症状和诊断

一般认为，人只有在大量感染口蹄疫病毒的情况下才发病。潜伏期是2～18天，一般为3～8天。

常突然发病，体温升高到39.4℃，有轻微头痛、精神萎靡、呕吐等表现。2～3天后，口腔发热、发干，唇、齿龈、舌面、舌缘、舌根及咽部发生水疱，颊部黏膜潮红。皮肤上的水疱多见于指尖、指甲基部，有时也见于手掌、足趾、鼻翼和面部。水疱破裂后形成薄痂，逐渐愈合，或形成溃疡，但愈合快，不留瘢痕。有的病人伴有头痛、晕眩、四肢和背部疼痛，唾液分泌增加，有口臭。有的有咽喉痛，吞咽困难，腹泻、缓脉、低血压，循环障碍和高度虚弱等症状。病程一般不超过 1 周,预后良好。重病例可并发胃肠炎、神经炎、心肌炎,以及皮肤、肺部的继发感染。婴儿发病时,呈胃肠卡他性症状,似患流感样,严重者可引起心肌炎,可因心肌麻痹而死亡。老年人患病后病情也较重。

【人口蹄疫诊断要点】　一是询问病史,了解所在地区动物口蹄疫流行情况,病人是否有与患病动物或污染的皮毛等的接触史,是否食用未经消毒的生牛乳或患病动物肉等。二是根据病人出现口腔、手、足水疱等临床症状。三是实验室检查,包括进行病毒分离、抗原或抗体检测等。

(四)治疗方法

本病无特异性治疗方法,患者应住院隔离,以对症治疗为主。

1. 对症处理　高热病人可用解热药物,补充必要的葡萄糖注射液及 B 族维生素、维生素 C 等。鼓励病人多饮水,卧床休息,给予流质或半流质饮食。对出现并发症者进行相应治疗,如发生感染者给予抗菌药物。

2. 口腔患处　可用清水、食醋或 0.1%高锰酸钾溶液洗漱处理。

3. 手足患处　可用肥皂水或 2%～3%硼酸水洗涤,然后可涂抹青霉素软膏等消炎药。

4. 眼结膜炎　可局部滴氯霉素眼药水。

(五)预防措施

1. 防控家畜口蹄疫的发生和流行　主要家畜的口蹄疫症状如下:

(1)牛:潜伏期 2～4 天,长的可达 1 周。病牛体温升高达

40℃～41℃,精神委顿,食欲减退,闭口,流涎,开口时有吸吮声,1～2天后,在唇内面、齿龈、舌面和颊部黏膜发生蚕豆至核桃大的水疱,口温升高,流涎增多,呈白色泡沫状常挂满嘴边,采食反刍完全停止。水疱破裂后体温降至正常。水疱破裂形成糜烂,糜烂逐渐愈合,如有细菌感染,糜烂加深,发生溃疡,愈合后形成瘢痕。趾间及蹄冠的皮肤上表现红肿、疼痛,发生水疱、破溃、糜烂,干燥结成硬痂,然后逐渐愈合。糜烂部位如发生感染,则出现化脓、坏死,甚至蹄匣脱落,病畜站立不稳,行走跛行。乳房皮肤也可出现水疱、烂斑,泌乳量显著减少,甚至完全停止。牛患病一般经1周即可痊愈。如果蹄部出现病变时,则病期可延至2～3周或更久。病死率很低,一般不超过1%～3%。犊牛患病时,水疱症状不明显,主要表现为出血性肠炎和心肌麻痹,病死率可高达50%～70%。

(2)猪:潜伏期1～2天,病猪以蹄部水疱为主。病初体温升高至40℃～41℃,精神不振,食欲减少或废绝;口腔黏膜形成水疱或糜烂。蹄冠、蹄叉、蹄踵等出现发红、敏感,形成米粒大或蚕豆大的水疱,破裂后表面出血、糜烂,如无细菌感染,1周左右痊愈;如有继发感染,可引起蹄壳脱落,患猪常卧地不起。病猪鼻面、乳房也常见到烂斑。哺乳仔猪常因急性胃肠炎和心肌炎而突然死亡,病死率可达60%～80%,也可在口腔及鼻面发现水疱和糜烂。

(3)羊:潜伏期1周左右,病状与牛大致相同,但感染率较牛低。山羊多见弥漫性口膜炎,水疱发生于硬腭和舌面。羔羊有时见出血性胃肠炎,常因心肌炎而死亡。

应按农业部制定的《口蹄疫防治技术规范》做好各项防控工作。一是加强疫情的监测,严格执行疫情报告制度,做到早发现、早报告,以尽可能避免疫情的发生、扩散和蔓延。二是发生疫情后严格按照规程的要求,划分疫点、疫区、受威胁区,并采取相应的封锁、扑杀、消毒、销毁、紧急免疫接种等措施。三是根据国家对口蹄疫实行强制免疫的规定,按程序做好动物的免疫工作,免疫密度必须达到100％,并建立完整免疫档案。四是加强产地检疫、屠宰检疫和流通环节的检疫监管,不要从有口蹄疫流行的国家或地区进口牲畜及其产品。

2. 加强卫生健康教育,提高个人防护意识 对从事饲养、屠宰、配种等职业的人员要普及口蹄疫防控知识。在与病畜接触时,应戴手套、口罩、眼镜,穿防护服,做好个人防护。兽医人员在采集病畜水疱液时应特别小心,以免发生自体感染和散毒。

3. 加强食品卫生监督检查 奶制品需经消毒处理方可饮用,严禁饮用生奶,严禁病畜、死畜肉及其制品流入市场。

4. 在疫区应加强对病畜密切接触者的医学观察 一旦出现发热及可疑症状,应及时就诊。对已确定感染口蹄疫的病人应隔离治疗,衣物及分泌物、排泄物应做严格消毒处理。

十二、人类猪链球菌感染

撕开猪链球菌病的神秘面纱

2005年6月下旬以来，四川省资阳、内江两地相继发生了一种"怪病"，一些平日里养猪、卖猪、加工猪的农民兄弟，突然出现急性起病、高热、伴有头痛等全身中毒症状，重者出现中毒性休克、脑膜炎等，有的人甚至因此而死亡，引起了社会的极大关注。7月25日晚，卫生部发出通告，初步查明疫情是由猪链球菌引起的人类猪链球菌感染。专家指出，以下情况可能感染猪链球菌病：一是今年6月份以来，到过四川省境内，接触过不明原因病死的猪或羊；二是喂养、屠宰、销售、洗切加工、食用、埋葬过病死的猪或羊，特别是接触时手臂皮肤有破损或划伤的人员。三是饮用水源被病死猪、羊尸体污染。

——摘自《中国中医药报》(2005年8月3日) 黄显斌

（一）概述

引起人类猪链球菌感染的元凶是猪链球菌。在饲养、宰杀、加工和食用时，如果不慎接触了病猪、死猪和病死猪肉，细菌就可能从伤口、消化道等部位侵入而引起人的感染。从世界范围来看，人猪链球菌感染的患病率是很低的,但严重的病例如诊断治疗不及时,病死率却很高。本病作为一种新发传染病,是可防可控的,关键是搞好猪群的链球菌病防治,避免接触病猪、死猪和此种猪肉,就能有效维护人的安全。

1945年,伯瑞恩特(Bryante)首次报道了猪的败血性链球菌病。20世纪50年代,英国和荷兰均报告了在猪群中由链球菌引起的脑膜炎、关节炎和败血症。1969年,在美国依阿华州从患有急性肺炎和败血症的猪体内分离到了相同的猪链球菌。在我国,吴硕显于1949年在上海发现并报道猪链球菌病。1963年,本病曾在广西、广东、福建、四川等地区大面积流行。1990年,在广东省发现猪群中有类似2型猪链球菌。目前,美国、荷兰、英国、加拿大、澳大利亚、新西兰、比利时、巴西、丹麦、挪威、芬兰、德国、爱尔兰、日本、中国,以及中国香港等许多国家和地区都有猪链球菌病。

1968年,丹麦学者描述了3个人感染猪链球菌导致脑膜炎并发败血症的病例,这是最早的人感染猪链球菌的报道。1968～1984年间,荷兰在30个脑膜炎病人中分离到猪链球菌,其中有25个病人从事猪肉业。以后英国、加拿大、德国、法国、瑞典、澳大利亚、比利时、巴西、西班牙、日本、新加坡、克罗地亚、泰国、中国台湾,也陆续报道了人感染猪链球菌的病例。至今国外已有200余例人感染猪链球菌的病例报告,养猪业发达或有食用猪肉习惯的国家或地区报道病例较多,病例呈散发态势。

1984～1993年,我国香港确诊了25例人感染猪链球菌病例。1998～1999年,江苏省南通、如皋、海安、泰兴、靖江等地猪群暴发猪链球菌病,致使数万头猪发病或死亡,期间有25人感染发病,14人死亡。2005年6～8月,四川省资阳、内江等地暴发了国内外迄今为止最大规模的人感染猪链球菌病疫情,发病人数204例,死亡38例。

近年来,许多国家和地区猪链球菌病日趋严重,甚至呈暴发或地方流行,成为困扰养猪业发展的主要传染病之一,这也增加了人接触和感染发病的机会。猪链球菌感染已经成为当前一种重要的新的人与动物共患病。但总体上看,人感染猪链球菌并引起发病的情况是比较少见的,有时可在局部地区突然发病并暴发流行,甚至造成全社会的恐慌,需要高度警惕。

(二)发生原因和传播方式

链球菌有 35 型,能使人和猪感染发病的主要是 2 型猪链球菌。在自然界,除猪、野猪及人外,犬、猫、牛、羊、马,以及啮齿类动物也可感染猪链球菌而发病。

猪与猪之间,主要是经呼吸道和密切接触传播。猪群饲养密度过大,饲养管理、卫生条件差,长途运输、气候骤变等各种应激因素,都可诱发猪链球菌病的发生与流行。2005 年出现在四川的猪链球菌病疫情,均发生在地处偏远、经济落后、养殖场地卫生条件差、圈舍通风不良、阴暗潮湿的散养殖户。有报道显示,家鼠和苍蝇有可能在疾病传播上起一定的作用。

人也可以感染猪链球菌。直接接触病死猪或猪肉制品者为高危人群,有皮肤破损者更易感染。在宰杀、加工和接触病猪、死猪时,猪链球菌通过伤口、消化道等途径侵入,是引起人感染的主要原因。目前没有发现人传人的迹象。

人的猪链球菌感染与职业有很大关系。感染发病者多是从事猪的养殖、屠宰、加工、配送、销售的人员,也有狩猎野猪者发病的报道。病人中还包括病猪肉的接触者和食用者。其共同点是病人发病前都有与病猪和病猪肉的密切接触史。国外有学者认为,人感染猪链球菌是人类的动物源性职业病。据报道,在荷兰发生的30 例人感染猪链球菌病例中,占 83% 的病人从事猪肉业;研究人员估计,在屠夫和养猪者中,猪链球菌感染的发生率是不从事猪肉加工业者的 1500 倍。德国曾报道过一位 54 岁的猎人由于猎杀野猪而导致猪链球菌感染的事例。1989 年,罗伯特等在新西兰对兽医学生、农夫、肉品监督员和养猪者进行了检测,结果也表明人类的猪链球菌感染与猪或猪肉制品的职业接触有关。在香港发生的 25 例猪链球菌感染病例中,15 人与猪或猪肉有职业性接触,4 人在住院前 16 天有明显的皮肤破损史。在江苏发生的 25 个猪链球菌感染病例中,病人在发病前 2 天内,均与病死猪或来源不明的猪肉有过直接接触;其中 19 人曾屠宰病死猪(占 76%),3 人曾销售病猪肉(占 12%),3 人曾参与洗、切死猪肉或剥猪头皮(占 12%),7 人有明显的手指皮肤破损(占 28%),20 人在其住家周围曾有病死猪的事件发生(占 80%)。在 2005 年四川省暴发的严重的人感染猪链球菌疫情中,患者也都与病猪、死猪有密切接触史,特别是曾经宰杀、切割、清洗过病猪或病猪肉,而且很多患者接触时的手上都有伤口。

(三)症状和诊断

人感染猪链球菌到发病,最短 2 小时,最长 13 天,一般 2～3 天。由于猪链球菌侵入人体的部位不同,可引起不同的疾病,比较常见的有脑膜炎、化脓性关节炎、败血症等。多数病例发病初期都有畏寒、高热、头痛、头昏、全身不适、乏力等症状。

临床上主要分为败血症型和脑膜炎型。

1. 败血症型 表现为起病急,突发高热,肢体远端部位出现瘀点、瘀斑。早期多伴有胃肠道症状,继而发生链球菌中毒性休克综合征。病情进展快,很快转入多器官衰竭,如呼吸衰竭、心力衰竭、急性肾功能衰竭等,预后较差,病死率较高,一般为 20%～40%。但在本病暴发流行初期,由于警惕性不高,不能很快确诊,缺乏治疗经验,加上休克并发多器官功能衰竭,病死率可高达

80%以上。目前在治疗和抢救经验丰富的医院,如能做到早诊断、早治疗,病死率可降到20%以下。

2. 脑膜炎型 主要表现为头痛、高热、脑膜刺激征阳性等。病人临床表现较轻,预后较好,病死率较低。但有54%～67%的病例可导致耳聋、运动功能失调、肺炎等并发症。

【人类猪链球菌感染诊断要点】 一是询问病史,如当地有无猪链球菌病疫情存在,病人在发病前几天是否接触宰杀过病死猪,是否从事处理病死猪或切洗、加工、销售病猪肉等工作。二是根据临床表现,病人有起病急、畏寒、发热、伴有中毒性休克综合征或脑膜炎等症状。三是实验室检查,如进行细菌培养等。

(四)治疗方法

对猪链球菌感染病人的治疗原则是早发现、早诊断、早隔离治疗。临床治疗包括一般治疗、对症治疗、病原治疗、抗休克治疗、中医辨证治疗等。

1. 一般治疗 首先将病人转入传染病房进行隔离治疗。病人应卧床休息,一般宜平卧,给予易消化的流质饮食。要密切观察病情,特别注意血压、神志的变化。一般早期采用鼻导管给氧,病情严重的可改用面罩给氧或使用人工呼吸机,必要时切开气管给氧。注意水、电解质和酸碱平衡。

2. 对症治疗 体温过高(超过38.5℃)的患者要给予退热,一般以冰敷、酒精擦浴、降温毯等物理措施为主,慎重使用解热镇痛药。注意汗液丢失量和监测血压。有恶心、呕吐等消化道症状的患者可以禁食,同时应静脉补液,保证水、电解质及热能供应。烦躁和局部疼痛患者,可给予镇静药和镇痛药。

3. 病原治疗 本菌对绝大多数抗生素敏感,使用青霉素200万单位,静脉滴注,每4小时1次;可同时用克林霉素,每日1.8～

2.1 克,分 3～4 次静脉滴注,疗效较好。为迅速控制感染,防止病情恶化和细菌产生耐药性,可选用较敏感的药物。推荐使用三代头孢菌素治疗。可根据病情选用头孢曲松钠 2 克,加入 5%葡萄糖注射液 100 毫升中,静脉滴注,每 12 小时 1 次;或头孢噻肟 2 克,加入 5%葡萄糖液 100 毫升中,静脉滴注,每 8 小时 1 次。治疗过程中根据药敏结果及时调整方案,治疗 2 天效果不好的,要考虑更换抗生素;治疗 3 天疗效不良的,必须更换抗生素。

4. 抗休克治疗

(1)扩充血容量:对怀疑有低血容量状态的患者,应先行快速补液,即在 30 分钟内输入 500～1 000 毫升晶体液或 300～500 毫升胶体液,同时根据患者反应性(血压升高和尿量增加与否)等情况,来决定是否再次补液。

(2)纠正酸中毒:对于重度酸中毒的患者,应立即补充碳酸氢钠,一般首次剂量为 5%碳酸氢钠溶液 100～250 毫升。应及时进行动脉血气分析和血浆电解质浓度检查,根据结果再决定是否需要继续输液及输液量。

此外,要灵活使用血管活性药物、强心药物、糖皮质激素及利尿药。病人一旦发生弥散性血管内凝血,也要积极采取相应措施,如治疗基础疾病、消除诱因、肝素抗凝治疗等。

5. 脑膜炎的治疗

(1)颅内高压的处理:20%甘露醇注射液 125～250 毫升,快速静脉注射,每 4～8 小时 1 次;病情好转后,改为 12 小时 1 次。严重患者在注射甘露醇的间歇用呋塞米(速尿)20～100 毫克,或用 50%葡萄糖注射液 40～60 毫升,静脉注射;并可应用地塞米松 10～20 毫克,每日 1～2 次静脉注射,连续应用 3～4 天,以防治脑水肿。

(2)抽搐惊厥的处理:对抽搐惊厥患者,可以使用苯巴比妥钠 100 毫克,肌内注射,8～12 小时 1 次。也可使用地西泮(安定)10

毫克或咪唑安定 5～10 毫克,缓慢静脉注射,治疗时应注意患者呼吸状况。必要时应用 10％水合氯醛 20～40 毫升,口服或灌肠。

6. 中医辨证治疗 人的猪链球菌感染,中医诊断为暑热疫。在治疗上,初起宜清热解毒化湿;湿热蒙蔽清窍者,宜清热化湿开窍;伴有动风者,宜开窍熄风;邪入营血,热毒炽盛者,宜清热凉血解毒;元气欲脱者,宜益气固脱。恢复期正虚邪实,余邪阻窍者,宜化痰通络;气阴两伤者,可益气养阴。

(1)湿热蕴毒(普通型):临床表现为起病较急,恶寒,发热,全身不适,乏力,伴有头晕,头痛,腹痛,腹泻,舌淡红,苔黄腻,脉濡数。可用清热解毒化湿的治法,选用甘露消毒丹加减方。方药:广藿香 15 克,滑石 12 克,茵陈 15 克,黄连 10 克,石菖蒲 10 克,黄芩 15 克,薄荷(另包后下)12 克,连翘 18 克,白豆蔻(另包后下)10 克。每剂首煎以冷水浸泡 15～30 分钟,2 煎、3 煎加适量开水,每次煮沸 15 分钟,将 3 次药汁混匀,分 3～4 次服,日服 1 剂。以下几个方剂,如没有特别说明的,服用方法都与此相同。

(2)湿热蔽窍(脑膜炎型):临床表现为起病急,发热,恶寒,全身不适,乏力,肌肉酸痛,头痛,头晕,项强,多伴耳聋目花,甚者可出现昏迷,舌苔黄腻,脉濡数或滑数。可用清热化湿,醒脑开窍的治法,选用菖蒲郁金汤加减方。方药:石菖蒲 15 克,郁金 15 克,炒栀子 15 克,连翘 30 克,淡竹叶 15 克,牡丹皮 15 克,广藿香 15 克,茯苓 15 克,生姜 6 克,黄连 10 克。每次所煎药液以鲜竹沥 10 毫升对服。

(3)热毒炽盛,元气欲脱(休克型):临床表现为起病急骤,高热,寒战,头痛,头晕,甚者昏聩不语,多数伴有皮肤瘀点、瘀斑,舌绛,苔黄厚腻,脉数。可用清热解毒,开窍救逆的治法;对于热炽毒盛的病例,选用清瘟败毒饮加减方。方药:金银花 30 克,连翘 30 克,生地黄 30 克,黄连 15 克,黄芩 15 克,牡丹皮 15 克,生石膏 30 克,知母 15 克,淡竹叶 15 克,玄参 30 克,赤芍 30 克,桔梗 15 克,甘草 15 克,焦栀子 15 克,水牛角(另包先煎)30 克。对于元气欲脱的病例,选用生脉注射液 100 毫升,加入 10％葡萄糖注射液 100 毫升,静脉滴注,每日 2 次。

(4)正虚邪实,气阴两伤(恢复期)

①对于正虚邪实的病例(临床表现为唇周疱疹,耳聋,耳鸣,舌质瘀黯,苔黄腻,脉弦),可采用熄风开窍,化瘀通络的治法。选用三甲散加减方。方药:柴胡 15 克,白僵蚕 10 克,蝉蜕 10 克,桃仁 15 克,地龙 10 克,石菖蒲 12 克,郁金 15 克,龙胆草 6 克,赤芍 20 克,甘草 3 克,服法同上。

②对于气阴两伤的病例(临床表现为倦怠,气短,乏力,口渴,舌淡红,少苔,脉细数),可采用益气养阴的治法。选用王氏清暑益气汤加减方。方药:太子参 30 克,麦冬 15 克,石斛 15 克,黄连 6 克,淡竹叶 15 克,荷叶 15 克,知母 12 克,花粉 15 克,炒谷芽 15 克。

(5)预防用药:可选用清暑解毒防疫汤。方药:忍冬藤 20 克,连翘 15 克,荷叶 15 克,广藿香 15 克,淡竹叶 15 克,芦根 20 克,车前草 30 克,蒲公英 30 克,生甘草 3 克。每剂以冷水煎取 500 毫升,分 3 次温服。

(五)预防措施

1. 做好猪链球菌病的防控　消除人感染猪链球菌的传染源。为预防本病,应对猪实行免疫接种,对猪舍环境进行严格的卫生消毒,保证猪的营养需求与饮水供应,防止合群、驱赶、称重、疫苗接种,以及拥挤、疲劳、通风不良、气候骤变等应激因素对猪的不良影响,是控制猪链球菌病发生和流行的有效措施;要建立、健全生猪疫情报告制度;当确诊发生猪链球菌病疫情时,要按照农业部制定的《猪链球菌病防治技术规范》的要求,做好封锁、扑杀、无害化处理、紧急免疫接种、药物预防等项工作。

猪链球菌病可发生于各种年龄、品种和性别的猪。常见的有以下几种病型。

(1)急性败血症型:最急性型不出现症状即死亡。急性型体温升高至 41℃～43℃,废食、震颤,耳、颈下、腹部出现紫斑,如不及时治疗死亡率很高。多发生于架子猪、育肥猪和怀孕母猪,是本病中危害最严重的类型。

(2)脑膜炎型:体温升高、拒食,出现神经症状如磨牙、转圈、头向上仰、运动失调,后期四肢见划水样动作,最后昏迷死亡。多见于哺乳仔猪和断奶猪。

(3)化脓性淋巴结炎型:颌下淋巴结化脓性炎症最为常见,肿胀、硬固、热痛,可影响采食,一般不引起死亡。

(4)关节炎型:多见于慢性病例,表现为多发性关节炎,关节肿大,跛行,不能站立,体温升高,被毛粗乱。

2. 加强市场检疫与卫生监督 实行生猪集中屠宰制度,统一检疫,严禁屠宰病猪;同时加强上市猪肉的检疫与管理,严禁销售病猪肉、死猪肉。一旦发现猪发病,应立即采取预防用药和隔离猪群的措施,对已经死亡的病猪要采用无害化处理措施。

3. 加强卫生宣传教育 提高养猪户、屠宰加工人员识别猪病和病猪肉的能力,认识到接触病猪、死猪的危害,切实搞好自身防护,并能主动报告病猪疫情。经常接触猪和猪肉的人员,应戴保护性手套,以避免皮肤受伤而发生感染。广大群众不要购买和食用病猪肉、死猪肉。

十三、流行性乙型脑炎

蚊虫肆虐，警惕乙脑高发

乙脑是病毒引起的急性传染病，蚊子是主要传播媒介，以2～6岁的宝宝发病居多。乙脑主要通过蚊子传播，所以有严格的季节性。总的来说，7月上旬至8月下旬是本病的流行高峰。

患乙脑的宝宝突出表现是持续高热、呕吐、嗜睡和颈项强直等神经系统方面的症状，重症的宝宝会出现深昏迷，并有抽搐、中枢性呼吸衰竭。在本病的流行季节，宝宝如出现高热、嗜睡等症状，应及早送医院就诊。

——摘自《健康文摘报》(2007 年 7 月 4 日) 袁秉奎

(一)概述

流行性乙型脑炎又叫日本脑炎，简称乙脑，是由乙型脑炎病毒引起的一种人与动物共患的急性传染病。乙脑病毒主要侵害中枢神经系统，引起脑实质的炎症。本病一般多在夏秋季流行，起病急、病情重，严重危害人类特别是儿童的健康。

日本在 1924 年曾暴发本病，但直到 1934 年才确定其病原是病毒。1938 年，米塔姆拉(Mitamura)等从蚊子的体内分离到乙脑病毒。乙脑主要分布于中国、日本、韩国、泰国和印度等亚洲国家。

但 20 世纪 90 年代以来,流行区有所扩大。1990 年,美属塞班(Saipan)岛(位于西太平洋马里亚纳群岛)报告乙脑流行;1995年,在澳大利亚最北部的托雷斯海峡(Torres Strait)的板督岛(Badu)发现乙脑病例;1998 年,澳大利亚大陆报道出现乙脑病例,这些均表明乙脑已有扩大流行的趋势。目前,全球每年死于乙脑的人数超过万人,病死率高达 5%～35%;致残人数约 1.5 万人,后遗症发生率 30%～70%。因此,乙脑仍是当今威胁人类(特别是儿童)健康的重要传染病之一。

我国 1938 年在北京分离出乙脑病毒。1950 年以来,先后暴发 3 次大的乙脑流行(1957、1966 和 1971 年),每次流行都持续3～4 年。1971 年后,全国大部分省、市、自治区的乙脑发病率一直处在较低水平。近年来,由于儿童和青少年广泛接种乙脑疫苗,而成人和老年人的患病率有所增加,这种变化值得注意。

(二)发生原因和传播方式

乙脑的病原是乙脑病毒。猪对乙脑病毒的感染率高,每年大量新生幼猪被带毒蚊虫叮咬 3～5 天后就出现病毒血症,而且血液中病毒含量高,传染性强,因此猪是人乙脑的主要传染源。实践中通过检测猪乙脑病毒的感染率,可为预测当年乙脑在人群中的流行强度提供依据。

乙脑的传染源还有牛、羊、犬、马、鸭、鹅、鸡、鸟类等。因为马感染后可出现病毒血症和临床症状,因此养马的牧区,要重视马作为传染源的作用。

在传播方式上,乙脑主要通过猪-蚊-人的模式互相传播。蚊子是乙脑的主要传播媒介,人体经蚊虫叮咬后而感染。越冬蚊可贮存病毒,蚊子也可通过叮咬带毒蝙蝠等被感染。蚊子受感染10～12 天后,可通过叮咬将病毒传给人和动物。在我国,有三带喙库蚊、东方伊蚊等 26 种蚊虫都可传播本病,其中三带喙库蚊是主要的传播媒介。人被带病毒的蚊虫叮咬后,病毒进入机体,大多数呈隐性感染,只有少数人发病,患病率一般在 2/10 万～10/10 万,但以学龄儿童为多见。乙脑感染发病的地区分布是农村高于城市,山区高于沿海地区。在热带地区全年都可发生,温带和亚热带地区,包括我国在内,本病呈季节性流行,80%～90%的病例集中在 7、8、9 这 3 个月份,零星散发较多。

(三)症状和诊断

乙脑的潜伏期一般为 7～14 天。根据病情可分为 4 种类型。

1. 轻型 患者体温 38℃～39℃,神志清楚,无抽搐,轻度头痛、嗜睡,神经系统症状不明显。一般病程 5～7 天,无后遗症。

2. 普通型 患者体温 39℃～40℃,多有浅昏迷,偶有抽搐,神经系统症状较明显。病程 7～14 天,无后遗症。

3. 重型 患者体温 40℃以上,昏迷,反复或持续抽搐,可有肢体瘫痪或呼吸衰竭。病程多在 2 周以上,多能恢复,但时间较长,少数留有后遗症。

4. 极重型 患者起病急,体温急剧上升达 40℃以上,反复或持续强烈抽搐,迅速出现深昏迷、呼吸衰竭等症状。病人多在此期死亡,幸存者常留有严重后遗症。

5. 典型乙脑的临床分期

(1)发病初期:病程为 1～3 天。病人表现为体温升高达 39℃～40℃,伴发头痛、恶心、呕吐、精神萎靡、颈部强直和抽搐。

(2)发病高峰期:体温高达 40℃以上,持续不退。除发热外,病人表现为意识障碍、嗜睡、昏迷、惊厥或抽搐,呼吸衰竭,颅内压增高等神经症状。病情较轻的病例,病程一般持续 1 周左右。病情严重病例持续时间可达 30 天以上。昏迷越早、越深、越长,抽搐越频繁,病情越严重,预后越差。往往由于呼吸衰竭而造成死亡。

（3）恢复期:高峰期后 2～5 天体温逐渐下降,病人神志逐渐清醒,语言、意识及各种神经反射逐渐恢复,一般于 2 周左右可完全恢复。但部分病人恢复较慢,需 1～3 个月以上。个别重症病人可留有神志迟钝、痴呆、失语、瘫痪等症状,但经积极治疗,多数病人可在 6 个月内恢复。

（4）后遗症期:发病 6 个月以上的病人,有 5%～20%虽经积极治疗仍留有后遗症,如意识障碍、痴呆、失语、瘫痪和精神失常等,但可通过积极治疗得到不同程度的恢复。

【流行性乙型脑炎诊断要点】 一是乙脑有明显的季节性,我国主要在 7～9 月的 3 个月内。起病前 1～3 周内,在流行地区病人有被蚊虫叮咬史。患者多为儿童及青少年,大多近期内无乙脑疫苗接种史。二是突然发热、头痛、呕吐、意识障碍,并在 2～3 天内逐渐加重;早期常无明显体征,2～3 天后幼儿出现前囟膨隆;小儿常见凝视与惊厥。重症病人可迅速出现昏迷、抽搐、吞咽困难及呼吸衰竭等表现。三是实验室检查,检查血清和脑脊液中的特异性抗体有助于确诊。

（四）治疗方法

目前尚无特效治疗方法。重点是采取对症和支持疗法,加强对发病高峰期的发热、抽搐、脑水肿及呼吸衰竭病例的治疗和护理。

1. 对高热病人的处理 应采用综合降温措施,使体温保持在 38℃ 左右。具体方法:使室温降至 25℃ 以下,用 30%～50%酒精涂擦体表,用冰袋冷敷躯干体表,头部可戴冰帽,还可用冰盐水灌肠;对成年人用消炎痛栓剂,每次 50～100 毫克,塞入肛门内。儿童可用安乃近滴鼻;如果有持续性高热和反复抽搐的病例,可使用氯丙嗪及异丙嗪，成人每次 25～50 毫克，儿童每次每千克体重 0.5～1 毫克，每隔 4～6 小时肌内注射 1 次，配合物理降温，将体温控制在 36℃～38℃之间，一般可连续用药 3～5 天。

2. 对惊厥病人的处理　应使用镇静解痉药，如苯巴比妥、水合氯醛口服或灌肠。有脑水肿的病人可用 20%甘露醇静脉滴注，剂量每次每千克体重 1～2 克；或用 50%葡萄糖注射液、呋塞米（速尿）静脉注射。还可用地塞米松，成人每日 10～20 毫克，小儿 3 岁以内为成人量的 1/4，4～7 岁为 1/3，8～12 岁为 1/2，分次静脉滴注或肌内注射，至体温下降到 38℃以下即减量或停药，疗程不宜超过 5 天。对呼吸道有分泌物堵塞而发生缺氧的病人，可吸痰、插管，必要时做气管切开术。

3. 对呼吸衰竭病人的处理　应根据病因治疗，首先及时处理惊厥、脑水肿、缺氧，对肺部感染病人应用抗生素，必要时采用吸痰、插管、气管切开等措施。如果病人痰液黏稠，可给予雾化吸入以稀释分泌物。一旦出现呼吸衰竭，应早期使用呼吸兴奋药，如洛贝林（山梗菜碱），成人每次 3～9 毫克，小儿每次每千克体重 0.15～0.2 毫克，肌内注射或静脉滴注；尼可刹米（可拉明），成人每次 0.375～0.75 克，小儿每次每千克体重 5～10 毫克，肌内注射或静脉滴注。特殊情况下可使用人工呼吸机治疗。

4. 对循环衰竭病人的处理　根据病情应用强心药如毛花苷丙（西地兰）或毒毛花苷 K，补充血容量，应用升压药。并注意电解质、酸碱平衡，如同时有脑水肿时应使用脱水药，有高热、失水者应补液。

5. 对恢复期和后遗症病人的治疗　采用支持疗法，加强功能锻炼。对肌肉颤抖、多汗、肢体强直病人，可用苯海素（安坦），成人每次 2～4 毫克，小儿每次 1～3 毫克，每日 2～3 次口服。

6. 使用中药疗法　对发病初期高热头痛或精神萎靡病人，采用辛凉解表，清营泄热，芳香化湿的治疗方法，可服银翘散加味。

对高热头痛、恶心呕吐、精神萎靡或抽搐病人,可采用清营泄热,凉血解毒,芳香开窍的治法,可服白虎汤合清营汤加减,同时加服安宫牛黄丸。对痰热内闭,神志障碍、抽搐,角弓反张的病人,采用清热解毒,涤痰开窍,滋阴熄风的治法,可服清瘟败毒饮合羚角钩藤汤加减。对呼吸衰竭的病人,可用生脉注射液 500 毫升静脉滴注,每日 1～2 次。对恢复期有肢体功能障碍的病人,可服补阳还五汤合菖蒲郁金汤加减。

(五)预防措施

1. 控制动物传染源 大多数动物感染乙脑病毒后并不发病,只有马可发生严重的脑炎,妊娠母猪可发生流产,公猪可发生睾丸炎。预防本病,主要应加强对猪特别是对幼猪的管理,实行圈养,在本病流行季节前(每年的 4 月初),应给母猪和幼猪肌内注射乙脑疫苗,每头 1 毫升;并在猪场定期喷洒灭蚊药。

2. 搞好环境卫生 在蚊虫繁殖的季节应使用蚊帐及驱蚊剂,以防被蚊虫叮咬。清除垃圾和积水,消灭蚊虫的孳生地。

3. 疫苗注射 对 6 月龄～10 岁儿童及来自非疫区的成年人,每年在本病流行前 1～2 个月,接种地鼠肾灭活疫苗,皮下注射 2 次(间隔 7～10 天),第二年加强 1 次,连续 3 次注射后可获持久免疫。剂量为 6～12 个月婴儿每次 0.25 毫升,1～6 岁儿童每次 0.5 毫升,7～12 岁儿童每次 1 毫升。

当前,我国研制的地鼠肾减毒活疫苗应用越来越广泛,正逐步取代地鼠肾灭活疫苗。地鼠肾减毒活疫苗在 1 岁和 2 岁时,每次接种 0.5 毫升,6 岁时加强注射 1 次。接种后保护率达 85%～98%。保护时间 5 年以上。注意乙脑疫苗不能与伤寒三联疫苗同时注射,对有中枢神经疾病和慢性酒精中毒的病人禁用。

十四、附红细胞体病

北大人民医院在北京发现首例人附红细胞体病

2004 年 10 月,北大人民医院儿科来了一位湖北患儿。一个月前孩子出现不明原因的持续高热、贫血,身上还有皮疹,肝、脾和淋巴结肿大。医生为其使用了常用抗生素治疗,患儿不见好转,病情越来越重。医生们曾怀疑孩子得了疟疾、伤寒,甚至怀疑到恶性肿瘤,但均被一一排除。经仔细问诊,医生发现孩子在患病前曾到过农村,接触过家畜、家禽,那里蚊虫孳生,当地卫生防疫站曾发现动物患有附红体病。于是,医生将目光转向了这种少见的病原体感染。为了找到病原体,医生一次次为孩子抽血检查,还向农科院的畜牧专家请教,最后终于确定了诊断。经过治疗,目前孩子已痊愈出院。

——摘自《北京晚报》(2004 年 11 月 30 日)

(一)概述

附红细胞体病(简称附红体病)是一种人与动物共患传染病。病畜以出现红皮病为特征。通过与病畜直接接触或蚊虫叮咬而引起人感染。病人可出现发热、出汗、疲倦、嗜睡、无力、恶心等症状,严重者伴有贫血、黄疸,以及肝、脾、淋巴结肿大。

1928 年,希林(Schillling)首次在小鼠血液中发现附红细胞体(简称附红体)。1934 年,奈兹(Neitz)等从绵羊血液中发现绵羊附红体。1934 年,阿德里和埃伦博格(Adley,Ellenbogen)从牛血液中也发现附红体。但这些病原体的致病性都较弱,感染动物几乎不表现临床症状。到 20 世纪 50 年代初,证明由附红体可引起以严重的贫血和黄疸为主要特征的临床表现后,才引起人们的重视。1986 年,潘泰瑞克(Puntaric)报道了世界上第一例人附红细胞体病。1993 年后,随着家畜附红体感染的暴发流行,以及人附红体病临床病例的增多,本病才引起了国内外学者的密切关注。

我国在 1981 年报道了兔的附红体病,1985 年内蒙古阿拉善盟畜牧研究所发现羊的附红体,1992 年发现大批人群感染附红体。当时对全盟动物和人进行了普查,发现羊、骆驼、牛、马、驴、骡、鸡、兔、草原老鼠的感染率为 90%,人的感染率为 87%。从 20 世纪 90 年代中期,我国 13 个省市协作进行了家畜附红体感染流行病学调查,结果显示感染率在 3.27%~93.53%之间。已报道的发病动物有兔、猪、牛、山羊、绵羊、马、驴、骡、骆驼、鸡、犬、猫、小鼠、貂、狐狸等。

1991 年,在国内首次报道了人的附红体病病例。目前已有 17 个省、自治区、直辖市进行了人群调查,结果表明江苏、广东、广西、甘肃、宁夏、云南、新疆、内蒙古等省、自治区的许多地区都有本病流行。有些地区人群感染率高达 40%,青少年中甚至可达 70%以上。一些献血员附红体的感染率也相当高。

(二)发生原因和传播方式

附红体寄生在人或多种动物红细胞的表面、血浆和骨髓,几乎所有的动物都能感染而发病,如兔、猪、牛、山羊、绵羊、马、驴、骡、骆驼、鸡、犬、猫、小鼠、貂、狐狸等。迄今附红体的生活史和自然传播方式还不太清楚。但据报道,本病主要有接触性传播、血源性传播、垂直性传播及媒介昆虫传播等播散方式。其中吸血昆虫中的蚊、螫蝇、虱、蟎等为主要传播媒介。人为因素也能造成附红体病的传播,如没有严格消毒的针头或注射器、耳号钳、断齿钳、去势刀等,有可能经伤口造成动物间的传播。本病在家畜中的流行高峰为夏秋季,与天热、雨水多、蚊虫孳生有关。

人对附红体易感。由于动物特别是家畜、家禽与人接触密切,饲养量也大,所以患病或携带附红体的动物对人造成的危害很大。

人与动物之间可通过直接接触感染,也可通过蚊子、虱子、跳蚤、吸血蝇类、蟎等昆虫叮咬感染。人与人之间可经输血,或使用被附红体污染的注射器、针头,或被污染的工具经破损伤口等造成感染。献血员感染对受血者有直接威胁,尤其对幼年受血者危害更大。孕妇感染后可通过胎盘引起胎儿先天性感染。

附红体进入人体后,专门寄生于红细胞、血浆和骨髓中。如果感染者的免疫力较强,体内只有少量红细胞(低于30%)被感染,此时往往不发病,甚至经过一段时间可清除病原体。但在免疫功能低下的人或儿童体内,附红体就有可能感染较多的红细胞(30%～60%),并引起临床症状。如果人体内60%以上的红细胞受到感染,就会出现较严重的临床症状,甚至导致患者死亡。

(三)症状和诊断

本病潜伏期短的3～5天,长的10天以上。人感染附红体后有多种临床表现,如发热、出汗、易疲劳、嗜睡、无力、恶心等。严重者可有贫血、黄疸,肝、脾肿大及不同部位的淋巴结肿大。附红体病还可引起代谢紊乱、酸碱失衡、低血糖等。本病造成的后果严重与否,主要取决于感染者的免疫功能,也和受到附红体感染的红细胞的多少有关系。在大量饲养畜禽的农村、牧区,要特别注意经常接触家畜、家禽的人特别是儿童，当出现发热、贫血等症状时，要想到感染附红体的可能，在轻症感染时即应及时治疗，以免发展为重症患者。

【人附红细胞体病诊断要点】　一是根据本病在当地的流行情况，以及病人的临床症状，如贫血、黄疸等，可作出初步诊断。二是化验检查，可发现红细胞、血红蛋白、血小板都降低，胆红素升高。三是经血液涂片能检出附红体，一般选择在发病初期采血涂片，如果发现典型虫体，即可确诊。

(四)治疗方法

治疗人附红体病最有效的药物，是大家非常熟悉的抗生素，可用四环素、庆大霉素、土霉素和强力霉素，治愈率可达100%。或用青蒿琥酯片，可控制和缓解临床症状，抑制体内附红体的复制。只要早期发现疾病，早期治疗，病人可很快治愈。

除采用以上药物治疗外，还应配合输血、补液、强心、健胃等对症辅助疗法。

(五)预防措施

1. 控制动物传染源　不同动物患病后症状相似，以猪为例。病猪典型症状为高热、贫血、黄疸，体温升高到40℃～41℃，偶尔超过42℃。精神委顿、嗜睡、转圈、呆滞，个别猪怕冷、寒战、抽搐、不食或少食，喜饮水或嗜食碎瓦片、煤渣等异物。可见黏膜苍白、黄染，全身皮肤发红，所以有"红皮病"之称。但不同年龄的猪症状也有所不同：母猪主要表现为生产性能下降；仔猪则表现为贫血，肠道及呼吸道感染增加，出现黄疸症状，生长发育不良，可成为僵猪；育肥猪表现为日增重下降，急性贫血；公猪性欲减退，精子活力降低。

养猪场对病猪要有治疗措施,四环素、土霉素、金霉素、卡那霉素、贝尼尔、黄色素对猪的治愈率很高。

2. 本病目前尚无疫苗预防,只能采取综合性预防措施 要注意搞好畜禽舍和饲养用具的卫生,定期消毒。夏秋季经常喷撒杀虫药物,防止昆虫叮咬,并注意驱除畜禽体内外的寄生虫。搞好饲养管理,积极预防其他疫病发生,提高畜禽抵抗力。仔猪、犊牛、幼驹定期喂服四环素族抗生素,母畜产前注射土霉素或喂服四环素族抗生素,可防止母畜发病,并对幼畜起到预防作用。

3. 人要加强自身防护 尽量不和患病畜禽接触。在夏季蚊虫孳生季节要注意避蚊。农村牧区的基层医疗单位,要强化对医疗器械的消毒管理,以杜绝本病的医源性播散。

十五、猫 抓 病

今患怪病，只因 10 年前被猫抓伤

黎先生是海南儋州白马井镇的普通居民，半年前，他莫名得了一种奇怪的病症，到多家医院就诊，两处的淋巴结被切除，身体骨瘦如柴，就是查不出病因。在其生命垂危之际，转院到省边防医院，日前经有关专家再三确认，黎先生身上神秘的致病元凶终于浮出水面："猫抓病"。据黎先生自己回忆，10 年前，他曾被猫抓伤过，没想到就得了这种怪病。据专家介绍，"猫抓病"是患者和猫亲密接触时，被抓伤后感染上了猫身上一种致病性微生物。在全国曾出现过几例此类病例，在海南省尚属首次发现，不过查出病因后，患者很快就能得到治疗康复。专家特别提醒，不要和宠物过分亲密接触，一旦被猫、犬之类的动物抓伤咬伤，一定要去医院做专业的防御性治疗，以免埋下祸根。

——摘自《南国都市报》(2006 年 12 月 18 日)

(一)概述

猫抓病是与猫等动物密切接触而引发的一种细菌性传染病。病人局部皮肤发生病变，出现多发性淋巴结炎，局部疼痛、肿大。免疫功能正常时不会引起太严重的后果，免疫功能低下者可发生

严重的全身性病变,甚至引起死亡。

1889 年,帕里诺(Parinaud)首次报道猫抓病。1913 年,维霍夫(Verhoeff)从猫抓病患者的结膜切片中发现一种丝样微生物。1983 年,威尔(Wear)等在患者的淋巴结中发现本病的病原是一种多形的小杆菌。1993 年,杜兰(Dolan)等从猫抓病患者淋巴结中分离出一种巴尔通体,现已确定它就是本病的病原体。

猫抓病散发流行于瑞士、法国、荷兰、意大利、德国、日本、泰国、菲律宾、印度尼西亚、美国及澳大利亚等国家。美国的患病率为 0.77/10 万~9.3/10 万,其中 80% 为儿童,但只有少部分病例需要住院治疗。全球每年发病人数超过 4 万例,以青少年和儿童居多,男女无差别,温暖季节多见。

我国大部分省市都有猫抓病病例的报告,患者多数是儿童和青少年,病死率为 1%~2%。随着养猫及流浪猫的增多,猫抓病患者也呈一种上升的趋势。

(二)发生原因和传播方式

猫抓病是由汉塞巴尔通体感染所引起的,主要传染源是猫及其他猫科动物。健康猫的带菌率约为 40%,1 岁以内的幼猫及流浪猫带菌率可能更高,带菌可达 1 年以上,甚至终身。猫之间可通过跳蚤传播。

在传播方式上,90% 以上的病人与猫有接触史,约 75% 的病人有被猫咬伤、抓伤(大多数是新收养的宠物猫)或被猫舔了开放性伤口的经历。病原菌主要存在于病猫的口咽部,人一旦被其咬、抓、舔,细菌就会通过破损皮肤、黏膜进入体内,沿淋巴管到达淋巴结,随血液循环播散到其他组织器官,引起皮肤病变和多发性淋巴结炎,表现为局部疼痛、肿大。另外,本病也可因犬、兔、猴抓咬伤,甚至鱼骨刺伤引起。任何年龄段都可感染发病,但最多见于5~14

岁的人群,无性别差异,发病季节以夏秋为主。人感染后可获得持续免疫。

(三)症状和诊断

本病潜伏期为 3~10 天,少数可达几个月,甚至 1~2 年。主要临床表现如下:

1. 原发皮肤损伤 咬伤或抓伤处的皮肤,初期见红斑或红褐色小结节,直径 3~4 毫米,多发生于手、前臂及面部和颈部。后期发展为水疱、脓疱和硬结,此后结痂愈合,不形成瘢痕。病程持续 2~3 周,个别病例可长达 1~2 个月。

2. 淋巴结炎 90% 以上病例在被抓伤后 7~14 天内,发现颈部、腋下、颌下等处的淋巴结肿大,直径 1~8 厘米,最大的达 13 厘米。质地较硬实,有压痛,有的化脓。病程可持续 2~4 个月,也有的可长达 1 年。

3. 全身症状 有部分病人表现为低热,约 30% 病例发热可达 38.5℃~41.2℃。其他症状有乏力、食欲缺乏、恶心呕吐、腹痛、头痛、咽炎、角膜炎、体重减轻等。

4. 脑病型 感染发病后 14~21 天可出现脑病,表现为嗜睡、抽搐、昏迷,如不及时救治可能危及生命。

5. 眼病型 有 4%~6% 病人可发生视网膜神经炎、视网膜脱离或眼腺综合征等,容易引起失明。

6. 肝脾型 多见于儿童,体温可达 40℃ 以上。全身不适,主要表现为脾大和腹痛。部分病例淋巴结肿大。

7. 合并症 艾滋病病人可合并发生猫抓病,并因免疫缺陷而导致多器官功能障碍。

【人猫抓病诊断要点】 一是与猫有密切接触史,多数病例有被猫咬伤、抓伤或舔舐皮肤伤口的经历。二是猫抓病皮肤抗原试验呈阳性。三是从病变淋巴结中抽出脓液,并经培养和实验室检查,排除了其他病原的可能性。四是检查活体淋巴组织,做涂片染色法发现病原体。上述 4 项指标中符合 3 项的即可确诊。

(四)治疗方法

1. 一般治疗　除了少数严重的全身性病例外,大多数病人采用对症疗法,一般经 2～4 个月即可自愈。对症疗法,包括对疼痛病例适当给予止痛药,若淋巴结化脓,可做穿刺抽吸或切开引流。

2. 抗生素治疗　四环素每次 500 毫克,口服,每日 4 次,疗程 28 日。环丙沙星每次 500 毫克,每日 2 次,连服 21～28 日。林可霉素每次 600 毫克,每日 4 次,疗程 21～28 日。米诺四环素、四环素、红霉素、利福平和磺胺类药物对治疗猫抓病也有一定疗效。对严重病例可选用多西环素每次 100 毫克,每日 2 次,同时可加利福平或阿奇霉素治疗,疗程 21～28 日。由于巴尔通体对上述抗生素敏感,对于可疑眼病患者给予抗生素治疗,也可取得一定疗效。

该病一旦确诊并对症治疗,一般预后良好。据介绍,浙江省人民医院近年共收治 4 例猫抓病患者,治疗后患者均得到彻底康复。但当机体免疫功能受到严重损害,引起心、脑等并发症时,病情会发生恶化,极个别病人可能死亡。

(五)预防措施

1. 注意宠物卫生,不要和宠物过分亲密接触　父母要教育孩子不要玩猫、犬等宠物。建议有幼儿、有慢性病患者和免疫力低下的患者的家庭,最好不要养猫等宠物。

2. 避免被动物咬伤、抓伤　尤其在春季动物发情时,尽量少招惹动物,以免造成不必要的伤害。万一不幸被咬伤、抓伤,应立即用碘酊涂擦伤口,严密观察抓伤局部邻近淋巴结的变化,及时就医。

3. 加强对宠物猫和流浪猫的科学管理　提高对于猫抓病的认识,从加强对猫的管理入手,积极加以预防。

十六、轮状病毒性腹泻

轮状病毒性腹泻在我国的流行情况

轮状病毒性腹泻是婴幼儿死亡(除呼吸道感染之外)的第二位病因,全世界因急性胃肠炎而住院的儿童中,约 50% 是轮状病毒性腹泻。我国每年大约有 1 000 万婴幼儿患轮状病毒感染性胃肠炎,占婴幼儿总人数的 1/4。轮状病毒具有高度传染性,一年四季均有发病,以秋冬季节为高峰。儿童感染后出现水样腹泻,伴有发热、呕吐、腹痛,治疗不当可导致患儿死于脱水。常见并发症有肺炎、中毒性心肌炎等。因此,应引起高度重视。

——摘自《华西都市报》(2006 年 11 月 28 日)

(一)概述

轮状病毒性腹泻是一种以急性胃肠炎为特征的传染病,病毒主要侵害幼龄动物和婴幼儿。本病在我国人群中普遍易感,但主要感染 6~24 个月的婴幼儿,患儿出现发热、腹痛、呕吐、腹泻等症状,给患儿和家庭带来较大的影响。

1943 年,拉特、浩德斯(Light,Hodes)在腹泻病人粪便中发现了一种病原,接种给犊牛能引起腹泻。1968 年,美国学者梅巴斯

(Mebus)首先从犊牛粪便中分离出轮状病毒。1973年,澳大利亚学者比绍普(Bishop)在患儿肠上皮细胞内发现轮状病毒。目前估计,全世界因急性胃肠炎而住院的儿童中,有50%~60%是轮状病毒性腹泻,发展中国家的情况可能更加严重。

1984年,洪涛院士从成人腹泻患者大便中发现B群轮状病毒。1987年,胡超文等在湖南省怀化市对515例急性腹泻病例进行病原学调查,结果从6个成人腹泻粪便标本中发现轮状病毒。1988年,陈锦生等从福建省福州市1例成人腹泻粪便标本中检查出同样病毒。1994年,北京某高校一起成人腹泻暴发流行。1997年,河北省石家庄市某高校成人腹泻的一次暴发流行,累计1 000多人患病。此后,本病几乎每年都有不同程度的流行。1999年,印度学者在加尔各答市从5个散发的腹泻病人粪便标本中,检查出与我国发现的相同的轮状病毒。现在,轮状病毒性腹泻已成为全世界科学家们关注的焦点之一。

(二)发生原因和传播方式

轮状病毒用电镜观察具有典型的车轮辐条状结构,因此得名。目前,轮状病毒分为6个群,但在不同的病毒,以及不同的动物和人之间,病毒有一定的交叉感染。病人和带毒者,以及患病动物是本病的主要传染源。在动物中,猪、犬、牛、羊、马、兔、鹿、猴和家禽都易感。

人群对轮状病毒普遍易感,但病例常见于2岁以下的婴幼儿,其中尤以6个月~1岁为多。新生儿因受母源抗体的保护,感染较少。当前,成人病例也在不断增多,其中多数人不出现临床症状,只有少数发生胃肠炎,较多见于和患儿密切接触的父母及医护人员。婴幼儿腹泻多发于秋冬季,而成人腹泻一年四季都可发生。需要引起高度重视的是,本病在托儿所、幼儿园、各大专院校、煤矿及其他集体生活单位,曾发生过多起暴发性流行,多与水源污染有关。

在传播方式上,主要是病人或患病动物的排泄物污染了水源或食物,病毒经口进入人的消化道,在小肠上皮细胞内大量繁殖,结果引起腹泻。病人感染后获得的免疫力持续时间不长,因此容易发生二次感染。

(三)症状和诊断

婴幼儿患者的潜伏期为 1～3 天。起病急,主要表现为水样泻,每天排便 10～20 次,并伴有呕吐、发热、腹胀。部分儿童可出现流鼻涕、轻度咳嗽等上呼吸道症状。病程一般 5～7 天。少数病例有轻度到中度脱水,极少数严重病例可引起死亡。

成人患者的潜伏期为 1～4 天,以 1～2 天居多。根据患者病情可分为 3 型。

1. 轻型　排水样便,每天 5 次以内,伴有腹痛、腹胀、肠鸣,脱水不明显,体温、血压、脉搏都正常。

2. 中型　排水样便,每天 10 次左右,多有呕吐,脱水明显,体温、血压正常。可出现腓肠肌痉挛,脉搏稍快,病程 3～5 天。

3. 重型　排水样便,每天 10 次以上,呕吐、脱水较重,可出现酸中毒、腓肠肌痉挛和肢体麻木,肢端发凉、血压下降、脉搏频弱,病程 7 天左右。

【轮状病毒性腹泻诊断要点】　一是询问病史,多数病例可发现有轮状病毒接触史,或当地有本病的局部流行。二是根据临床症状,如起病急、粪便呈水样,伴有呕吐、脱水等,可作出初步诊断。三是进行实验室检查,有条件时可进行病原和抗体的检测。

（四）治疗方法

目前对本病尚无有效的治疗方法。主要采取对症治疗，及时补液纠正脱水，调节电解质平衡。根据病情采用不同的治疗方案。

1. 第一方案　适用于无脱水病人，给病人口服补液盐（按世界卫生组织制订的口服液标准，为 1 000 毫升水中含葡萄糖 20 克，氯化钠 3.5 克，碳酸氢钠 2.5 克，氯化钾 1.5 克）。如果病人 3 天不见好转，并且腹泻次数增加，呕吐频繁、明显口渴、发热不退，应及时送医院治疗。

2. 第二方案　适用于有轻度或中度脱水病人，应及时纠正脱水。轻度脱水的成年病人，按每千克体重补给口服补液盐 50～80 毫升，于 8～12 小时服完；对中度脱水的成年病人，按每千克体重补给口服补液盐 80～100 毫升，于 8～12 小时服完；幼儿用量酌减，儿童按 70％ 补给。

3. 第三方案　适用于重度脱水病人，应静脉输液、补钙。对重度脱水的婴儿，每千克体重补给 150～180 毫升。其中 1/2 量于 8 小时内补入，其余量于随后的 10～16 小时补给。对有手足抽搐的婴幼儿，可用钙剂治疗，如 10％ 葡萄糖酸钙，每千克体重 0.5 毫升，加入等量 10％ 葡萄糖注射液，静脉滴注，10 分钟内滴完，惊厥停止后口服钙剂补充。

思密达，是一种肠黏膜保护药，口服效果较好。常用量为：1 岁以下每次 1 克，1～3 岁每次 1.5 克，3 岁以上及成人每次 3 克，用 50 毫升温开水冲服，每日 3 次，首次服用剂量加倍，直到腹泻停止，一般疗程为 3 日。此外，若同时服用双歧杆菌等微生态制剂，也有一定疗效，疗程为 5～7 日。

本病一般不用抗生素治疗，只要做好补液，病人可自愈。

（五）预防措施

1. 控制传染源

（1）对发生轮状病毒感染的病人：应做好隔离，避免其排泄物污染水源、食品及日常用品。同时，也要尽量避免接触发生腹泻的动物。

（2）动物轮状病毒性腹泻的主要症状如下：8 周龄以内仔猪易患病，病仔猪精神不佳，食欲降低，不愿走动，常有呕吐，迅速发生腹泻，出现脱水的症状。犊牛、马驹、羔羊、鸡等感染轮状病毒后，主要症状也是精神委顿、厌食、腹泻、脱水等。

2. 切断传播途径 在托儿所、幼儿园等单位，要培养幼儿养成良好的卫生习惯，如饭前便后用肥皂洗手，奶瓶食具洗净煮沸后再使用。注意饮水卫生，不喝生水。生吃瓜果要洗净，采用防蝇罩，防止苍蝇、蟑螂叮爬食物。本病流行期间，应少带孩子去公共场所，以防传染。要将患儿使用过的东西消毒，衣服消毒后放在阳光下曝晒。

对高等院校等集体生活单位，均应切实做好饮水、食物的卫生管理，避免发生本病。

3. 免疫接种 由兰州生物制品研究所研制的口服轮状病毒活疫苗，在我国近 20 个省市 50 多万人中应用后，效果良好。对婴幼儿保护期达 1.5 年以上。

十七、流行性出血热

春天来了，流行性出血热也来了

　　3～5 月是流行性出血热流行的高峰季节。由老鼠传播的出血热每 6 年有一次流行高峰，我国出血热病人约占全球发病总人数的 90%。据卫生部公布的 2004 年全国疫情报告，2003 年出血热在国内有小型流行或暴发，全年共报告发病 25 041人，死亡 254 人，与 2002 年度相比，患病率上升了 10.54%。

　　流行性出血热是经啮齿动物传播的一种自然疫源性传染病。该病在我国流行范围广，病死率高，危害较大，是国家重点防治的传染病之一。

　　　　　　——摘自《健康报》(2005 年 6 月 9 日)　谭　丁

(一)概述

　　流行性出血热是由病毒引起的一种急性传染病。病毒经皮肤伤口、呼吸道、消化道感染。病人表现为发热、休克、充血、出血、急性肾功能衰竭，并发肺水肿、心力衰竭、尿毒症，以及继发感染。病死率为 3%～20%，平均 5%。本病广泛流行于亚洲、美洲、欧洲、非洲的许多国家，是严重威胁人类健康的传染病之一。

　　1931～1932年,在我国黑龙江流域中苏边境的日本和苏联军队中发生本病。1938～1942年,在东北绥芬河流域驻二道岗、孙吴、黑河、虎林等地的日军中,先后有近12 000人发病,病死率高达30％,当时被称为"二道岗热"、"孙吴热"、"黑河热"、"虎林热"。日本学者证明本病的病原是一种病毒。1951年,在朝鲜三八线附近的联合国驻军中发生了本病,到1954年共出现2 400余例。1956年,三八线非军事区以朝鲜军队取代了联合国军,本病即开始在朝鲜军人中增多。1960年以来,当地朝鲜居民中也出现了流行性出血热。1976年,韩国李镐汪等在靠近三八线的汉坦河畔,从黑线姬鼠肺中首次成功分离出引起本病的病毒,所以称为汉坦病毒。

　　1993年,在美国犹他州和其交界3个州的土著居民中暴发汉坦病毒肺综合征,此后陆续在30多个州出现病例。目前除亚洲外,本病分布在北美洲的美国、加拿大,南美洲的阿根廷、巴西、玻利维亚、智利、乌拉圭,欧洲的德国、瑞典、比利时等国。

　　从20世纪80年代以来,本病在我国的流行强度加大,危害严重。2008年全国共报告病例9 039例,其中死亡105例;2007年全国共报告病例11 063例,死亡145例。防控流行性出血热已成为一个亟待解决的问题。

(二)发生原因和传播方式

　　流行性出血热又称肾综合征出血热,其病原是汉坦病毒。在我国带毒的啮齿类动物是主要传染源,其中主要是黑线姬鼠、大林姬鼠、褐家鼠、大白鼠。近年来有报道证实,病毒可在螨体内经卵传代,所以螨是病毒的储存宿主之一。

　　在传播方式上,主要有如下几种:一是带毒鼠的排泄物,如尿液、唾液、粪便中的病毒在空气中形成气溶胶,被人体吸入后而致感染,目前认为这是主要的传播方式。二是吃入被带毒鼠的排泄物污染的食物,经口和胃肠黏膜而感染。三是偶然被带毒鼠咬伤,或破损的皮肤、黏膜,接触了含病毒的排泄物或血液而感染。四是被带毒的螨叮咬、吸血,也可造成人的感染。

本病主要是在鼠—鼠之间、鼠—人之间传播。此外本病还可经胎盘感染胎儿,曾从孕妇流产的死胎内脏(肺、肝、肾等)分离出本病病毒。

人群对本病普遍易感,但以青壮年和农民居多,男性多于女性。本病全年都可发生,野鼠传播常出现在冬季;家鼠传播常出现在春、夏。

(三)症状和诊断

本病的潜伏期一般为 7～14 天。典型病例在短程发热后,相继发生出血和急性肾功能衰竭。临床上可分为 5 期。

1. 发热期 起病急,体温高达 39℃～40℃,一般持续 4～7天。主要症状为头痛、腰痛和眼眶痛(即三痛),伴有食欲减退、恶心、呕吐、腹痛或腹泻等消化道中毒症状。重症病例有嗜睡、谵妄、抽搐或意识障碍等神经精神症状,在颜面、颈部、胸前部出现潮红区域(即三红)。可在腋下和胸背部,见到呈条索点状或搔抓样瘀点。软腭上出现针尖大小出血点,眼结膜呈片状出血。有些严重病例,可在球结膜、眼睑或颜面、四肢发生水肿。

2. 低血压休克期 发热 4～6 天后,多在发热末期或退热时出现低血压或休克,持续数小时或数天不等。一般认为,休克出现越早、时间持续越长,病情越严重。

3. 少尿期 本期与低血压休克期无明显界线,多发生在病程的第 5～8 日。每 24 小时尿量少于 500 毫升(用利尿药时少于800 毫升)为少尿,少于 50 毫升为无尿。急性肾功能衰竭后伴发不同程度的尿毒症、酸中毒、水中毒和电解质平衡失调。严重病例可出现心力衰竭、脑水肿和肺水肿。

4. 多尿期 多发生于病程的第9~14日。尿量增至每24小时2 000毫升(用利尿药时可大于3 000毫升)为进入多尿期的标志。少数病人24小时尿量可达5 000~10 000毫升。多尿期可持续1~2周,少数病例可达数月。

5. 恢复期 往往在病程的第3~4周后进入恢复期。一般尿量减至每24小时2 000毫升左右,尿素氮等指标降至正常。病人的精神、食欲、体力也逐渐恢复。一般完全恢复需要1~3个月。

重症和危重病例的前2期或前3期容易混合出现,并发症多,病死率高。非典型病例上述5期经过不明显,常可跨越低血压休克期或少尿期,预后一般较好。

【流行性出血热诊断要点】 一是询问病史,多数病人于发病前的2个多月曾在疫区居住或逗留过,与鼠类等宿主动物或其排泄物有直接或间接接触史;或曾吃未经充分加热过的被鼠类排泄物污染的食物,或曾接触过带毒实验动物。二是若出现典型的5期经过和以短期发热、"三痛"、"三红"、出血为主的体征及肾脏损害的表现,具有一定的诊断价值。三是对于非典型病例,常需要实验室检查确诊,包括血液常规化验、血清特异性抗体检查等。

(四)治疗方法

对本病目前尚无特效疗法,要抓好"三早一就",即早发现、早诊断、早休息、就近到有条件的医院治疗。根据临床各期的不同症状采取对症治疗,把好"三关"即休克、少尿、出血,对减轻病情、缩短病程和改善预后具有重要意义。

1. 对发热期病人 除了避免搬运、卧床休息和给予高营养、高维生素及易消化的食物外,对呕吐不能进食的病人,应静脉补充葡萄糖、电解质溶液,以维持内环境的相对稳定。对体温高的病例,应采用物理降温的方法,如用湿毛巾敷面等,需慎用发汗退热药,因大量出汗可引发休克。对出现中毒症状比较严重的病例,选用氢化可的松100~200毫克,或地塞米松5~10毫克稀释后缓慢静脉滴注,每日1~2次。为减轻充血、水肿症状,可给予低分子右旋糖苷250~500毫升,或10%葡萄糖酸钙10~20毫升稀释后静脉注射,每日1~2次。为减轻病情,缩短病程,可静脉滴注利巴韦林(病毒唑)。早期应用,可按每千克体重每日10~15毫克,分2次加入10%葡萄糖注射液中,静脉滴注;成人可按每次400~600毫克溶于10%葡萄糖注射液250毫升内,静脉滴注。连用3~5日。

2. 对低血压休克期病人　应早期扩容补液,平衡盐液(晶体液)与低分子右旋糖苷(胶体液)比例一般为3∶1。发生休克时,首次300~500毫升液体在30分钟内静脉滴注,而后在60~90分钟内快速静脉滴注1 000毫升,此后应根据血压回升情况及血液黏稠情况,调整补液量和速度,并适量补充血浆或白蛋白。总液量每日在3 000毫升以内。

3. 对少尿期病人　应维持水、电解质平衡,促进利尿。在有效循环血量充足的前提下,可应用呋塞米(速尿),每次20~100毫克,稀释后静脉滴注,每日2~4次。或用利尿酸钠,每次20~50毫克,稀释后静脉滴注。同时可口服甘露醇粉,每次25~40克,每小时口服1次,连服2~3次。另外,对有明显氮质血症、高钾血症的病人,可进行腹膜透析或血液透析。

4. 对多尿期病人　治疗原则是及时补充水分和电解质,防止脱水及电解质紊乱。同时还应预防继发感染。对不能进食的病人,可静脉注射脂肪乳、复方氨基酸或血浆等。对尿量增加的病例,应适时补足液体及电解质。对危重病例应防止继发感染,仍需抗出血及对症和支持疗法,同时增加蛋白及高热能饮食。

5. 对恢复期病人 一是继续注意休息,逐渐增加活动量。二是加强营养的供给,如给病人含高糖、高蛋白、多种维生素的食物。三是出院后视恢复情况继续休息1~2个月。四是可口服中成药,如参苓白术散、十全大补汤和六味地黄丸等。同时定期检测尿常规、血常规及肾功能恢复情况。

(五)预防措施

1. 加强流行性出血热疫情监测 首先要加强人间疫情、人群免疫状况的监测,包括收集、整理历年来的发病数、死亡数,计算患病率、病死率,分析流行趋势。对新发病人要跟踪进行流行病学调查,进行血清学核实诊断,以便更准确地开展疫情的预测预报工作。其次,要加强对动物疫情的监测,掌握当地鼠类种群构成、密度、带毒率等。有条件的地区应抓好春初和流行前1个月的灭鼠工作,为全年灭鼠打好基础。通过对人间、鼠间疫情的监测,可为防治本病提供可靠的科学依据。

2. 消灭传染源 采取以灭鼠防鼠为主的综合措施。灭鼠药物可使用0.02%敌鼠钠,0.005%溴敌隆或大隆等。也可采用器械灭鼠,如鼠笼、鼠夹、黏鼠板等。要求鼠密度控制在3%以下。灭螨可使用0.05%溴氰菊酯,0.5%二氯苯醚菊酯等。

3. 人群预防 对高危人群(疫区16岁以上青壮年)应在流行前1个月完成全程疫苗接种,次年再加强1针。免疫接种应选用与本地区流行的出血热毒株型别相同的疫苗。

4. 加强大众健康教育 一是应尽量避免在本病流行区内居住或逗留,短时间在野外施工、宿营时,临时工棚内的高铺不靠墙,铺下不放食物。工棚外要挖防鼠沟,并做好食品的管理,避免鼠类排泄物、分泌物污染。不吃生冷特别是鼠类污染的食物。二是灭螨与灭鼠同时进行,注意对个人暴露皮肤的保护,防止被螨叮咬。

避免皮肤、黏膜破损，如有破损，应用碘酒消毒处理。三是积极开展爱国卫生运动，搞好环境综合治理，阻断本病的传播途径，提高群众的自我保护能力。

十八、登革热

广州市登革热病例逐年减少

据广州市疾控中心传染病防治科报道,截至 2007 年 12 月初,广州市全年报告登革热病例 36 例,较 2006 年报告病例数(775 例)降低 95.35%;并在 2007 年创建国家级卫生城市活动的有力推动下,广州市掀起了全民爱国卫生运动的热潮,有效降低了全市蚊媒密度,使传染病防治工作取得显著成绩。

——摘自《健康报》(2007 年 12 月 11 日)

(一)概述

登革热是一种人与动物共患的急性传染病,主要流行于热带和亚热带地区。在我国东南沿海地区曾有过多次流行,病人以 10 岁以下儿童为多见。临床特征是发热、头痛,伴全身骨骼关节和肌肉疼痛,病死率较低,一般在 0.01% 以下,预后较好。

登革出血热是登革热的一种严重类型,主要以发热、出血、休克为特征,病情严重,病死率高,一般多见于儿童,病死率为 5% ～ 15%,预后不良。

登革热是一种古老的传染病。1779 年,大卫(David)首次描述了印尼发生的类似登革热的病例。1780 年,美国费城也出现了这种疾病。1869 年,英国皇家科学院正式把本病命名为登革热。登革这个词来自西班牙语,有两种解释,一种说法是出外旅行要讲究、要当心;另一种说法是"登革"有"断骨热"之意,描述病人痛苦不堪的样子。1943 年,日本学者堀田和木村(Hotta,Kimura)首次分离出登革热病毒。1944 年,美国萨宾(Sabin)等分别从美国驻印度、新几内亚和夏威夷士兵的血清中分离出 3 株病毒。

　　登革出血热于 1954 年首先报道于菲律宾的马尼拉,1956 年哈蒙(Harmon)等证明是由登革热病毒所引起。

　　目前,登革热在亚洲许多热带国家流行,如马来西亚、越南、泰国、印度尼西亚、菲律宾、新加坡、老挝等。1984～1985 年,泰国北部发生历史上规模最大的流行,1987 年有 174 285 人发病,1 007 人死亡;1990 年发病人数近 100 万。越南也是患病率和病死率高的国家之一,1986～1990 年发病 57 万人,死亡 3 000 余人。此外,本病在非洲、地中海东部、拉丁美洲、西太平洋岛屿等地也有暴发,并向周围扩散,引起新的流行。古巴在 1981 年发生大流行,登革热有 344 203 例,登革出血热 10 312 例,死亡 158 人。巴西于 2000 年发生登革热,共 23 970 例,死亡 3 人。

　　1873 年,我国的厦门发生登革热流行。1939～1940 年,登革热曾广泛流行于东南沿海各省及上海市。1949 年后 30 年内未见本病的流行报道。但 1978 年广东省佛山市突然暴发登革热流行,导致 22 122 人感染发病。之后又有 14 次规模不等的地方性流行,流行区域主要分布在广东、广西、海南、云南及福建等地。

　　本病流行季节为 5～10 月。在无免疫力人群中流行时,各年龄组患病率无明显差别;在地方性流行区有免疫力人群中流行时,病人多为儿童,成人发病较少,绝大多数登革热病例是儿童,而登革热休克综合征病例多见于女童。

（二）发生原因和传播方式

登革热的病原是登革热病毒。病人、隐性感染者，感染病毒的猴类，还有一些带毒的家畜，是本病的主要传染源。伊蚊为主要传播媒介。伊蚊吸了带病毒的血液后，再通过叮咬人而播散感染。由于各地气候环境不同，造成传播方式也不一样。如在热带地区，登革病毒呈"人－伊蚊－人"的所谓城市型循环；而在东南亚和南非地区，登革热病毒呈所谓"猴－伊蚊－猴"的丛林型循环。在地方性流行区，这两种类型的循环可能同时存在。在自然界中，登革热病毒通过伊蚊在猴类之间循环，人类进入疫源地时，被蚊虫叮咬后可发生感染。因此，在丛林疫源地，猴类为主要传染源。但是，猴类感染登革病毒后自身一般不发病，却可向健康猴和人传播疾病。

在传播方式上，主要通过伊蚊传播。伊蚊叮吸感染的人、猴或某些家畜的血后，病毒在蚊体内繁殖，并分布到全身，以头部携带的病毒量最高。当伊蚊叮咬易感人群时，病毒随着蚊虫唾液进入人体，使人发病。在我国，埃及伊蚊、白纹伊蚊是本病的主要传播媒介。埃及伊蚊主要分布在海南、广东、广西部分地区。白纹伊蚊主要分布在长江以南各省区，在辽宁南部、陕西东部等地也有分布。目前，登革热病毒还没有"人传人"的证据。

（三）症状和诊断

本病潜伏期一般3～7天。典型病例首先是突然发病，出现发热，在24小时内体温升高到39℃～40℃。伴有头痛、眼眶痛、四肢肌肉及关节痛等浑身疼痛症状，持续2～7天。轻型病例上述症状表现较轻，类似感冒，持续1～4天，体温下降，即可痊愈。有的病例在体温下降后,可在皮肤上出现大小不一的麻疹样红色皮疹,多有痒痛感,年龄越小,皮疹发生率越高。持续 3～4 天后,皮疹逐渐消退。这时有 25％～50％的病人在身体不同部位发生出血,如鼻出血、牙龈出血、消化道出血、子宫出血、咯血等,还有皮肤出现瘀点和瘀斑。有的重型病人在此时可能突然病情加重,表现为剧烈头痛、呕吐、谵妄、抽搐、昏迷、大汗、血压下降、颈强直、瞳孔缩小等神经症状,由于中枢性呼吸衰竭或出血性休克,病人多在 24 小时内死亡。

【登革热诊断要点】 一是根据流行季节(5～10 月)。二是病人在发病前 15 天内,曾在流行地区居住或逗留。三是有突然出现高热和浑身疼痛等类似重感冒症状,并在皮肤上出现大小不一的麻疹样红色皮疹,不同部位有出血倾向。四是进行必要的实验室检查,如病毒分离、血清学检测,以便确诊。

(四)治疗方法

轻型病例病死率低,一般预后良好。但重症病例病情发展迅速,预后较差,需要积极治疗。主要采取一般治疗和对症治疗的方法。

1. 发病初期病人 应卧床休息,给予易消化吸收的食物。注意口腔卫生和皮肤清洁,保持大便通畅。可用抗病毒药物,如病毒唑,每日 0.8～1 克,肌内注射。同时也可用板蓝根、金银花等注射液,肌内注射。

2. 出汗、呕吐和腹泻病人 口服补液盐(不要用静脉补液,以免引起脑水肿)。

3. 有出血倾向的病人 可用卡巴克络(安络血)、酚磺乙胺(止血敏)、维生素 C、维生素 K 等止血药。大出血病例可静脉输入新鲜血浆或血小板。

4. 烦躁不安病人 可用苯巴比妥药镇静。对头痛及浑身疼痛病人,可用阿司匹林胶囊剂,儿童每日 3 次,1 岁以下每次30～60 毫克,1～3 岁每次 60～100 毫克,4～6 岁每次 100～150 毫克,7～9 岁每次 150～200 毫克,10～12 岁每次 250～300 毫克,12 岁以上每次 300～500 毫克。颗粒剂为成人每次 600 毫克口服。

5. 重型病例 应及时使用 20％甘露醇、呋塞米(速尿)及糖皮质激素。对呼吸衰竭病例,亦应及时使用洛贝林、尼可刹米等呼吸中枢兴奋药。

6. 对症处理 可补充水、电解质,以保持酸碱平衡。对烦躁不安、痉挛者,可使用各种镇静药,如地西泮(安定)、氯丙嗪、水合氯醛及苯妥英钠等。有脑水肿者,可给予甘露醇等脱水药,防止呼吸肌痉挛导致窒息,必要时可进行气管切开。并发肺炎者可给予抗菌药物。有心动过速、心律失常、血压升高时,可用普萘洛尔等药物或强心药。

(四)预防措施

1. 消灭伊蚊,降低蚊虫密度 居民区内及其周围的污水聚集处是伊蚊的主要孳生场所,要动员群众,开展以清除蚊虫孳生地为主要内容的全民卫生运动。世界卫生组织建议,在室外可使用马拉硫磷进行喷雾,以杀灭成蚊。

2. 加强防护 流行地区内的易感人群,应使用蚊帐,穿长袖衣服,经常喷洒驱蚊剂,以防蚊虫叮咬。急性期患者需要严格进行防蚊隔离。目前,还没有安全有效的预防登革热的疫苗。

3. 搞好监测工作 在重点疫区或曾发生过本病的流行地区,以及在有埃及伊蚊或白纹伊蚊分布的沿海地区,应设置长期的监测点,开展长期性的监测工作,积累科学数据,积极应对本病。

十九、沙门菌病

沙门菌病肆虐瑞典百余人患病

2003 年 8 月,瑞典南部出现沙门菌病,已有 3 个城市的 100 多人在吃了被污染的肉制品后患病。瑞典食品事务管理局发表新闻公报说,在这些市镇中,如有人最近几星期内食用了土耳其烤肉或用这种肉做的比萨饼后有过肚子疼、发热或其他不适症状,应立即和医护人员联系。因为即便这些症状已消失,沙门菌还可能潜伏在人体内。

——摘自《新华每日电讯》(2003 年 8 月 8 日)　王洁明

(一)概述

沙门菌是一个庞大的家族,广泛分布于各种动物体内,有时看似健康的动物和人体也可能有这种细菌存在。沙门菌能引起人感染和发生食物中毒,导致胃肠炎、下痢、化脓感染,甚至败血症。预防沙门菌污染和危害,已成为一个全球高度关注的公共卫生问题。

1885 年,丹尼尔·沙门(Daniel E. Salmon)和史密斯(Smith),从猪霍乱的病猪中首次分离出猪霍乱沙门菌。1888 年,盖尔特奈尔(Gaertner)从由食物传播的急性胃肠炎死亡者和他所吃的牛肉中,首次分离出肠炎沙门菌。一年以后,德·诺贝尔(De-

Nobele)在研究另一次食物传播的暴发感染中,第一次分离出了鼠伤寒沙门菌。1900 年,为了纪念猪霍乱沙门菌的发现者之一——美国著名细菌学家沙门,将此类细菌正式命名为沙门菌。

沙门菌病在畜禽主要引起败血症和肠炎。沙门菌及其毒素污染肉类、食物和水源等,在人类可引起食源性疾病。

当前,沙门菌污染是世界范围内最严重的公共卫生问题之一,各地都有大量的沙门菌感染及食物中毒的报道。大多数沙门菌可同时使人和动物致病,或者是对动物有致病性,而对人在一定条件下致病;主要通过污染的肉、乳、蛋等动物性食品而使人发病。在欧美发达国家,人类沙门菌病发生率约为 10/万,在细菌性食物中毒中,有 20%～30%,甚至更高比例是由沙门菌引起的。发展中国家的这一问题估计可能更严重。

我国沙门菌食物中毒的报道也很多。例如,2004 年 8 月,深圳市宝安区突发大范围人群食物中毒事件,166 人因食用被沙门菌污染的三明治而发生中毒。2006 年 4 月,广州中医药大学发生了学生急性群体性胃肠炎,共有 258 名学生及员工入院就诊,经确诊为晚餐中污染的肠炎沙门菌所致。2007 年 8 月,新疆塔城地区沙湾县 180 人参加婚宴导致沙门菌食物中毒。据监测,我国每年至少有 3 亿人发生食源性疾病,其中由沙门菌污染肉和肉制品导致的约占 97%。

(二)发生原因和传播方式

在自然界中,沙门菌广泛分布,常存在于家畜、家禽等动物的肠道中。猪、禽、牛、羊、马、犬、猫及鼠等动物都可带菌,甚至某些冷血动物及昆虫也能带菌。健康畜禽的带菌现象也相当普遍,特别是鼠伤寒沙门菌。

人群对沙门菌普遍易感,但以幼儿、1 岁以下婴儿患病率为高。老年人和慢性消耗性疾病患者(如系统性红斑狼疮、白血病、淋巴瘤、肝硬化)患病率高,症状严重;免疫缺陷者不但易感染,且易导致败血症。患病后获得的免疫力不强,因此可反复感染。

使人发生沙门菌感染和食物中毒的主要传染源,是患病或带菌的家禽、家畜、宠物、鼠类及其他野生动物,人类带菌者也可以成为传染源。流行病学调查发现,医务人员或护理者带菌可引起患者感染鼠伤寒沙门菌。

在传播方式上,主要是通过被沙门菌污染的食物和饮水进入消化道而引发疾病。其次,被带菌的蚊虫叮咬也可发生感染。另外,空气传播和输血引起的沙门菌感染也有报道。

沙门菌具有较强的内毒素,它可引起败血症,导致病人出现发热、黏膜出血、血小板减少、白细胞先减少后增多、低血糖症,最后可因休克而死亡。本病一年四季都可发生,但在夏秋季节(7~11月)患病率最高。

(三)症状和诊断

不同的沙门菌对人的致病性各异,临床表现也有明显差别。本病可分为 4 种类型,而以胃肠炎型最为常见,约占 70%。

1. 胃肠炎型 常由鼠伤寒沙门菌、猪霍乱沙门菌、肠炎沙门菌等污染食物引起。潜伏期为 4~24 小时。起病较急,多有畏寒、发热,体温一般为 38℃~39℃,病初腹部不适,继而腹痛、恶心、呕吐及腹泻,大便水样或带有脓血及黏液,并有头痛、出冷汗、面色苍白,儿童常出现惊厥、抽搐和昏迷等症状。病死率较低。病程可持续几天,甚至几周。

2. 伤寒型 多由猪霍乱沙门菌和鼠伤寒沙门菌引起。潜伏期 3~10 天,表现为长期发热、全身不适、腹泻等。病程 1~2 周,比较少见。

3. 败血症型 多由猪霍乱沙门菌引起。潜伏期1~2周,大多起病急骤,患者畏寒、发热,热型不规则或间歇发热,持续1~3周不等。胃肠道症状不显著,多呈散发。

4. 局部化脓感染型 患者多在发热期或热退后,出现一处或几处局部化脓病灶,发病前可无败血症症状。化脓病灶可见于任何部位,如发生肺脓肿、胸膜炎、脓胸、心内膜炎、心包炎、肾盂肾炎、骨髓炎、关节炎、脑膜炎等。

【沙门菌病诊断要点】 一是询问病史,病人有进食可疑污染食物病史,或一个群体同时进食后短期内相继发病,或与传染源有明确的接触史。二是根据病人突起发热,出现胃肠炎症状,或表现出类似伤寒、败血症或局灶性感染症状。根据以上两方面可作出初步诊断。三是进行必要的实验室检查以确诊,包括病原分离鉴定及抗体检测等。

(四)治疗方法

对沙门菌病人,主要采取对症治疗和病原治疗的方法。

1. 对症和支持治疗 给予易消化、富有营养的流质或半流质饮食。积极治疗原有疾病。对伴有高热、惊厥、腹痛、呕吐的病人,给予相应的积极处理。有脱水时应及时补液、纠正电解质紊乱。对轻型胃肠炎型患儿一般不需使用抗生素,可适当使用微生态疗法,或肠道黏膜保护药口服。对于小婴儿应加强支持疗法,包括给予多种维生素、输给血浆或复方氨基酸等。

2. 对败血症型、伤寒型及局部化脓感染型患者 首选氟喹诺酮类药物,如可用环丙沙星,每次100毫克,每日2次口服,3~5日为1个疗程。氧氟沙星每次300毫克口服,每日2次;或300毫克静脉注射,每8小时1次,14日为1个疗程。小儿、孕妇、哺乳期妇女不能使用氟喹诺酮类药物。对关节炎、脓胸等有局部脓肿形成的患者,在加强抗菌药物治疗的同时,应及时做手术引流。

3. 对于重症、小儿或有免疫缺陷患者 应给予高效、敏感的抗菌药物,如选用丁胺卡那霉素,成人每日每千克体重15～20毫克,分3次肌内注射;儿童每日每千克体重4～8毫克,分2～3次肌内注射。或头孢噻肟钠,成人每次1克,每12小时1次;儿童每日每千克体重50～100毫克,分2～3次静脉注射。疗程7～10日。如合并有败血症、脑膜炎时,应延长治疗时间。

(五)预防措施

沙门菌在自然界广泛存在,动物和人的健康带菌现象比较普遍,因此较难防控。应做好以下几方面工作。

1. 预防畜禽感染 提高畜禽抵抗力,减少或消灭患病动物,这是防止人类感染的重要一环。不同畜禽发生沙门菌病后症状各不相同。

(1)猪:猪沙门菌病又称猪副伤寒。急性型表现为体温突然升高,可达41℃～42℃,精神不振,食欲废绝,呼吸困难。耳根、胸前和腹下皮肤有紫红色斑点,后期间或有下痢。有的1天内死亡,但多数病程为2～4天,病死率很高。亚急性和慢性型较为多见。主要表现为病猪体温升高,达40.5℃～41.5℃,寒战,喜钻入垫草,堆叠一起。上下眼睑常被分泌物黏着,少数发生角膜混浊,严重者发展为溃疡。病猪食欲差,初便秘后下痢,粪便淡黄色或灰绿色,恶臭。由于失水而很快消瘦。部分病猪在胸腹部出现弥漫性湿疹状丘疹,但特征性病变为坏死性肠炎。病程2～3周或更长,最后往往因衰竭而死,或虽能恢复,但发育不良。

(2)禽:禽沙门菌病包括鸡白痢、禽伤寒、禽副伤寒三种不同的疾病。雏禽的禽副伤寒常呈败血症经过而迅速死亡,鸡白痢常侵害2～3周龄的雏鸡,禽伤寒主要发生于中鸡、成鸡和火鸡,症状与鸡白痢很相似。

(3)牛：犊牛可在2～4周龄后发病,病初体温高达40℃～41℃,脉搏、呼吸增数。24小时后出现带有血液、黏液的恶臭下痢,脱水、消瘦,有的出现关节炎、支气管炎、肺炎等。通常于发病后5～7天死亡,病死率可达50%。患病后未死的犊牛多发育不良。成年牛发病表现为高热、食欲废绝,脉搏频数,呼吸困难,衰竭,继之出现恶臭并含有黏膜、纤维素絮片的血痢,下痢后体温降至正常或略高。多于1～5天内死亡,病死率高达50%～100%。妊娠母牛感染后可发生流产。

(4)羊：15～20日龄的羔羊感染后厌食,体温升高41℃以上,严重下痢,排出大量灰黄色糊状粪便,污染后躯,迅速出现脱水症状,往往死于败血症或严重脱水。妊娠母羊可发生流产,部分母羊产出死羔或弱羔。出生时外表正常的羔羊常于2～3周后发生下痢或死于败血症。母羊病死率为10%～15%,流产率为10%～75%甚至更高。

为防控动物传染源,一是要改善畜群饲养管理,消除发病诱因。坚持自繁自养。不随意宰杀病畜禽,以免污染环境。二是建立无沙门菌的畜禽群。三是预防接种,对于猪、鸡等主要畜禽,国内外已研制出了多种疫苗,根据情况选用可有效地控制本病。四是加强消毒、定期消毒,保持畜禽舍及周边环境的清洁卫生,防止野鸟、老鼠入侵。五是有计划地在鸡群中进行鸡白痢的检疫,将病鸡及可疑鸡全部淘汰。六是合理使用微生态制剂,促进动物体内早期建立肠道正常微生态系统,预防发生本病。七是针对病情,对症治疗,但严格禁止将人用抗生素用于食品动物。发病猪、牛、羊应及时隔离治疗。治疗原则主要是抗菌消炎,止泻补液等。例如,对病猪常用的抗菌药物有土霉素、氯霉素、卡那霉素、庆大霉素、新霉素,另外呋喃唑酮、磺胺甲基异恶唑或磺胺嘧啶等也有一定的疗效。不少中草药有抗菌消炎的作用,可考虑使用。

2. 对屠宰畜禽应进行宰前检疫和宰后检验 屠宰过程中要避免肠道细菌对肉类的污染。所有动物性食品的加工、贮存、运输、销售和烹饪等环节,都要采取必要措施,以防止沙门菌污染。

不吃病死畜禽的肉类及内脏,不喝生水。动物性食物如肉类及其制品,应煮熟煮透方可食用。积极消灭苍蝇、蟑螂和老鼠,以防其排泄物污染食物。

搞好食堂卫生,恢复期带菌者或慢性带菌者不应从事饮食行业的工作。

3. 加强个人防护 饲养人员、兽医、屠宰人员,以及经常接触畜禽产品的人员,应加强个人防护,工作服要经常清洗和消毒。

医院内要做好被污染的被服、医疗用具、公用的水管、门把柄等的消毒,严防院内交叉感染。

加强对口岸的管理,防止新的沙门菌输入。

4. 对流行地区的易感人群可进行预防接种 我国研制的三联疫苗(包括伤寒、副伤寒甲、乙菌苗),第一次皮下注射 0.5 毫升,第二次注射 1.0 毫升,第三次注射 1.0 毫升,间隔 7 天注射 1 次。对 15 岁以上人群可使用五联疫苗(包括伤寒、副伤寒甲、乙菌苗、霍乱、破伤风类毒素),注射剂量和方法同三联疫苗,间隔 28 天注射 1 次。

二十、弯曲菌病

弯曲菌是一种食源性致病菌

肉及肉制品中各种食源性致病菌的污染率最高。常见的食源性致病菌有沙门菌、志贺菌、致病性大肠埃希菌、副溶血性弧菌、变形杆菌、小肠结肠炎耶尔森菌、李斯特菌、空肠弯曲菌等。这些菌在自然界中广泛存在，可污染各种食品，引起发热、腹痛和腹泻。

空肠弯曲菌多源自禽类，可污染生奶和肉类。感染后可并发胆囊炎、胰腺炎、腹膜炎和胃肠道大出血、脑炎、心内膜炎、关节炎、骨髓炎、格林-巴利综合征。

——摘自《健康报》(2005 年 8 月 1 日)

（一）概述

弯曲菌病是一种常见的人与动物共患的肠道传染病。人群对本病普遍易感，尤其是儿童患病率高，但病死率低，仅为 0.05% 左右。人一旦食用了被该菌污染的食物或水，都可感染发病。因此，平时应注意食品管理和饮水卫生，防止弯曲菌病的发生。

1909 年，美国学者立克次从流产的牛、羊体内分离出弯曲菌，当时称为胎儿弧菌。1947 年从人体首次分离出该菌。1957 年，金

(king)把引起儿童肠炎的细菌称为"相关弧菌"。1972 年,比利时学者比茨莱(Butzler)首次成功地从腹泻病人粪便中分离出弯曲菌,并确认为人类急性腹泻最常见的病原之一。1973 年,塞巴德和弗朗(Sebald,Veron)发现了该菌不同于弧菌的一些特点,为了便于区别而创用了弯曲菌这一名称。1977 年,斯基罗(Skirrow)改进培养技术,在腹泻病人粪便中分离出弯曲菌,从而确立了病菌与疾病的关系,并把由弯曲菌引起的腹泻正式命名为弯曲菌肠炎。

本病分布于全球各地,每年约有 4 亿多病例发生,呈一种上升的趋势。在一些发达国家或地区,弯曲菌所引起的腹泻病例数甚至超过了沙门菌性腹泻,而且分离阳性率高,已成为最常见的腹泻致病菌。在发展中国家,弯曲菌是婴幼儿感染性腹泻最常见的病原菌,同时也有相当比例的健康带菌者,但大多数发展中国家还没有建立起对本病的主动监测系统。

1981 年,在北京和上海先后成功分离出弯曲菌。在我国本病的发生率也很高,健康人群带菌率为 1%~6%;空肠弯曲菌的分离率一般为 10%左右。在急性肠炎患者中,空肠弯曲菌检出率一般为 5%~14%。

(二)发生原因和传播方式

引起人类疾病的弯曲菌主要是空肠弯曲菌,约占 65%以上,其次是结肠弯曲菌等。主要传染源是患病或带菌的畜禽,如鸡、牛、犬和猫等动物,细菌主要潜伏在这些动物的肠道、胆管和鸡的泄殖腔内,随粪便排出体外。但未经治疗的病人和处在恢复期的病人也是传染源。人对本病普遍易感,发达国家发病高峰年龄为小于 1 岁的婴儿和 20~29 岁的青年;发展中国家发病者主要为小于 2 岁的儿童,随着年龄增长发病数减少。

在传播方式上,主要是通过畜禽含菌粪便污染蔬菜、水果、饮水,经口感染而引发疾病,有时可因食入未煮熟的鸡肉或未经消毒的牛奶,或水源被污染而致暴发流行。细菌经口入胃,然后在小肠内繁殖,释放大量内毒素破坏肠黏膜,引起胃肠炎。此外,也可通过生活中的密切接触,如健康人和病人,人和患病畜禽,如牛、鸡、狗和猫之间的直接接触也可发生感染,兽医、屠宰工、饲养员等,在处理和宰杀患病动物时,也容易受到感染。如果个体免疫力低,或环境卫生条件差,更容易引发本病。

本病的发生与季节有一定关系,发达国家弯曲菌感染多发生于夏秋季;发展中国家感染高峰季节在不同国家、不同地区之间存在较大差异。例如,墨西哥、尼日利亚、秘鲁、泰国等国的感染高峰为干燥季节,而印度、埃及等国则集中在雨季。我国成都地区报道,当地感染率春夏季高,秋冬季低。

(三)症状和诊断

本病的潜伏期为 2～4 天。病情轻重不一,有的无症状,有的可表现为严重的小肠结肠炎。大多数病人全身不适、乏力、寒战、发热,体温达 38℃～40℃。症状以腹痛、腹泻为主。腹痛多位于脐周或上腹部,呈间歇性绞痛。腹泻每天 2～10 次不等,大便呈水样或黏液样,重型病例有黏液血便。病程一般 7～10 天,也有长到 6 周的,少数可形成慢性腹泻。此外,有些病例可出现腹膜炎、胆囊炎、关节炎、阑尾炎,或多发性神经炎、脑膜炎、心内膜炎、泌尿系统感染等。

弯曲菌也可引起肠道外感染,常见临床症状有发热、咽痛、干咳、荨麻疹、颈部淋巴结肿大、肝脾大、黄疸、神经症状等。经血液感染可引起心内膜炎、心包炎、肺部感染、关节炎和骨髓炎等。新生儿和老年人可发生中枢神经系统感染,表现为脑膜脑炎、脑脓肿等;少数还可表现为脑血管意外、蛛网膜下隙出血。妊娠中期感染,可出现死胎和流产。

【弯曲菌病诊断要点】 一是有吃进不干净食物史,或在发病前接触过感染动物。二是临床上出现发热、腹痛、腹泻、黏液或血便等相关症状。三是对粪便进行细菌分离,有助于确诊。

(四)治疗方法

1. 对症治疗 对病人应进行隔离,供给易消化的饮食。同时可采用对症疗法,如降温、缓解腹痛,以及纠正失水和电解质失调,这些是治疗本病的基本措施。对脱水严重者应给予口服补液盐或静脉注射葡萄糖、生理盐水,酸中毒时应静脉注射碱性液体。

2. 抗生素治疗 对高热有全身症状的病人首选红霉素,成人每日 0.8~1 克,小儿每日每千克体重 40~50 毫克,口服 5~7 日;可用诺氟沙星,成人每次 400 毫克,每日 3 次,小儿每日每千克体重 20~40 毫克,分 3~4 次口服;也可用黄连素,成人每日 1 克,小儿每日每千克体重 30 毫克,或与甲氧苄氨嘧啶合用,成人 200 毫克,每日 2 次,小儿每日每千克体重 5~8 毫克,分 2 次口服,联合应用可提高疗效;也可用环丙沙星,成人 250 毫克,每天 3 次,氧氟沙星,成人 300 毫克,每日 2 次口服。病情严重不能口服者,可静脉注射。

3. 治疗并发症 并发败血症及其他肠道外感染,可用庆大霉素,成人每日 16 万~24 万单位,分 2~3 次,小儿每日 300~500 单位,分 2~3 次,肌内注射或静脉注射。

(五)预防措施

1. 对已感染本病的畜禽应加强管理及治疗 各种畜禽的弯曲菌带菌率很高,如牛为 43%,猪为 88%,狗为 49%,猫为 53%,

家禽为 91％。因此为防止感染，人要和动物保持一定的距离，接
触家畜、家禽后要认真洗手，对发病或带菌动物，可用红霉素进行
预防性治疗。

2. 防止食品污染　平时应注意食品管理和饮水卫生，做好牛
奶消毒，同时防止食物和饮水受到动物粪便的污染。

3. 隔离治疗　对确诊患有本病的病例应进行隔离治疗。

目前还没有疫苗用于预防。

二十一、致病性大肠杆菌病

致病性大肠杆菌病的发生

1993 年,一次大肠菌群(O157、H7)的大暴发使美国西部各州的 500 多人受到感染,许多孩子染上溶血性尿毒综合征,4 个孩子死亡。1996 年 7 月中旬,日本大阪府界市学童发生食品中毒事件,92 所小学中有 61 所小学学童出现中毒症状,至 8 月 26 日为止,共有 9 578 人感染,11 人死亡。大肠菌群的另一次大暴发于 1996 年 11 月到 1997 年 1 月发生在英格兰,大约 400 人受到感染,20 位老年人死亡。

——摘自《食品安全报》(2006 年 10 月 11 日)

(一)概述

致病性大肠杆菌是埃舍里希菌属中的一些代表菌,能引起人和多种动物的致病性大肠杆菌病。病人主要发生持久性腹泻和出现其他相关症状。本病可在幼儿园、托儿所、敬老院和小学校引起暴发性流行。

1885 年,首先由德国儿科医生埃舍里希(Escherich)发现大肠杆菌,因为这种细菌主要寄生在人和动物的肠道内,所以叫做大肠埃舍里希菌或大肠埃希菌,习惯上简称为大肠杆菌。多数大肠杆菌对人体有益,仅有少数具有致病性。1945 年,布雷(Bray)首次报告大肠杆菌可引起婴幼儿腹泻。1982 年,美国俄勒冈州、密歇根州相继暴发出血性肠炎,表现为血性腹泻与痉挛性腹痛,部分病例伴有发热。1983 年,赖利(Riley)等从发生地的快餐店冷藏的牛肉中分离出出血性大肠杆菌。1996 年夏日本发生该病,波及 40 多个都府,万余名儿童感染,并导致多人死亡,是发现本病以来最严重的一次大流行。此后,除美国、日本依然有病例报告外,加拿大、英国、德国、意大利、澳大利亚、韩国等国家也都有本病的流行报道。

　　1987 年以来,我国已在个别省区发现该病原菌感染病例。2001 年,江苏、安徽等省暴发由出血性大肠埃希菌引起的腹泻,患者超过 2 万例,死亡 177 人,流行时间持续了 7 个月。

(二)发生原因和传播方式

　　本病是由致病性大肠杆菌引起的,是婴儿和旅游者腹泻的主要病原菌。这一类病菌很复杂,它们在侵入人体后,有的产生肠毒素,有的产生黏附素,有的容易在肠道内定居、侵袭,造成肠道出血、细胞被破坏,引起患者持久性腹泻和出现其他相关症状。

　　人类的大肠杆菌感染,可分为肠道感染与肠道外感染两类。肠道感染最常见,是某些大肠杆菌通过污染的食物、饮水等,经口摄入而致病,主要引起腹泻,重者可导致脱水和血压下降,如流行性婴儿腹泻、旅游者腹泻等。肠道外感染指肠道外有些部位感染引起的化脓性炎症,如泌尿道感染、新生儿脑膜炎、败血症等。

　　主要传染源是病人与受感染的动物,如牛、羊、鸡、猪等。动物或人感染后,从粪便排出病菌污染环境引起疾病的传播。

　　在传播方式上,主要是通过病菌污染的食物或饮品而经口感染,如被污染的鸡肉、肉馅、生奶、蔬菜、果汁等,水源受到污染可引起本病的暴发流行。此外,也可通过生活密切接触,如健康人和病人之间,健康人和发病或带菌畜禽之间的密切接触可受到感染,在家庭成员中,以及医院病人之间或病人与医护人员之间可相互传染而发病。

(三)症状和诊断

本病的潜伏期一般为 3~4 天,有的可长达 8 天。致病性大肠杆菌常引起婴儿腹泻,有时可在病房或婴儿室造成暴发流行。表现为排水样稀便、腹痛、发热不明显,多数病人 3~4 天即可自愈。但有少数病人可发生寒战、高热、恶心、呕吐、肠痉挛等症状。通常在儿童中引起持久性腹泻。有的菌株可产生内毒素,引起溶血性尿毒症。有的病原菌还可诱发胆管感染、腹腔感染,新生儿可发生败血症及脑膜炎,但都较少见。老年病例有死亡的报道。

【致病性大肠杆菌病诊断要点】 一是询问病史,多数病例有进食被污染的食物及饮水,或有与病人、被感染动物的密切接触史。二是根据多数病人出现寒战、头痛、乏力、排水样稀便、腹痛等症状,有时排带血粪便,但发热往往不明显。三是进行必要的实验室检查,如从血、粪便采样化验,分离致病性大肠杆菌等。

(四)治疗方法

对病人主要采取对症疗法和支持疗法。对脱水病例,根据世界卫生组织推荐,轻度脱水可服用口服补液盐,每千克体重 50 毫升;中度脱水每千克体重口服 100 毫升,4 小时内服完。严重脱水可用林格-乳酸钠溶液静脉滴注,直至脱水症状得以纠正为止。

对腹泻不止病情严重的病例,可口服新霉素、庆大霉素等,也可选用氧氟沙星、四环素及磺胺类药物。还可用黄连素,除抗菌外还具有抑制毒素的作用。

　　家庭护理上,应给病人食用易消化的食物,如米粥、蛋羹、糖盐水,或禁食 1～2 天,使胃肠道功能得以恢复,以加快疾病的痊愈。

(五)预防措施

　　1. 控制畜禽传染源　患病或带菌畜禽是主要传染源,如牛、羊、鸡、猪等,以牛的带菌率最高。因此,要控制好动物传染源,进行必要的隔离和治疗,防止病菌污染食物链。

　　犊牛大肠杆菌病,又称犊牛白痢,危害初生犊牛,尤以未哺初乳 7 日龄内的犊牛多发,死亡率很高,可呈地方性流行。临床上以腹泻为特征,可分为败血型、肠毒血型和肠炎型。败血型的表现:精神沉郁、食欲减退或废绝,心跳加快,黏膜出血,关节肿痛,有肺炎或脑炎症状,体温 40℃,腹泻粪便常由浅黄色粥样而变为淡灰色水样,混有凝血块、血丝和气泡,恶臭,污染后躯,最后高度衰弱,卧地不起,可在 24～36 小时死亡,死亡率高达 80%～100%。肠毒血型的表现:病程短促,一般最急性 2～6 小时死亡。肠炎型的表现:多发生 10 日龄内的犊牛,腹泻,先白色后变成黄色血便,后躯和尾巴沾满粪便,恶臭,消瘦虚弱,可于 3～5 天因脱水死亡。

　　2. 保持良好个人卫生　对食品生产人员要进行安全操作技术和良好个人卫生习惯教育。饭店所有工作人员要定期体检,消除感染源。

　　3. 注意改变不良饮食习惯　食品应合理烹调、加热,不吃生的、半生的动物食品,不喝生水。保护水源,避免受到致病性大肠杆菌的污染。

二十二、鼻　疽

美国学者追捕 65 年前的鼻疽"鬼影"

　　浙江省金华市汤溪镇 72 个村有 69 个村发现烂脚病病人。汤溪镇退休中学教师傅自律说,他在汤溪镇所在的金华市婺城区进行了调查,到 2007 年 7 月 10 日止,共查出 511 人,其中 362 人已死亡,幸存者 149 人,其中还烂着的 55 人,留瘢痕的 94 人。还强调说:"真实数据应该是调查所得数据的 3 倍。"

　　经过五天的寻访,美国加州大学旧金山分校皮肤病学临床教授弗兰兹布劳认为,日军在 1942 年 5～9 月的浙赣战役中广泛使用了鼻疽细菌武器。他说,"鼻疽对人体组织的破坏作用很大,会导致成片肌肉腐烂脱落,而且会带来严重的痛苦。我推断我探访的中国受害者患的病就是鼻疽"。他还告诉记者,一位名叫弗曼斯基的医生在华盛顿美国国家档案馆发现,当时 731 部队曾大量培养鼻疽菌。

　　"我认为,1942 年沿浙赣线地区密集出现大批鼻疽患者,完全是人为因素。凶手就是日军 731 部队等细菌战部队"。弗兰兹布劳断言。

　　　　　　　　——摘自《新华每日电讯》(2007 年 12 月 10 日)　冯　源

(一)概述

鼻疽是主要侵害马属动物的一种慢性传染病,人也可以感染。马鼻疽曾广泛流行于世界各地。我国采取"定期检疫、分群隔离、划地使役"的防治措施,基本控制了动物中本病的流行。但由于从国外引进动物和交换动物日益增多,也有人将马作为宠物饲养,所以应提高对人患鼻疽的防范意识。

公元前330年,阿里斯托(Aristotle)首次记载并命名了鼻疽病。1837年,罗伊尔(Royer)首先描述了人鼻疽。然而直到1882～1886年间,卢浮(Loffer)和舒茨(Schuts)才发现了鼻疽病的病原菌。第一次世界大战期间,鼻疽杆菌曾被德国法西斯分子作为生物武器在前线使用,在许多国家和地区造成鼻疽流行。近几十年来,随着科学技术手段的进步,一些发达国家已基本消灭了此病。

我国东晋葛洪所著的《肘后方》一书中对鼻疽就有记载,《肘后方》认为:马鼻疽"乃因人体上先有疮而乘马,马汗及毛入疮中"而引起。由此可知,本病在我国存在已久。1949年之前,我国在马匹较多的牧区和一些省份经常发生本病的流行,个别地区感染率高达20%～30%。1949年后,通过采取综合性防治措施,我国有不少地区已基本上控制或消灭了鼻疽,如甘肃省在1981年马鼻疽的检出率仅为0.22%。

虽然人可发生鼻疽,但自然感染病例并不多见。据一些资料揭露,二战期间,日本侵略军在中国常德、宁波、衢州等地,撒放了大量的皮肤炭疽和鼻疽菌等细菌,位于浙赣沿线交通枢纽的金华成了日军细菌战的"重灾区"。至今,幸存的患者依然受到病魔的折磨。

（二）发生原因和传播方式

鼻疽是由鼻疽伯氏菌（俗称鼻疽杆菌）引起的。被传染发病的动物以马为主，驴次之；此外犬、猫、家兔、豚鼠、小白鼠也有少量被感染的报道。疾病的传播主要是由于从外地引入病马造成局部鼻疽的流行。鼻疽病马是本病的重要传染源。

病马的鼻液及溃疡分泌物中，含有大量的鼻疽杆菌，人主要通过饲养、治疗、护理、屠宰病畜（马、骡、驴等）、处理病畜尸体或吃病马肉，经损伤的皮肤、黏膜或消化道引起感染，还可通过吸入含致病菌的气体经呼吸道感染。人的鼻疽多为散发，与其职业和喜好有密切的关系，多发生于兽医、饲养员、牧民、骑兵、实验室人员、屠宰人员和驯马师等。

（三）症状和诊断

人急性鼻疽的潜伏期为数小时至3个月，平均约4天。临床上分为急性型和慢性型，以前者多见。

1. 急性型 患者体温高达40℃，发热时伴有恶寒、多汗、头痛、全身疼痛、乏力和食欲减退。在病人的手部、面部、前胸的皮肤出现脓肿和疱疹，在鼻腔、气管黏膜、肺脏、淋巴结形成鼻疽结节。鼻腔结节破溃后，患者可流出大量的脓性鼻涕，随后鼻中隔及鼻甲骨形成溃疡或瘢痕。少数患者可出现急性肺部感染，胸透检查肺部呈云雾状病变，患者有胸痛、咳嗽和咳痰，有时痰中带血。有的患者有膝关节炎。细菌进入血液可产生菌血症和脓毒血症，如得不到及时治疗，可引起死亡。

2. 慢性型 多由急性转化而来，病程长达数月至数年。病人全身症状不明显，但多有低热、全身不适、出汗、头痛和关节酸痛等表现。局部出现红肿、脓肿,有时破溃,形成长期不愈的瘘管。病灶附近的淋巴结肿大,随病情发展可波及全身各器官。

【鼻疽诊断要点】　一是询问病史,多数病例可发现有与感染的马属动物的密切接触史,或有处理过病原菌的经历。二是临床检查,通过观察病人的手部、面部、前胸的脓肿和疱疹、鼻中隔溃疡,排出黄色脓样液等,可作出初步诊断。三是实验室检查,通过病原学或血清学等方法进行确诊。

(四)治疗方法

治疗本病以磺胺类药物及四环素、金霉素、土霉素、链霉素效果较好。磺胺嘧啶,每日每千克体重 100 毫克,分 4 次口服或注射,3 周为 1 个疗程。有时还可配合中药治疗。近年来,多采用第二代和第三代头孢菌素或氧氟沙星治疗本病,疗程需 3 周以上。并应同时采取支持疗法,如切开排脓等。

(五)预防措施

目前还没有疫苗用于本病的预防,在实际工作中应认真贯彻综合防治措施。

1. 控制动物传染源　应加强对马属动物的饲养管理,提高马匹的抵抗力。对马匹定期检疫,严格执行兽医卫生防疫制度,防止本病入侵。对进出口、交易市场的马属动物必须进行严格检疫,及时检出病马。当发现病马或疑似病马时,应及时报告,采取严格的卫生防疫措施,确诊并控制疫情的发展。

病马体温高达 39℃～41℃,临床上分为肺鼻疽、鼻腔鼻疽、皮肤鼻疽等病型。肺鼻疽病马咳嗽,呼吸次数增加,可突发鼻出血或咳出带血的黏液。当肺部病变严重时,出现呼吸困难。鼻腔鼻疽见鼻腔分泌物多,重者见有脓性带恶臭味的鼻液,鼻腔黏膜上有小米粒至高粱粒大小的结节,突出黏膜表面,随后结节坏死形成溃疡,愈合后形成冰花样瘢痕。皮肤鼻疽主要发生于四肢、胸侧及腹下,以后肢多见,在皮肤上开始见有黄豆至鸡蛋大小的结节,结节破溃后形成不易愈合的溃疡,呈火山口状。

2. 做好个人防护 凡从事兽医、饲养或实验室工作的人员要加强个人防护,在接触患病动物、可疑动物和病原时,应严格按照规定操作。要穿防护服,戴防护眼镜、口罩及手套,以免感染。

发现病人时,应在严格隔离条件下进行治疗,痊愈后方能出院。

二十三、类鼻疽

类鼻疽伯氏菌——生物武器中的定时炸弹

1948～1954 年,类鼻疽伯氏菌感染了 100 多名侵越的法军士兵。侵越美军也受到过类鼻疽的威胁。当年,在侵越美军中许多士兵在越南感染了类鼻疽伯氏菌,有的在越南很快发病死亡;有的则是细菌潜伏在体内,回国后相继发病;有些感染者甚至十几年后才发病。因此,类鼻疽伯氏菌被美国士兵称为生物武器中的"定时炸弹"。

近几年,类鼻疽伯氏菌比较活跃,在许多地方造成了较大的危害,如 2004 年新加坡有 57 人感染发病,死亡 24 人;2005 年,我国台湾有 29 人感染发病,死亡 8 人。

——摘自《大众卫生报》(2007 年 5 月 8 日) 张守印、俞东征

(一)概述

类鼻疽是一种人与动物共患传染病。20 世纪初刚发现时并没有引起太多关注,直到 20 世纪 60 年代,美军在侵越战争中因本菌感染引起大批发病,才引起美国及世界各国卫生部门的注意。此后,很多国家都有本病的病例报道。随着国际的频繁交往,本病疫区有扩大的趋势,有些学者认为,这是一种正在扩展的人与动物

共患病。

怀特默（Whitmore）于 1911 年首次在缅甸仰光发现本病，之后分离出病原菌。直到 1921 年，本病才被正式命名为类鼻疽。1969 年，施特劳斯（Strauss）发现雨量越大，类鼻疽患病率就越高。20 世纪 90 年代初，日本学者将该菌列入一个新属（伯克霍尔德菌属），但通常俗称为类鼻疽杆菌。高温高湿有利于其生长，所以本病好发于南北纬 20°之间的热带地区。美洲的巴西、秘鲁、加勒比地区，非洲中部及马达加斯加岛，南亚、东南亚，以及澳洲北部均有疫区。但随着气候变暖，近年来一些亚热带和温带地区也有发病报告，如伊朗北部稻田中类鼻疽杆菌的分离率高达 12.1%，澳大利亚西南部也曾有本病暴发流行。据统计，在新加坡 1994～2004 年，每年发生 36～114 例类鼻疽病例。对 2001～2003 年间的 135 个病例的分析结果显示：任何年龄段都可患病；年龄越大，患病的几率就越高；死亡病例以 65 岁以上者居多；男女患病率基本相同。

我国类鼻疽主要分布于海南、广东、广西南部、香港、台湾等地区。2005 年 7 月 11 日～7 月 31 日，台湾南部发生大水后，台南及高雄 4 家医院共通报 17 个类鼻疽感染病例，其中 7 人死亡。

（二）发生原因和传播方式

引起类鼻疽的病原是类鼻疽杆菌。近年来的研究表明，该菌是热带及亚热带地区积水和土壤中一种常见的腐生菌，尤以稻田水中的含量最高。在水和土壤中可存活 1 年以上，不需任何动物作为贮存宿主。但带菌动物能把它传播到远离流行区的水和土壤中，形成新的疫区。血清学调查表明，流行区的人和动物普遍存在亚临床感染。类鼻疽杆菌最易感染猪和羊，马、牛、骡、犬、猫、野鼠、家鼠、豚鼠、袋鼠、兔、骆驼、鹦鹉和海豚等也都可感染发病。

类鼻疽的传播方式主要有以下几种。

1. 直接接触病菌　人或动物破损的皮肤直接接触含有病菌的水或土壤而感染,是本病最主要的传播途径。

2. 通过呼吸道吸入感染　例如,在侵越美军中有许多直升机驾驶员患病,人们分析可能是因为飞机螺旋桨旋转时带起的含菌土壤灰尘被飞行员吸入而感染。

3. 经消化道摄入　受到污染的食物或饮水经消化道引发感染。

4. 蚊蚤叮咬　动物实验证明,类鼻疽杆菌能在印度客蚤和埃及伊蚊体内繁殖,并保持传染性达 50 天之久。推测其叮咬人后也可能传播此病。

5. 与患者密切接触　人与人、动物与人之间的直接传播较为少见,但有报道认为,家庭成员的密切接触或性接触可传播本病。

本病的发生和环境温度、湿度、雨量、土壤和水的性状等有着密切的关系。例如,2004 年 3 月,新加坡的连续暴雨在一定程度上促进了本病的传播。泰国东北部 6～8 月期间发病数是全年的 80％,因此认为与雨季有关。

(三)症状和诊断

本病的潜伏期一般为 3～5 天。少数人如感染量少、免疫力强,病菌可长期潜伏,并无症状,当抵抗力下降时,可突然发病,这时潜伏期可长达数年。根据病人的临床表现分为 4 型。

1. 急性或暴发型　病人出现寒战、高热、虚脱,4～5 天后发生脓血性痰、胸痛、腹痛、肌痛、严重腹泻、肝脾大、败血症。平均病程 14 天,治疗不及时可在 3～4 天死亡,病死率可高达 90％。即使使用抗生素治疗,病死率仍有 30％左右。此型少见。

2. 亚急性型　多表现为局部症状,感染常局限于个别组织器官。经常侵犯肺,引起肺炎、肺空洞、肺脓肿、脓胸等病变;肝、脾、肾、皮肤、骨和软组织也可被侵犯。病程数周至数月不等。

3. 慢性型　多由急性或亚急性型发展而来,病程数年或数十年。呈现慢性消耗性疾病的特征,偶有周期性缓解。病变较严重,多局限于某一器官,如肺部、皮下、淋巴结、骨、前列腺等部位,常发生脓肿。

4. 亚临床型　大部分类鼻疽病例是亚临床型病例,即感染类鼻疽杆菌后,由于抵抗力强,没有发病,只表现为抗体阳性,感染者可能终身都不会发展为类鼻疽,但当有糖尿病、酗酒、癌症、营养不良等诱因存在时,可引起发病。在侵越美军中,有9%的亚临床型病人回国后相继发病,其中潜伏期最长的达26年。

【类鼻疽诊断要点】　一是根据流行病学调查和临床症状,对曾去过疫区的人员,如出现原因不明的发热或化脓性疾病,尤其是当出现暴发性呼吸衰竭、多发性小脓疮或皮肤坏死、皮下脓肿,胸透检查类似肺结核而又不能分离出结核杆菌时,应高度怀疑本病。二是实验室检查,可采集病变组织进行病原分离鉴定和血清学实验,以便确诊。

(四)治疗方法

一旦确诊为类鼻疽应立即隔离治疗。抗菌药物要及早应用,疗程要足,常需联合用药。

1. 急性败血症型　可静脉滴注复方三甲氧苄氨嘧啶,每日每千克体重9毫克,或磺胺甲基异恶唑,每日每千克体重45毫克;卡那霉素,每日每千克体重30毫克;四环素或氯霉素,每日每千克体重60毫克。开始治疗的30天内,常需联合使用2种抗菌药物,病情控制后,用单一药物维持2～6个月。

2. 慢性型　可用上述药物,剂量减半,对肺内发生病变的病人,至少治疗3个月。对发生肺外病变者,至少治疗6个月。经验表明只有在进行适当的抗菌治疗后,才能对局部脓肿进行切开和引流。

类鼻疽容易复发,特别是免疫功能低下,或患有糖尿病、肝硬化、慢性肾盂肾炎的病人更容易复发。

(五)预防措施

目前尚无疫苗可用,预防本病主要是防止病菌扩散和切断传播途径。

1. 控制疫区病菌扩散　对可能发生类鼻疽的地区,可抽取一定数量水和土壤样品,或对可疑猪、羊进行细菌学检测,以查清疫区的分布。疫区在大雨、洪涝之后应认真进行消毒,并采取杀虫和灭鼠等综合性措施。

2. 做好防护　发现类鼻疽病人应立即隔离治疗,对可疑感染者应进行医学观察 2 周。

病人及病畜的排泄物和脓性渗出物应彻底消毒;接触病人及病畜时应注意个人防护,接触后应做皮肤消毒。在接触积水或泥水前,应穿防水靴、戴防水手套,并用防水绷带遮盖住擦伤处的皮肤。在可能染菌的尘土条件下工作,应戴防护口罩。

3. 控制家畜传染源　对疫区内的猪、羊等家畜,需开展全面检疫,勿使感染动物外运,以防疾病扩散。

病羊体温升高,食欲减少或废绝,因肺发生脓肿而呈现呼吸困难、咳嗽和消瘦。一旦腰椎化脓则后躯麻痹,呈犬坐姿势。发生化脓性脑膜脑炎时可出现神经症状。

病猪体温升高,精神抑郁,呼吸加快、咳嗽,运动失调;公猪睾丸肿胀。

二十四、土拉弗氏菌病

美国开展土拉弗氏菌病传染可能性的调查

美国疾病控制和预防中心日前宣布,政府已在得克萨斯州展开一项有关草原犬鼠土拉弗氏菌病(又称兔热病,可传染给人类)感染可能性的调查。

该中心的传染病专家戴维·丹尼斯说,得克萨斯州出产的草原犬鼠作为宠物,已被销售到全美,以及日本、捷克、荷兰、比利时、西班牙、意大利和泰国等国。最近接触过这种生病或者死亡的草原犬鼠的人都有可能感染上土拉弗氏菌病。土拉弗氏菌病是一种类似瘟疫的疾病,其病症表现为发冷、发热,以及在感染处发展成溃疡。医生建议,最近几星期内接触过生病或死亡草原犬鼠的人应与当地卫生部门联系,以确认他们是否染病。

土拉弗氏菌病最早发现于美国加利福尼亚州土拉县。据统计,美国每年约有 200 人感染土拉弗氏菌病,多数染病者来自美国南部和西部各州。

——摘自《口岸信息快递》(2002 年 8 月 18 日)

(一)概述

土拉弗氏菌病是人与动物共患的细菌性传染病。本病常在野兔和田鼠、小家鼠、麝鼠、仓鼠等动物中流行,人可通过接触带菌的动物而引起发病。患者出现发热、肌肉僵硬、淋巴结增大、皮肤溃疡、眼结膜充血溃疡、呼吸道感染及毒血症等表现。防控本病对保护人类健康和维护公共安全具有重要意义。

1906 年,麦科伊(McCoy)首先在美国西部加利福尼亚州的土拉县发现本病。1912 年,由弗朗西斯(Francis)分离出的病原菌,并命名为土拉弗朗西斯杆菌。1914 年,维利(Wherry)从死亡的野兔中发现典型病变并分离出致病菌。

土拉弗氏菌病分布在欧洲大部、亚洲和北美洲。目前已确定发生本病的区域都限于北半球,除委内瑞拉和墨西哥外,大部分地区都在北纬 30°以北,一直到北极圈北部的科拉半岛和诺里尔斯克等地。俄罗斯和哈萨克斯坦均有本病报告。在卫国战争期间,前苏联曾有 4 万多人发生本病,且多在冬季,主要原因是铺垫的麦草被带菌动物污染,产生的尘埃经呼吸道感染所致。2005 年 8 月初以来,在俄罗斯中部的捷尔任斯克、梁赞和下诺夫哥罗德,发生了数十起土拉弗氏菌病感染案例,共有 95 人到医院接受治疗。

日军在二战期间,美国于 20 世纪 50 年代,都曾把土拉弗菌作为生物武器进行研究。

1957 年,我国在内蒙古通辽地区从黄鼠体内首次分离出该病原菌。1959 年,在黑龙江省发现人的病例,由于剥食 1 只死因不明的野兔造成 14 人患病。1986 年 7 月,山东省某冷冻厂加工野兔肉车间 86%的工人(31/36)感染发病,为此停产 1 个月并造成一定损失。根据资料,本病在我国主要分布于北纬 30°～48°、东经 84°～124°、海拔 950～2 400 米的森林地带。

（二）发生原因和传播方式

土拉弗氏菌病又叫土拉菌病，在我国也称为野兔热，是人和多种动物都可发生的一种传染病。病原是土拉弗朗西斯杆菌（简称土拉弗氏菌或土拉杆菌）。自然界的土拉弗氏菌病主要在野兔和小型啮齿动物中流行。绝大部分地区的主要传染源是野兔，其次是田鼠、小家鼠、麝鼠、普通仓鼠和羊等，但从流行病学来说，鼠类可能比野兔更重要。家畜中的犬、猫、猪、羊、马、牛等，家禽中的鸡、鸭、鸽等，也能受到感染。但大部分不出现临床症状。土拉弗氏菌在蜱和蜱体内可继代生存数年。

本病的传播方式往往是鼠－野兔－人，吸血昆虫是重要媒介。

1. 直接接触 猎杀野兔，给感染野兔剥皮割肉，或接触本病致死畜禽的血、肉、排泄物等，致病菌通过皮肤、黏膜、眼结膜可侵入人体。

2. 吸血昆虫叮咬 作为传播媒介的昆虫有蜱、蜱、伊蚊、斑虻、螫蝇等。2000 年，该病曾在瑞典大范围暴发，调查结果显示，蚊子叮咬是这次暴发的主要危险因素。

3. 消化道传播 食入未煮熟的含菌兔肉、被啮齿类动物污染的食物或水而感染。经饮水引起本病，其特点是在短时间有大量病例集中出现，原因是患病者共用同一污染水源所致。

4. 呼吸道传播 啮齿类动物的排泄物污染草垛，农民打谷、簸扬、运送干草时，引起尘土飞扬，如果吸入病菌，或病菌经眼结膜和皮肤伤口侵入，就会引起感染。

各种年龄、性别、职业的人都可感染本病。患病后可产生持久免疫力，再次感染罕见。本病一年四季均可发生。一般不会人传人。

（三）症状和诊断

本病的潜伏期 1～10 天,多数为 3～4 天。由于病菌感染途径较多,入侵部位不同,病人抵抗力有别,因而患者症状表现也不同。据此可分为以下几型。

1. 溃疡腺肿型和腺型　大多数病例都属于这一型,约占 80％。溃疡腺肿型多经皮肤感染,1～2 天后,皮肤局部出现红色小丘疹,迅速转变为水疱及脓疱,坏死后形成溃疡,边缘隆起有硬结感,可覆以黑痂。此时多伴有局部淋巴结肿大,以腋下、肩胛部淋巴结及腹股沟淋巴结较多发。肿块小的如核桃,大的像鸡蛋,有轻压痛,周围组织也有轻度的灼热感,部分可因化脓破溃。腺型病人仅出现上述淋巴结的病变,而无皮肤的损害。

2. 肺型　表现为上呼吸道卡他症状,出现支气管炎、肺炎和胸膜炎。轻症病人的病程可长达 1 个月以上,重症病人可伴发呼吸困难、严重毒血症及感染性休克。

3. 咽腺型　病菌经口腔侵入并局限于咽部,引起扁桃体和周围组织水肿、充血,并有小的溃疡,偶见覆盖一层灰白色坏死膜。咽喉部疼痛不显著,颈部及颌下淋巴结肿大,伴有压痛,一般为单侧;也可见口腔硬腭溃疡。

4. 胃肠型　由污染的食物和水引起,常见腹部阵发性疼痛,有呕吐和腹泻等胃肠炎症状。有少数病人可出现腹膜炎、呕血、黑粪等。肠系膜淋巴结常有肿大,伴压痛。

5. 眼腺型　眼结膜高度充血,流泪,畏光,疼痛。结膜或角膜上可见黄色小结节和小溃疡,可致眼角膜穿孔而导致失明。附近淋巴结肿大或化脓,全身毒血症表现较重。

6. 伤寒型或中毒型　一般不出现局部病灶或淋巴结的肿大。主要症状为起病急,体温迅速升高,达 40°以上,伴寒战,剧烈头疼,肌肉及关节显著疼痛,并出现大汗、呕吐等,多伴有肝脾大。病人可伴发肺炎,少数病例可出现脑膜炎、骨髓炎、心包炎、心内膜炎、腹膜炎、皮疹等。

【土拉弗氏菌病诊断要点】 一是进行流行病学调查,如与野兔有接触的经历,或 2 周内被昆虫叮咬,或从事与患病动物密切接触的相关职业等,都具有重要的参考意义。二是当出现皮肤溃疡、单侧淋巴结肿大、眼结膜充血和溃疡等临床症状时,对诊断有一定参考价值。三是确诊需进行病原鉴定,或做血清学检查及分子生物学诊断。

(四)治疗方法

治疗本病以链霉素效果最好,剂量为每日每千克体重 30 毫克,分 2 次肌内注射,疗程为 10 日。给药后 24～48 小时内可退热,很少复发。本菌对卡那霉素、庆大霉素也敏感。庆大霉素的剂量为每日每千克体重 5 毫克,分 3 次肌内注射,疗程也为 10 日。如遇到抗链霉素菌株或对链霉素过敏者,可用四环素、氯霉素等,但有 5%～20%复发。康复后的患者可获得持久免疫力。

一般疗法和对症疗法也很重要,应鼓励患者多吃含足够热能和适量蛋白的食物。发生肺型或肺炎病例应进行吸氧。局部溃疡无需特殊处理,肿大的淋巴结若无脓肿形成,不必切开引流,宜用饱和硫酸镁溶液做局部湿敷。

(五)预防措施

1. 控制动物传染源 在流行区应经常进行杀虫、灭鼠等工作,以减少带菌动物的数量。

本病常侵犯母绵羊和羔羊,羔羊症状严重。病羔掉队,行动缓慢,步行时头部高抬。体温升高达 41.5℃～42.5℃,呼吸加速,咳嗽,贫血,腹泻。外周淋巴结,特别是肩前淋巴结肿大。母羊患病可能流产或产死羔。

兔患病主要呈现鼻炎,淋巴结化脓,消瘦,多为慢性经过。

患病动物污染的场所、用具应彻底消毒。病死动物尸体要深埋,严格禁止剖检,以免污染环境。养兔场或养兔专业户,应避免与野兔接触,严防野生动物将病原带入兔群。

2. 做好个人防护 疫区居民应避免被蜱、蚊、虻等叮咬,应使用驱蚊剂或带防蚊面罩。在多蜱地区工作时应穿紧身衣,两袖束紧,裤脚塞入长靴内。狩猎人员接触野兔等动物要注意自身防护。剥野兔皮时应戴手套,兔肉必须充分煮熟。妥善保藏饮食,防止被鼠排泄物所污染,饮水须煮沸。相关实验室工作人员要严格遵守操作规范,严防由污染的器皿、培养物等感染皮肤或黏膜。

3. 隔离病人 病人一般要进行隔离,对患者的分泌物、排泄物要严格消毒。医护人员要做好防护工作。

4. 疫苗接种 当动物土拉弗氏菌病暴发流行时,应对可能受到威胁的相关从业人员,如实验室人员、兽医、森林工作者等,进行免疫接种。目前使用的是冻干弱毒活菌苗,划痕接种,免疫力可保持 5～7 年,通常每 5 年接种 1 次。

二十五、丹毒丝菌病

洗鱼扎伤手感染了类丹毒

3 天前,53 岁的张女士洗鱼时被鱼刺扎伤手指。昨日,张女士发现手部皮肤上有一条红线,一直延伸到手臂肘部,全身乏力,伴有发热症状。在家人的陪伴下,张女士来到海慈医疗集团皮肤科就诊,经过化验检查诊断为类丹毒。专家提醒市民如被宠物咬伤,洗鱼、切肉刺伤、割伤,应及时消毒处理伤口,并及时到医院就诊,以免发生感染留下后患。

——摘自《青岛早报》(2007 年 11 月 9 日) 王磊江、谭 华

(一)概述

人的丹毒丝菌病又称为类丹毒,猪的丹毒丝菌感染引起猪丹毒。随着社会进步和抗生素的广泛应用,类丹毒的病死率是极低的;但猪丹毒却是严重危害养猪业的一种传染病,病猪又是人的类丹毒的传染源。所以,丹毒丝菌病作为一种人与动物共患病,应加强防控。

1878 年,郭霍(Koch)在德国从一只小白鼠体内分离到红斑丹毒丝菌,当时称为"鼠败血症杆菌"。1882 年,巴斯德(Pasteur)在法国从病猪体内分离出一种类似的细菌,并对它作了简要的描述。

同年,吕弗勒(Lüffler)在德国从"猪丹毒"病死猪分离出一种细菌,并且与郭霍和巴斯德的分离菌相似。1886 年,吕弗勒阐述了这种细菌与它所引起的猪病的关系。

1870 年,《英国医学杂志》最早报道了人感染猪丹毒的病例,当时称这种病为"匍行性红斑"。1884 年,罗森巴赫(Rosenbach)把这种皮肤病损称为"类丹毒";1887 年,他对本病及其致病菌作了明确描述,并在自己手臂上做了复制性试验。1893 年,菲尔森萨尔(Felsenthal)从类丹毒病人的活检皮肤组织中分离出细菌,并指出这种细菌与引起猪丹毒的细菌相似。1909 年,罗森巴赫把从丹毒病猪、败血症小鼠和人的类丹毒病例中分离出的细菌作了比较,发现它们在血清学和病原学上是一致的。

猪感染丹毒丝菌后发生猪丹毒,广泛分布于世界各地,给养猪业造成了很大的损失。

人被感染上丹毒丝菌后发生类丹毒,对人体健康也构成较大的危害。

人丹毒丝菌感染遍及全世界,在南北美洲、欧洲、亚洲及大洋洲都有病例报告。美国科罗拉多州丹佛市在 1924~1953 年间,报告的病例数为 500 例。1956~1959 年,前苏联 25 个肉类加工厂报告了 1 727 个病例。1969 年,伦敦皇家兽医学院报告了 1 例实验室感染病例。

(二)发生原因和传播方式

丹毒丝菌广泛存在于自然界,在弱碱性土壤中可生存 90 天,最长可达 14 个月。鱼类、50 多种哺乳动物、几乎半数的啮齿动物和 30 种野鸟体内,都有本菌存在。35%~50%健康猪的扁桃体和其他淋巴组织中存在丹毒丝菌。猪最易感染发病,牛、羊、马、犬、鹿及家禽、鸟类等,也有感染发病的报告。

人感染丹毒丝菌发病,一般呈良性经过。猪丹毒病猪和带菌猪是主要传染源。本病是一种职业病,多发生于兽医、屠宰加工人员及渔民等。

在传播方式上,本病主要是由动物传染给人,特别是人在接触病猪时,一旦手部皮肤划伤,细菌就会通过伤口侵入使人发病。各处伤口与病畜的肉、血、内脏或粪便接触,或受到病菌污染的刀、注射针头、解剖器具、鱼刺、骨片及虾的爪钳等,也能造成局部皮肤创伤感染。其次,经消化道、吸血昆虫等也可传播本病。

(三)症状和诊断

类丹毒的潜伏期一般为 1～4 天,最短的 8 小时,超过 1 周者少见。病变常为局限性,多发于手部。伤口部位皮肤出现紫红色环状斑或水肿,边缘稍隆起,界限明显,有烧灼、刺痛感,但不化脓。若皮疹逐步向腕、臂等处扩散,称为弥散型,可伴有发热、周身不适等症状。重症者则表现为败血型,全身出现盘状红斑,可融合成片,发热,伴有关节炎及心内膜炎等,可能引起死亡。

大多数患者经 2～3 周可自愈。发生败血症者实属少见。

【丹毒丝菌病诊断要点】 一是询问病史,本病往往有职业特征,多数病例可发现手部有刺伤或刀切伤。二是根据病人皮肤出现界限清楚的紫红斑,多呈局限型等症状。三是进行必要的实验室检查以确诊,包括病原菌分离、抗原或抗体检测等。

(四)治疗方法

治疗首选青霉素。可用苄星青霉素 G 120 万单位,每侧臀部各 60 万单位 1 次,肌内注射;或红霉素 0.5 克,口服,每日 4 次,连服 7 日。于病灶周围以青霉素与盐酸普鲁卡因混合做环状封闭。

心内膜炎的治疗,可用青霉素 G 按每千克体重 2.5 万～3 万单位,静脉注射,每 4 小时 1 次;或用头孢唑啉按每千克体重 15～20 毫克,静脉注射,每 6 小时 1 次,共 4 周。治疗关节炎也用同样的药物和剂量,应在退热或积液消退后至少再继续给药 1 周。对感染的关节可进行针刺抽吸引流,局部可用鱼石脂软膏敷包。

(五)预防措施

1. 做好个人防护　预防人的丹毒丝菌病,关键是要做好个人防护。畜牧业、畜禽屠宰加工及渔业等行业的人员,工作中要防止皮肤被划伤,一旦受伤应立即用碘酒处理,感染发炎者应及时医治,进行抗生素治疗。

2. 搞好猪丹毒病的防控工作　一是对猪进行预防接种,常用的菌苗有猪丹毒氢氧化铝甲醛苗,猪丹毒弱毒菌苗,猪瘟-猪丹毒-猪肺疫三联弱毒冻干苗,猪丹毒-猪肺疫氢氧化铝二联灭活菌苗等。每年春秋或冬夏两季定期进行预防注射。2007 年,农业部发布的《猪病免疫推荐方案(试行)》规定:商品猪,用猪丹毒疫苗或猪丹毒-猪肺疫二联疫苗,于 28～35 日龄进行首次免疫,70 日龄进行第二次免疫。二是加强饲养管理,搞好猪圈和环境卫生,地面经常用热的碱水或石灰乳消毒,猪圈每年用石灰乳涂刷 2～3 次。粪便堆积发酵处理。三是对发病猪群应及早确诊,及时隔离病猪并做治疗,全群紧急免疫接种。

猪丹毒是危害养猪业的主要疫病之一,不同年龄的猪都易感,常呈暴发流行,特别是架子猪患病率最高。其潜伏期多为 3～5天。临床上分为最急性型、急性败血型、亚急性疹块型、慢性型 4 病型。特征性病变是在背部、胸侧、颈部和四肢外侧等处皮肤上出现菱形或方形疹块,界线清楚,初呈淡红色,继之变成紫色,甚至紫黑色,并可进一步坏死、结痂。慢性病例主要表现关节炎和心内膜炎症状。

应及早用青霉素治疗,发病初期可用抗血清皮下或耳静脉注射。两种方法联合应用疗效更佳。

3. 加强卫生监督与市场检疫 实行生猪集中屠宰制度,统一检疫,严禁屠宰病死猪。同时加强上市猪肉的检疫与管理,禁售病死猪肉。

二十六、假结核病

警惕冰箱里的致病菌

家家户户现在都有冰箱,并会习惯地把生熟食品放到冰箱中储藏,大家以为放在冰箱里的食品都可长期保藏,经久不腐,太平无事。其实这是一种误解。

在地球上的细菌群体中,从生长、繁殖所需的温度不同可分成三大类,一是最常见的嗜温菌,它可在 10℃～45℃中生长,最适温度是 37℃～38℃;二是嗜热菌,可在 40℃～70℃中生长,最适温度是 50℃～55℃;三是嗜冷菌,它可在 0℃～20℃中生长,最适温度是 10℃～15℃。而家庭冰箱里的冷藏温度都是在嗜冷菌可以生长、繁殖的温度范围内,如果放到冰箱里的食品是曾受到嗜冷菌污染过的,那么这些细菌仍会不断繁殖,一旦吃了含有大量嗜冷菌的食品,就可能会致病。

耶尔森菌就是一种常见的嗜冷菌。该菌在世界各地都有发现,它广泛地存在于几乎所有的猪、牛、羊、家禽、野生动物及青蛙等动物中。在 0℃～8℃时均可繁殖,人吃了存放在低温中的被该菌污染的食品都可引起腹泻、胃肠炎及阑尾炎等,它还可引起脑膜炎、脑脓肿、肝脓肿、败血症。在日本、美国、加拿大等国都发生过集体性暴发流行的事例。

因此,要防止嗜冷菌对人体的危害,第一要尽量吃新鲜的食品;第二是食品放在冰箱里冷藏的时间不能太久;第三也是最重要的,从冰箱里取出的食品还得热透后再吃。

——摘自《北京科技报》(2003 年 12 月 26 日)　蒋　佳

（一）概述

假结核病是一种慢性人与动物共患病。病人的淋巴结、肝、肺、脾、肾等器官内可出现大小不等、内含淡黄色干酪样物质的结节，和结核病的结节很相似，所以称为假结核病。多种动物易患本病，尤其是供人食用的羊、兔、鸡。因此，无论是饲养者还是消费者，都应具备防患意识，以防感染。

1883年，马拉塞斯（Malassez）和魏格纳尔（Vignal）首次分离出假结核耶尔森菌。此后，在多种鸟类、哺乳动物体内也陆续分离出这种病原菌，并证明它就是引起人和动物假结核病的病原。20世纪50年代，由于查明该菌与小儿阑尾炎等病有关而进一步受到重视。

除南极洲外，人假结核病在各个大陆均有发现。但已报告的病例多集中于北半球，其中又以北欧斯堪的纳维亚半岛各国（芬兰、瑞典等）和远东地区的分离率最高。南半球主要见于澳大利亚和新西兰，南美（除巴西外）与非洲则很少有报道。本病在人群中以散发为主，但有时能引起不同规模的暴发。20世纪80年代以来，芬兰至少报道过6次假结核耶尔森菌感染的流行；1998年的一起暴发流行，确诊47人，1人死亡，原因最终确定因冰岛莴苣遭到污染所致。日本、澳大利亚、加拿大等国也有多起病例报告。

目前，我国还没有该病疫情的报道。但是，由于畜牧养殖业规模大，卫生管理水平较低，应提高对本病的警惕性。而且，随着食品进口量的增加，假结核耶尔森菌作为一种潜在的输入性病原菌，也对我国人群的健康构成一定的威胁。

(二)发生原因和传播方式

假结核耶尔森菌广泛存在于自然界。例如,家畜中牛、羊、猪、犬、鹿、兔等,实验动物中豚鼠、家兔、小鼠、猴、狒狒等,都可感染和携带病菌。迁徙鸟类带菌率也很高,可能是造成本病在各大陆间广泛传播的重要原因。有意思的是,鹿群中无症状隐性感染很常见,所以鹿是该菌重要的储存宿主之一。

病人、患病动物与健康带菌者都是本病的传染源。在自然条件下,病原菌随病人或患病动物的粪便、尿液等排出体外,污染食物、饮水、土壤及周围环境。致病菌通过人的皮肤伤口、消化道和呼吸道黏膜进入血液,扩散到局部淋巴结,并引起化脓。之后可通过淋巴液或血液播散到全身各脏器,引起转移性脓肿,并逐渐形成干酪样物质,严重影响该器官的功能。此外,人可通过与患病动物的直接接触或被其咬伤、抓伤,或通过直接接触被污染的水源及土壤造成感染发病。

假结核耶尔森菌是重要的食源性病原菌,在食物的制作、加工、运输、售卖等环节,都可能造成该菌的污染。人一旦食用这种不洁的食物,就能被感染。鼠类、苍蝇和蟑螂体内带菌时间长,并能通过粪便向外排菌,污染环境、食品和饮水,成为本病的重要传播媒介。

(三)症状和诊断

本病的潜伏期一般为3～6天,慢性病例可达两周以上。常发生于5～15岁的儿童。临床上分为胃肠炎型和败血症型。

1. 胃肠炎型 婴幼儿及儿童以胃肠炎症状为主,成人则以肠炎为主。一般急性胃肠炎起病较急,症状以发热、腹泻、腹痛为主。

发热通常持续 2～3 天,个别长达数周。腹泻持续 1～2 天,重者
1～2 周。粪便多为水样,可带黏液,偶尔可见脓血便,每日数次到
10 余次不等。部分病人有呕吐,呕吐物为胃内容物,严重者可呕
吐胆汁。腹痛一般较轻,局限在下腹部,剖腹探查可发现急性阑尾
炎、急性肠系膜炎、急性淋巴结炎和末端回肠炎。有时小肠炎可十
分严重,并引起小肠溃疡、穿孔和腹膜炎。有时会出现慢性腹泻,
可持续数月。

2. 败血症型　除有腹泻、呕吐之外,大致可归纳为四类:第一
类主要表现为头痛、全身不适、发热、寒战、肝脾大。第二类成人多
见,主要表现为发热、右上腹部疼痛、肝脾大,肝区触痛明显。第三
类青少年多见,主要表现为急性阑尾炎、急性肠系膜淋巴结炎、急
性末端回肠炎的症状。第四类发生率较低,主要表现为脑膜炎、颈
淋巴结炎、肺炎、急性关节炎、急性胆囊炎、心内膜炎等。

【假结核病诊断要点】　凡与感染动物有过接触史,或进食过
可疑被污染的饮水、食物,临床上出现上述症状者,可怀疑本病。
确诊主要依靠细菌学检查。

(四)治疗方法

轻症患者可自愈,重症患者需给予抗生素治疗。有局部化脓
病灶的可切开脓肿,排出内容物。绝大多数病人都可经治疗好转。

1. 抗生素疗法　假结核耶尔森菌对链霉素、卡那霉素、新霉
素、妥布霉素、丁胺卡那霉素、庆大霉素、多黏菌素、氯霉素、四环素
等抗生素药物敏感,疗程一般不应少于 10 天。多数菌株对青霉
素、甲氧西林、林可霉素和头孢菌素有耐药性。在应用抗生素药物
治疗的同时,应注意禁止使用各种类型的铁制剂。

2. 对症疗法　病人恢复期往往出现自主神经功能紊乱,如有
长期多汗、乏力、食欲不佳、睡眠障碍、低热、心悸和四肢发冷等表

现。可采取相应的对症疗法,对有些患者,心理疗法可获得良好疗效。

(五)预防措施

1. 应尽量避免与患病动物接触,控制动物传染源　几种动物患病后的主要表现如下。

(1)羊感染假结核耶尔森菌:多呈慢性经过。无明显全身症状,主要表现为淋巴结肿大,在屠宰羊的检验中,病变多见于肩前淋巴结,其次是股前淋巴结、颌下淋巴结、支气管淋巴结等。当疾病侵犯乳房时可使乳房肿大变硬,表面凸凹不平。有的羊发生慢性支气管炎,有些羊行动迟缓,消瘦,贫血。

(2)鸡感染假结核耶尔森菌:多呈急性经过,最急性可突然死亡。一般表现精神沉郁、羽毛蓬松、干枯、无光泽,食欲减少或停止,缩颈低头,两翅下垂,嗜睡,消瘦衰弱,呼吸困难,常伴有腹泻和两腿发抖。死后检验,可发现脾、肝、肺及胸肌有粟粒大的黄白色病灶。

(3)猴感染假结核耶尔森菌:病猴精神沉郁、消瘦、腹泻,可突然死亡。肝、脾大,表面布满灰白色粟粒大结节,切面见干酪样坏死灶。

2. 采取综合措施,防治动物假结核病　对动物进行经常性检疫,发现患病动物应及时隔离、治疗或淘汰,以防再感染其他人和动物。加强动物饲料与饮水卫生管理。饲养环境与饲养器具应定期消毒。要采取措施,灭蝇、灭鼠、灭蟑螂,以切断其传播途径。

3. 预防食品污染　应避免进食可疑污染的食物和水。冷藏食物需经过加热处理后才可食用。

二十七、钩端螺旋体病

泰国大力防治钩端螺旋体病

泰国卫生部目前正在采取措施,加强钩端螺旋体病的防治工作。泰卫生部长披尼说,目前的雨季是钩端螺旋体病发病的高峰期,卫生部已下令各省卫生部门加强预防措施。今年以来泰国已有 7 人因患钩端螺旋体病而死亡,另有 337 名患者正在接受治疗。钩端螺旋体病是急性传染病,人类经由受感染动物尿液污染的水、食物或泥土而传染,其病菌能在淡水、湿土、植物和淤泥中存活很久。该病症状是高热、头痛、呕吐、黄疸、腹泻或出疹,如不及时治疗,会出现肾脏损伤、脑膜炎、肝脏衰竭,甚至会导致死亡。

——摘自《光明日报》(2006 年 6 月 15 日)　李　腾

(一)概述

钩端螺旋体病是一种人与动物共患的自然疫源性传染病。主要传染源是鼠、猪和犬。通过尿液等途径排菌,污染水、土壤等环境,然后使人感染发病。临床表现为急性发热、全身酸痛、眼结膜充血、淋巴结肿大,严重的可导致黄疸、肺出血、肾功能衰竭、脑膜炎,甚至死亡。有针对性地采取灭鼠、注意加强个人防护、疫苗免疫预防等措施,可有效降低本病的危害。

1880年,法国医生拉利(Larry)观察到在埃及的法国士兵中流行一种急性传染病,主要症状是发热、黄疸、出血、眼结膜充血及肾功能衰竭。1883年,法国医生兰多茨(Landozy)从病案调查中也注意到了这种疾病,并指出在污水沟工作的人员易患此病。1886年,德国医生维尔(Weil)首先报告了4例流行性传染性黄疸病例,其主要症状是发热、肝和脾大、黄疸、出血及肾功能衰竭等。1887年,德国医生施密特(Schmidt)把此病命名为"维尔病"。1888年,俄罗斯学者华西里耶夫和包特金,也比较详细地描述了本病的临床症状。1907年,美国人斯蒂蒙逊(Stimson)在美国分离出黄热病的病原体(后经野口于1928年证实为钩端螺旋体)。1914年,日本人稻田首次证明了本病的病原是螺旋体。1915年,日本人井户从健康家鼠的肾脏中分离出了同样的螺旋体。1917年,日本人野口(Noguchi)根据本病原与其他已知的螺旋体不同的形态特点,将其改名为钩端螺旋体,沿用至今。当前世界五大洲都有本病,主要发生在亚洲、非洲、中美洲、南美洲的一些国家;欧洲、大洋洲及北美洲一些国家每年也有散发病例。

中国古代医书中称此病为"打谷黄"、"稻瘟病"。1937年汤泽光报道,在广州发现3名典型钩端螺旋体病人。1940年,钟惠澜等进一步证实了钩端螺旋体病在我国的存在。

我国受钩端螺旋体病危害十分严重,除新疆、青海、宁夏、甘肃外,其他省、市、自治区都有流行报告。目前,有1 214个县出现散发病例,58.03%的县有该病流行,其中以广东、广西、四川、江西、河南、安徽、浙江、福建、湖南、湖北、贵州和云南等省、区流行较重。1958年以来,全国累计报告钩端螺旋体病人250多万人,死亡2万多人。全国患病率高达10/10万以上的特大流行有10次,其中9次发生在洪涝灾害之年。20世纪90年代后,由于深入开展预防接种工作,以及采取圈猪积肥、改造疫源地、兴修水利等措施,我国钩端螺旋体病流行总体上呈下降趋势,但每年仍有零星病例报告。

(二)发生原因和传播方式

本病是由不同血清型的致病性钩端螺旋体引起的。在自然界中,几乎所有的温血动物、爬行动物、两栖动物、节肢动物、软体动物和蠕虫等,都可感染钩端螺旋体。例如,猪、牛、水牛、犬、羊、马、骆驼、鹿、兔、猫,鸭、鹅、鸡、鸽等家畜、家禽,以及鼠、狼、蛇、蛙、野禽等野生动物。在钩端螺旋体的传播和感染中,最重要的传染源是鼠、猪和犬,鼠类被感染后不引起急性发病,而呈隐性感染,大多表现为健康带菌,排菌时间长达 1~2 年,甚至终身。猪感染后排菌期可达 1 年,犬长达 2 年。这些被感染动物可经尿、乳汁、唾液和精液等多种途径排出病原菌,污染周围环境,如水源、土壤、饲料、栏圈和用具。

人对钩端螺旋体普遍易感,农民、渔民、下水道工人、矿工、池塘游泳者、兽医、饲养员,以及在丛林、水网地带训练、作战、野营的人员是高危人群。非疫区居民进入疫区,患病率高于当地居民。

在传播方式上,主要是人们从事水田劳动、抗击洪水、游泳、捕鱼虾、开垦荒地、坑道井下作业时,接触被钩端螺旋体污染的水或土壤,病原体通过破损的皮肤或黏膜侵入体内而引起感染发病。其次,饲养家畜、宰杀病畜时,钩端螺旋体可经病畜的排泄物、流产胎儿、子宫分泌物、血液及尿等使人感染。另外,可因食用受到污染的乳、水、食物,病原体经消化道黏膜侵入而感染。被蜱、螨、虻、蚊、水蛭等吸血虫类叮咬,也可机械性传播本病。有报道说,经呼吸道、胎盘、性交等途径也可播散感染。

本病流行有一定的地域特征,如我国南方以稻田型流行为主,主要传染源是黑线姬鼠;北方以洪水型流行为主,主要传染源为猪和犬。

（三）症状和诊断

本病的潜伏期 2～28 天，一般 10 天左右。疾病发展可分为三期。

1. 早期（即钩端螺旋体血症期）　一般是指发病 3 天内。多表现为"三症状"即发热、肌痛、全身乏力；"三体征"即眼结膜充血、腓肠肌压痛、淋巴结肿大压痛。此外，还有咽痛、咳嗽、呕吐、腹泻、鼻出血、皮疹等症状。

2. 中期（器官损伤期）　根据临床表现，分为以下几型。

（1）流感伤寒型：多数患者仅出现钩端螺旋体血症，而无明显的内脏器官损害，经治疗或 3～10 天后自行缓解。有些较重病例，黏膜或皮肤有不同程度的出血，出现烦躁、谵语、昏迷、抽搐。病死率为 1%～1.5%。

（2）肺大出血型：本型是无黄疸钩端螺旋体病人常见的死亡原因，来势猛，发展快，一般常出现在病后 3～5 天。病人面色苍白，心慌、烦躁、呼吸、心率增快，肺部满布湿罗音，有不同程度的咯血。X 线胸片双肺呈点片状阴影。如不及时控制，病情可在短时间内加重，病人表现极度烦躁不安，神志模糊后转入昏迷，口鼻大量涌血，直至死亡。病死率为 10%～20%。

（3）黄疸出血型：多数病例于发病后 4～8 天出现黄疸，10 天左右达到高峰，黄疸可持续 7～10 天。肝大，有压痛，肝功能不全。病人可伴发皮肤瘙痒、缓脉、呃逆。常有鼻出血；皮肤和黏膜有瘀斑、咯血、尿血、呕血。肾发生损害，轻者尿中含有少量蛋白、红细胞和管型，10 天左右即可正常；重者发生肾功能衰竭，表现尿少，色深黄，蛋白多量，血尿，常持续 4～8 天。严重病例可发生酸中毒、尿毒症、昏迷等。急性肾功能衰竭是本型常见的死亡原因。病死率为 30%～50%。

（4）肾功能衰竭型：各型钩端螺旋体病病人都有不同程度肾脏损害的表现，如尿中有蛋白、红细胞、白细胞与管型，多可恢复正常。仅少数病人肾脏损害较严重，表现为少尿、尿闭，出现不同程度的氮质血症、酸中毒。本型无黄疸。严重病例可因肾功能衰竭而死亡。

（5）脑膜脑炎型：一般在发病数天后，少数病人可出现严重头痛、烦躁不安、嗜睡、神志不清、谵妄、瘫痪等脑炎症状。重者可发生昏迷、抽搐、急性脑水肿、脑疝及呼吸衰竭等。

3. 晚期（恢复期） 发病 10～14 天后，多数患者退热，各种症状逐渐消失而趋于痊愈即进入恢复期。但少数患者在退热后数日乃至数月内，可再次出现后发热、眼后发症（如虹膜睫状体炎、表层巩膜炎、玻璃体混浊等）、神经系统后发症（脑膜炎）等症状。

【人钩端螺旋体病诊断要点】 一是询问病史，了解病人是否在流行季节去过流行地区，发病前 1～30 天内是否与污染的水或病畜等有过接触。二是根据病人发病早期出现"三症状"、"三体征"，中期出现多器官损害，主要是黄疸、出血和肾功能衰竭而作出初步诊断。三是进行实验室检查，包括尿异常及肾功能损害，以及进行病原分离、抗体检测等。四是拍 X 线胸片检查，双肺呈点片状阴影或大片融合性阴影。

（四）治疗方法

钩端螺旋体病治疗原则是早期发现、早期诊断、早期休息与就地治疗；尽早进行抗生素药物治疗，杀灭钩端螺旋体、减轻病情、减少器官损害及缩短病程；为避免治疗后出现赫氏反应，开始治疗阶段抗生素药物的用量应小些。

1. 一般治疗与对症治疗 早期应卧床休息，给予高热能、B族维生素、维生素 C，以及容易消化的饮食，并保持水、电解质和酸碱平衡。体温过高者,可物理降温。出血严重者,应立即输血并及时应用止血药。肺大出血者,应使病人保持镇静,酌情应用镇静药,如苯巴比妥钠 0.1～0.2 克,或异丙嗪与氯丙嗪各 25 毫克,肌内注射。肝功能损害者应保肝治疗,避免使用损肝药物。密切观察病情,警惕青霉素治疗后的赫氏反应与肺弥散性出血的征象。

2. 病原治疗　为了消灭和抑制体内的病原体,强调早期应用有效抗生素,如青霉素、链霉素、庆大霉素、四环素、氯霉素、头孢噻吩、盐酸甲唑醇和咪唑酸酯等。国内首选青霉素 G,常用 40 万单位,肌内注射,每 6～8 小时 1 次,疗程一般 5～7 日。

但有些病人在首次应用青霉素 G 注射后会出现赫氏反应。多发生于首剂青霉素 G 注射后 30 分钟至 4 小时内,一般认为是由于大量钩端螺旋体被杀灭后释放的毒素所引起的。症状为突然寒战、高热、头痛、全身酸痛,心率、呼吸加快。原有的症状加重,并可伴有血压下降、四肢厥冷、休克、体温骤降等。一般持续 30 分钟至 1 小时,偶可导致弥散性肺出血。应立即应用氢化可的松 200～300 毫克静脉滴注,或地塞米松 5～10 毫克静脉注射,并用镇静降温、抗休克等治疗。

青霉素过敏者可选择下列抗生素:庆大霉素每日 16～24 万单位,分次肌内注射,5～7 日为 1 个疗程;链霉素 0.5 克,每日 2 次,疗程 5 日。

3. 肺大出血型的治疗　采取抗菌、解毒、镇静、止血、强心为主的综合措施。

(1)抗生素:抗生素治疗同前。

(2)镇静药物:使病人完全安静,避免一切不必要的检查和搬动。同时选用多种镇静药物,如盐酸哌替啶 100 毫克,肌内注射,或加用适量苯巴比妥钠或异丙嗪,肌内注射;也可用 10% 水合氯醛 20～30 毫升灌肠。

(3)解毒:氢化可的松 200～300 毫克,加入 5% 葡萄糖注射液

250～500 毫升中静脉滴注,每日可用至 400～600 毫克,或地塞米松 10～20 毫克,静脉推注。危重患者可用氢化可的松,首剂 500 毫克,每日可用至 1 000 毫克。用至热退后或主要症状明显减轻立即减量。

(4)强心:根据心脏情况可将毒毛旋花子苷 K 0.25 毫克,加入 10%葡萄糖注射液 10～20 毫升,静脉推注,必要时可重复应用,每次 0.125～0.25 毫克,24 小时内不超过 1 毫克。

(5)止血:酌情给云南白药、三七、维生素 K 等。无心血管疾患者可用垂体后叶素 5～10 单位,溶于 20 毫升葡萄糖注射液中,缓慢静脉推注。

(6)给氧:保持呼吸道通畅并给氧,如血块堵塞气管须做气管插管或气管切开,清除血凝块。

黄疸出血型、肾功能衰竭型、脑膜脑炎型的治疗,可参照肺大出血型的治疗进行。

4. 并发症的治疗 一般采取对症治疗,短期即可缓解。

(1)眼并发症:虹膜睫状体炎应及早应用阿托品扩瞳、热敷、狄奥宁眼药水滴眼,尽可能使瞳孔扩大至最大限度。将已形成的虹膜后粘连分开。必要时可使用氢化可的松球结膜下注射。口服烟酸、维生素 B_1、维生素 B_2,静脉滴注妥拉苏林、山莨菪碱等。

(2)神经系统并发症:早期应用大剂量青霉素,并给予糖皮质激素。如有瘫痪,可给予针灸、推拿治疗。口服维生素 B_1、维生素 B_6、维生素 B_{12} 及血管扩张药,也可选用中药治疗。

(五)预防措施

1. 控制传染源 防治钩端螺旋体病控制传染源是重要措施。一是要消灭自然疫源地的鼠类。结合开展群众性卫生运动,采用科学方法消灭鼠类,可明显降低患病率。特别是稻田型钩端螺旋

体病的流行地区,通过大面积消灭田间鼠类,坚持数年完全可以控制稻田钩端螺旋体病的流行。二是加强对家畜的管理,控制人钩端螺旋体病的另外两个重要传染源即猪和犬。猪要圈养,猪舍环境要干净卫生,有防鼠设施;猪排出的粪尿及污染物要做无害化处理,不准随意排放;种猪群每年定期检疫,带菌者隔离治疗、淘汰,不能做种猪用。对牛、羊、犬、猫等动物,也应加强管理,少养犬、猫。三是对猪、犬等家畜进行疫苗接种。选用多价血清型的钩端螺旋体灭活菌苗,每头动物每年接种 2 次,间隔 7 天,每次每头肌内注射 3～5 毫升,免疫期为 1 年。

　　病犬的临床表现,由黄疸出血型钩端螺旋体所引起的病犬,起初高热,但第二天就下降至常温或以下。不久眼结膜和口腔黏膜出现黄疸。病犬体质虚弱,食欲缺乏,呕吐,精神沉郁,四肢(尤其后肢)无力。尿量减少,呈黄红色,粪便中有时混有血液。由犬型钩端螺旋体引起的病犬黄疸症状不明显,表现呕吐、粪便带血、腹痛、口腔恶臭、黏膜溃疡、舌部坏死和溃烂。腰部触压时敏感。多尿,尿液内含有大量蛋白质、胆红素。病犬多因尿毒症而死亡。

　　2. 切断本病传播途径　搞好农田基本建设,防止洪水泛滥,杀灭水和土壤中的菌体。搞好环境卫生,改造疫源地,是切断传播途径的根本措施。例如,开沟排水,变死水为活水;修堤防洪,避免内涝成灾,可防止洪水型和雨水型钩端螺旋体病流行。稻田消毒可结合施肥进行,如使用草木灰、石灰及其他肥料,改变田水和土壤的酸度和成分,或放干田水晒田,以加速钩端螺旋体的死亡;还可用农药杀灭稻田的钩端螺旋体。污染的池塘和畜舍,可用漂白粉消毒。加强水源管理,保护好水源,防止水源被污染。

　　3. 保护人类免受感染　一是加强个人防护,在流行区、流行季节,禁止青壮年及儿童在污染水中游泳、涉水或捕鱼。与污染水接触的工人、农民尽量穿长筒靴和戴胶皮手套,并防止皮肤破损,减少感染机会。二是进行预防接种。卫生部 2007 年颁发的

《扩大国家免疫规划实施方案》中规定,钩端螺旋体病疫苗接种对象为流行地区可能接触疫水的7~60岁高危人群;疫苗接种2剂次,接种第一剂次后7~10天接种第二剂次。三是采取药物预防。进入疫区、接触污染水,或进入实验室工作,或疫病流行期间,每人口服强力霉素200毫克,或注射青霉素2~3天,都可有效预防感染发病。

二十八、放线菌病

"农民肺"是一种什么病？

稻草及其他农作物秸秆在未干透的情况下堆放，或养殖家禽、种植蘑菇的过程中,常会产生一种直径为 0.7～1.5 微米的嗜热性放线菌的孢子体。若翻动有霉变的柴草或打扫禽圈,搅动的粉尘中所带的孢子体就会弥漫在工作场所的空气里,随着呼吸而进入人体内。而孢子体是一种致病性细菌,可引起变态反应性肺泡炎。因多发于农民,故俗称"农民肺"。农民肺的患病率,世界各地报告不同,一般为 2.3%～8.6%。根据对湖北省洪湖县农民和城镇居民抽样调查结果,农民肺的患病率为 5.26%。"农民肺"一般多发于冬、春季节,呈散发性,任何年龄都可发病。

"农民肺"不仅见于农民,也见于都市人。都市人"农民肺"的感染对象主要是"爱禽一族",有些人喜好养殖某些禽类,如鸡、鸭、鹅、鸽子等。这些禽类的排泄物、血液及羽毛,都很容易孳生放线菌的孢子体。平时与其"亲密接触",并经常翻动或打扫禽圈而不采取相应的防护措施,就有可能吸入孢子体而染上"农民肺"。

——摘自《大众卫生报》(2006 年 5 月 9 日)　田碧文

（一）概述

放线菌病又叫大颌病,是由致病性放线菌引起的一种人与动物共患传染病,广泛分布于世界各地。正常动物和人的口腔及肠道中也存在着放线菌。当人体防御功能降低时,放线菌可经损伤的皮肤黏膜、消化道、呼吸道侵入引起感染。病人在头、颈、颌下和舌等处出现肉芽肿和慢性化脓灶,脓肿破溃后可形成瘘管和瘢痕,对人体健康危害较大。

1857 年,莱贝特(Lebert)最早报道了一例放线菌病。1877年,哈茨(Harz)将引起该病的病原命名为牛型放线菌。1910 年,罗德(Lord)证实伊氏放线菌可在正常人的牙齿、扁桃体等处出现。此后,世界各地均有放线菌病的报道。

我国于 1904 年首先在湖北省宜昌发现本病。部分地区也有散发。农民及野外作业者较多发病,但广泛应用抗生素后本病的患病率有所下降。

（二）发生原因和传播方式

放线菌病的病原是多种致病性放线菌。其中牛放线菌、以色列放线菌、埃氏放线菌等经常生活在哺乳动物的上消化道中。在自然条件下受到污染的土壤、饲料和饮水中,也存在放线菌。当发生创伤、穿刺引起局部组织损伤时,放线菌就会侵入组织而发生感染。很多动物,如牛、猪、羊、马、鹿、犬和野生反刍动物等,都可感染发病。其中以牛、猪最常见,尤其是 2～5 岁的牛多发。当给牛饲喂带刺的饲料,如禾本科植物的芒刺、大麦穗、谷糠、麦秸等时,常使口腔黏膜损伤而感染。猪则以较老龄的母猪发病居多。

人对多种放线菌易感。人如果直接接触患有放线菌病的动物,并且在身体有创伤时就极易受到感染。另外,病原体也能通过吸入或食入等途径,引起呼吸道和消化道的感染。在健康人的口腔黏膜、牙齿和扁桃体隐窝内等处,正常情况下也有放线菌寄生。当口腔卫生不良、拔牙、口腔黏膜受损或机体抵抗力减弱时,可引起自体感染。

(三)症状和诊断

由于感染途径和发生病变的部位不同,可表现出不同的症状。

1. 发生于头、颈部的放线菌病 常见头、面、颈部软组织肿胀。因多数是继龋齿或拔牙之后发生,所以通常先在面颈部交界处出现皮下结节,结节与皮肤可粘连,皮肤颜色变为暗红或带紫色。随后软化、破溃、流出稀薄的脓液,内含针尖大小淡黄色颗粒,俗称"硫黄颗粒"。在疾病发展过程中,病变可向周围组织器官蔓延,引起舌、唾液腺、下颌骨、上颌窦、颅骨、脑、眼、中耳等处的损伤,造成较严重的后果。

2. 发生于胸部的放线菌病 可以是原发的,也可继发于头颈或其他部位的放线菌病。病变常见于肺门区或肺下叶,开始为炎症,以后形成脓肿,咳出带有颗粒和血丝的脓痰,伴有发热、胸痛、胸闷和咳嗽。日久损伤向胸膜和胸壁蔓延,引起脓胸和瘘管,排出大量带淡黄色颗粒的脓痰。胸透常见胸腔积液、脓胸及胸膜肥厚,还可见肺部团块状阴影及肺空洞。胸部的放线菌病即"农民肺"。

3. 发生于腹部的放线菌病 多为继发性,可从口腔或胸部病变蔓延而来。多见于回盲部,病变可蔓延至骨盆,造成脓窦道或肛瘘,经历数年骨盆病变可导致会阴部木样硬结形成。肝脏也可受到损伤,出现肿瘤样的多发肝脓肿。由宫内节育器引起的盆腔放线菌病,可表现为阴道分泌物增多或广泛的盆腔炎,病变可蔓延至输尿管和尿道。

【放线菌病诊断要点】 结合各型病人比较特殊的临床症状可建立初步诊断。同时抽吸病灶脓汁,用显微镜检查有无"硫黄颗粒"。还可采取病人的病变组织制成切片,染色镜检放线菌肉芽肿的结构和放线菌的形态。发现"硫黄颗粒"和放线菌即可确诊。

(四)治疗方法

多采用全身治疗和局部治疗相结合的方法。

1. 全身治疗 放线菌对青霉素、林可霉素、红霉素、氯霉素、四环素等较敏感,但需大剂量使用,并长期治疗,一般疗程为 2 个月。如用青霉素,每日 200 万～1 000 万单位,静脉滴注,病情好转后可改为肌内注射。林可霉素,每日 2～3 克,静脉滴注。

2. 局部治疗 重症或有并发症的放线菌病,应手术切除全部病变组织。如果已经形成瘘管,就要连同瘘管一并彻底切除。晚期病例无法切除时,应将病变区域充分切开引流。手术前后应用大剂量抗生素。

(五)预防措施

1. 做好个人防护工作 对于从事或喜好养殖鸡、鸭、鹅、鸽子的人员,要经常搞好禽舍和环境的消毒,在打扫禽舍时要采取洒水等防护措施。不要用手直接接触可疑动物的病变部位和脓液,以防被感染。由于本病也可能是自体感染所引起的,建议要特别注意口腔卫生,保护牙齿,预防拔牙后感染,及时治疗牙病和牙周炎。拔牙或其他手术后出现慢性化脓感染,应早期诊断,及时治疗。

2. 加强对动物的饲养管理 尽量不在低湿地放牧,舍饲时应供给优质饲料,对较硬的饲料应先浸软再喂,避免损伤口腔黏膜。

如发现黏膜或皮肤损伤时,应积极处理治疗。

牛常发生本病。病牛流涎,吞咽和咀嚼困难,迅速消瘦。颌骨出现界线明显,不能移动的肿胀,骨体增厚。有时肿胀发展得很快,在短时间内蔓延至整个头骨。随着病程的进展,牙齿松动,甚至脱落。有的病牛出现皮肤化脓、破溃流出脓汁,形成瘘管,久治不愈。头、颈部组织常发生硬结,不热不痛。舌和咽部组织变硬时俗称为"木舌病"。对发现的病牛要立即隔离、治疗或者淘汰,对污染的环境、用具应进行严格的消毒。

二十九、Q 热

被蜱咬了别自己摘除

近日,北京、杭州两地的医院相继接诊了皮肤里"带活虫"的病人。军事医学科学院微生物流行病研究所孙毅教授告诉记者,这种活虫叫蜱,蜱是一种吸血的虫,喜欢生活在高温林区地带。由于蜱类叮咬时产生麻痹性,所以进入人体的时候不痛不痒,但过一段时间就会看到在皮肤表层形成一个蚕豆大的肿块。一旦被蜱叮咬,会引起很多并发症。虽然这种并发症有的可以通过药物得到缓解,但是想要彻底根除却很难。所以说,若发现体表上有异常,要尽快到医院进行治疗,千万不可以自行在家摘除,如果把虫子的腹部挤破,或者把头部留在体内,就会把虫子携带的病原体带到人体中,引起一些传染性疾病,后果将不堪设想。

孙教授建议,到野外游玩别选择尚未开发好的风景区、尽量少去草丛浓密的森林野地。游玩的时候不要随便席地而坐、乱摸牲畜或在森林露宿。出行之前应该注意将袖口、衣领、裤腰、裤脚扎紧,上衣扎在裤中,还要准备一些诸如驱虫剂、驱蚊灵等用品。旅游回来之后,要全身检查,尤其是人的颈部、耳后、腋窝、大腿内侧、阴部和腹股沟这些皮肤较薄的部位,都是蜱喜欢的寄生之处。

——摘自《健康时报》(2006 年 6 月 8 日)　刘　雁

（一）概述

Q热是一种经蜱传播的人与动物共患传染病。患者以突然起病、发热、乏力、头痛为主要特征，并常伴有肺炎、慢性肝炎和心内膜炎。过去人们常认为，Q热是一个少见的或只局限于某些地区的疾病，实际上本病在全世界分布很广，在我国很多省区也有分布，对人类的健康危害极大。

1935年，德里克（Derrick）在澳大利亚的某肉类加工厂的工人中，发现了一种原因不明的发热病例。1937年，他描述了这些无名热患者的临床表现，并认为这是一种新的疾病，但原因不明确，所以称为Q热（"Q"是英文"疑问"的第一个字母），此后他从病人的血液中分离出了病原体。1937年，伯内特（Burnet）与弗里曼（Freeman）证实该病原为立克次体，并提出人患Q热的传染源可能是发病家畜。此后，美国也分离出Q热立克次体。二战期间，在地中海、巴尔干和南欧的德军和盟军双方，可能有几十万人曾患过Q热，严重影响了部队战斗力。现已搞清楚，Q热是一种分布十分广泛的疾病，全世界接近100个国家有该病存在。

我国于1950年和1951年，分别在北京协和医院和同仁医院发现2例患Q热的病人，但没有分离出病原体。1958年，在内蒙古从牛、羊及人当中检出了Q热的抗体。直至1962年由四川的1例慢性Q热病人体内分离出Q热立克次体后，才从病原学上证实我国Q热的存在。1964年，重庆郊区某犬群Q热血清学阳性率高达77.8%，并从其体外寄生的铃头血蜱中分离出病原体。此后，相继在吉林、云南、新疆、西藏、广西、福建、贵州等十几个省市、自治区发现均有本病流行，有的地区人与动物感染率还较高。

(二)发生原因和传播方式

本病的病原为 Q 热立克次体。除 60 多种野生动物外,主要侵害黄牛、水牛、牦牛、绵羊、山羊、马、骡、驴、骆驼、犬、猪、兔、猫、鸽、鸡等家畜和家禽,也可通过多种途径传给人。许多蜱类和螨类,如四川寄生在犬体外的铃头血蜱、新疆的亚洲璃眼蜱、内蒙古的亚东璃眼蜱、福建的毒刺历螨中,都可分离出 Q 热立克次体。

在自然界中,蜱是传播本病的一种主要媒介。蜱通过叮咬、吸吮感染动物的血液而获得病原,病原在蜱的体腔、消化道上皮细胞和唾液腺中繁殖,蜱再经过叮咬人或排出病原污染破损的皮肤,而造成其他人的感染。受感染动物的乳汁中含有大量的病原体,人可通过摄入受污染的奶、食物或直接接触发病动物而被感染。此外,病原体可通过尿、粪便、胎盘和羊水等排出体外,污染场地、土壤和空气,并在外界环境中长期存在,污染的尘埃或气溶胶被吸入呼吸道也可造成感染。患者通常并不是主要的传染源,但曾从病人的血、痰中分离出病原体,也曾发生过住院病人引起院内医护人员感染的事件,因此应当重视人与人之间的传播。

人群普遍易感,特别是屠宰场、肉品加工厂、奶牛场及制革皮毛厂的工作人员受感染的机会较高,但受感染后不一定发病。血清学调查证明,隐性感染率可达 $0.5\% \sim 3.5\%$。在 Q 热流行中,男性病例多于女性,并以青壮年居多,感染率的高低主要与接触环境中病原的机会、程度和频度有关。病后可获得持久免疫力。

在我国,Q 热一年四季都有发病者。但在牧区、半牧区,Q 热的流行常与感染家畜的移动、孕畜分娩、集中屠宰等因素有直接关系。如感染家畜迁徙,不仅引起畜间的感染增加,还可能引起人群暴发 Q 热。Q 热常和布鲁菌病混合流行,引起人和动物的双重感染,需高度重视。

(三)症状和诊断

本病的潜伏期为 2～4 周,平均 18 天。多为突然发作,伴有发热、剧烈头痛、寒战、严重乏力、肌肉酸痛、胸痛等症状。但 Q 热无皮疹。人 Q 热的症状类似流感,轻者可自愈,重症患者可继发肺炎、肝炎、心内膜炎。

1. 发热 病初起伴畏寒、头痛、肌痛、乏力,在 2～4 天内体温升至 39℃～40℃,多数持续 1～3 周。部分患者有盗汗。

2. 头痛 剧烈头痛是本病的一个突出症状,多见于前额、眼眶后和枕部,也常伴肌痛,尤其腰肌、腓肠肌为显著,有时也发生关节痛。

3. 肺炎 30％～80％病人有肺部病变。于病程第 5～6 天开始干咳、胸痛,可有少量黏液痰或血性痰。胸透检查常类似支气管肺炎病变。偶可并发胸膜炎、胸腔积液。

4. 肝炎 有 10％患者肝脏受损,患者有纳差、恶心、呕吐、右上腹痛等症状。肝大,但程度不一,少数可达肋缘下 10 厘米,压痛不显著。部分病人有脾大,伴有黄疸。肝功能检查胆红素及转氨酶常增高。

5. 心内膜炎或慢性 Q 热 约 2％患者有心内膜炎,表现为长期不规则发热,疲乏、贫血、体重减轻、杵状指、关节痛、心脏杂音、呼吸困难等。慢性 Q 热,是指急性 Q 热后病程持续数月或 1 年以上者,可出现心包炎、心肌炎、心内膜炎、脑膜脑炎、肝炎、关节炎、间质性肾炎等多系统疾病。这些疾病可单独或联合出现。

【Q 热诊断要点】 凡发热患者,与牛羊等病畜或蜱有密切接触史,如长期在牧场、屠宰场、肉类加工厂及制革厂的工作人员,并且当地有本病存在时,应考虑发生 Q 热的可能性。对伴有剧烈头痛、肌痛、关节炎、肺炎、肝炎者应高度警惕。确诊需做病原分离和血清学检查。

(四)治疗方法

治疗 Q 热首选药物为四环素,成年人及 8 岁以上儿童,每日每千克体重为 25 毫克,分 4 次服用,2 周为 1 个疗程。复发病例再服药仍有效。成人也可口服强力霉素,每日 200 毫克,每日 1 次,疗程 10 日。或用多西环素每次 0.1 克,每日 2 次,退热后减半,连用 5 日。氯霉素对本病有效,治疗效果略低于四环素。对 Q 热引起的心内膜炎患者,治疗不应拖延,可口服复方磺胺甲基异恶唑、利福平,或与四环素和林可霉素联合治疗。心脏瓣膜病变严重者可进行手术治疗。

对症治疗主要是解热、镇痛。急性 Q 热大多预后较好,未经治疗病死率约为 1%;慢性 Q 热未经治疗,常因心内膜炎死亡,病死率可高达 30%～65%。

(五)预防措施

1. 加强对动物的卫生管理 动物感染 Q 热立克次体,多数呈隐性经过,奶牛感染可影响泌乳、胚胎发育不良或发生流产。母羊感染后可流产。应将患病动物尽早隔离、治疗,并对病畜分娩时的排泄物、胎盘等进行严格消毒、焚烧深埋。对病畜污染的环境应彻底消毒。

2. 隔离患者 对患者应及早隔离、治疗,病人的痰、大小便排泄物,以及所污染的物品,应做消毒处理。

3. 切断传播途径 在养殖场、屠宰场、奶站、肉类加工厂、皮毛制革厂、乳制品厂等单位有可能接触到病畜或病原的工作人员,都应严格执行操作规程。工作时应戴口罩、手套、穿围裙等。

加强食品卫生检疫工作,强化对乳类及乳制品的消毒。禁止饮用生乳。由 Q 热流行区调入的家畜和皮毛等产品,应进行严格检疫和消毒处理。加强灭鼠、防蜱、灭蜱,到疫区野外作业时要注意做好个人防护。

4. 提高人体免疫力　在流行区内,对从事动物养殖、畜产品加工的人员、医护人员、Q 热实验室的工作人员等,可进行疫苗接种,以防感染。减毒活疫苗用于皮上划痕或糖丸口服,不良反应较小,效果良好。

三十、恙虫病

别来无恙说防病

古人久别重逢时，互相问候的头一句话就是"别来无恙"，意思是说："分别以来平安无病吧？"流传下来，就成为了今天的成语"安然无恙"。这寥寥数字，把人们的美好祝愿表达得既充分又得体。那么，你知道这句成语的来由吗？原来，古人所言之"恙"即恙虫病，是一种由恙螨叮后传播的急性传染病。这种病大约远古时代就在地球上流行，公元313年，我国名医葛洪在他的《抱朴子内篇》和《肘后方》中已对它作了详细记载，包括流行症候、预防和治疗等。《肘后方·沙虱毒论》谓："山水间多少虱，其细，略不可见，人入草中及阴行草中，此虫多着人，钻入皮里，令人皮上如芒刺，亦如黍豆，刺三日后寒热、发疮，虫渐入骨刺杀人。"此后我国历代名医，如隋朝巢元方，唐代孙思邈、王焘，明朝李时珍等，都对恙虫病有过深入研究和记述。二次大战时，南太平洋群岛上恙虫病流行，曾使在当地作战的英、美等国军队锐气大挫。

——摘自《上海中医药报》（2000年10月21日） 秋 梅

（一）概述

恙虫病的病原是恙虫病立克次体，传播媒介是恙虫幼虫。人感染后，往往突然起病，高热，恙虫幼虫叮咬处有焦痂或溃疡，淋巴结肿大及发生皮疹。一般情况下病人可自行痊愈，体温在2～3周后恢复正常。但病情严重者发热时间延长，少数病人在发热期间可因出现肺脏、肾脏、心脏等内脏器官的衰竭而死亡。

早在公元313年，我国晋代科学家葛洪曾记述：人行经草丛、沙地，被一种红色微小沙虱叮咬，即发生红疹，3日后发热，叮咬局部溃疡结痂。当时所称的沙虱热，就类似现代的恙虫病。这可能是关于恙虫病最早的文献记载。明代医学家李时珍在《本草纲目》中指出，闽粤一带有一种恶性流行热症，为沙虱传播，其症状有发热、溃疡和疹子。这些描述和现代恙虫病的特征完全符合。

1810年，日本人桥本伯寿描述过本病。1927年，日本学者绪方规雄等首先分离出病原体，命名为东方立克次体，1931年定名为恙虫病立克次体。恙虫病分布很广，横跨太平洋、印度洋的热带及亚热带地区，但以东南亚、澳大利亚及远东地区最为常见。

国内1908年在台湾发现恙虫病。1935年，从澎湖岛恙虫病患者体内分离出一株恙虫病立克次体。1946～1948年，彭淑敏、谢淑贞在广州分离出恙虫病立克次体。1950年，刘冬盛、梁徐报告桂林有本病流行。1951年，翁文渊、张昱、于恩庶在福建平潭发现本病的流行。1952年，梁柏龄对地里纤恙螨的生活史进行了研究。1952年，赵树萱在广州从患者、家鼠、地里纤恙螨均分离出恙虫病立克次体。本病在我国主要发生于浙江、福建、台湾、广东、云南、四川、贵州、江西、新疆、西藏等省、自治区，其中尤以沿海岛屿为多发。近年来，江苏、山东、安徽等省也有小范围流行或散发的病例报告。

（二）发生原因和传播方式

恙虫病又叫做丛林斑疹伤寒，是由恙虫病立克次体引起的一种人与动物共患病。本病因由恙虫幼虫叮咬人后感染发病而得名。

鼠类是恙虫病立克次体的主要传染源，如黄毛鼠、褐家鼠、黑线姬鼠、社鼠等。鼠类感染后并不表现出症状，但体内带菌时间很久，所以传播期较长。鼠类多生活在温暖、低洼、潮湿的灌木丛和杂草丛中，在这种环境里也分布着许多恙螨。恙螨的幼虫靠吸吮动物的体液来维持生命。当它们叮咬鼠类时，鼠就能受到立克次体的感染。恙螨幼虫在鼠体内经过生长发育，变为成虫，成虫再产卵，第二代幼虫仍然携带恙虫病立克次体。恙螨一生中只叮咬动物或人一次。它们的叮咬，能使人与野兔、家兔、家禽及某些鸟类感染本病。

恙螨种类很多，能传播本病的仅有地里纤恙螨、红纤恙螨、高湖纤恙螨等几种。鼠类和恙螨的孳生、繁衍，都受到气候与地理环境的影响，所以本病流行有明显的季节性与地区性。我国北方地区 10～11 月为高发季节；南方以 6～8 月为流行高峰，11 月明显减少；而台湾、海南、云南等地，因气候温暖，全年都可发病。本病多为散发，偶见局部流行。

人群对本病易感。人们在疫区进行打草、除草、旅游、野炊、军训时，有可能受到带菌恙螨的叮咬，病原体随恙螨唾液侵入体内使人发病。一般叮咬的主要是腋窝、腹股沟和外阴等皮肤比较薄嫩的部位。病人以青壮年居多。人感染后，可产生数月的免疫力，免疫期最长可达 10 个月。但在免疫期内，只能抵御同一类型的恙虫病立克次体，当不幸感染不同类型的恙虫病立克次体时，仍可再次发病。人与人之间不能传播本病。

（三）症状和诊断

本病的潜伏期为 5～20 天，一般为 10～14 天。在临床上常见以下类型。

1. 毒血症 发病突然，先怕冷或寒战，然后发热，体温迅速上升，1～2 天内可达 39℃～41℃，发热可持续 1～3 周；伴有头痛、全身酸痛、疲乏思睡、食欲缺乏、颜面潮红等症状。严重者出现烦躁、肌肉震颤、听力减退、血压下降，还可能并发肺炎。

2. 焦痂及溃疡 发病初期，在被恙螨幼虫叮咬处出现红色丘疹，不痛不痒，不久形成水疱，1～2 天后，水疱破溃，中央出现坏死，成为褐色或黑色焦痂，直径多在 1 厘米以内。多数患者只有 1 个焦痂，少数出现 2～3 个或更多，常见于腋窝、腹股沟、外阴、肛门周围处，也可见于身体其他部位。痂皮脱落后形成溃疡。

3. 淋巴结肿大 全身浅表淋巴结肿大，尤其是接近焦痂的局部淋巴结肿大比较显著，可移动，有痛感，不化脓，但消肿较慢。

4. 皮疹 在发病 4～6 天，可出现暗红色丘疹斑，无痒感，大小不一。先见于躯干，后蔓延到四肢。重症患者皮疹密集、融合或出血。皮疹多在持续 3～10 天后消退，无脱屑，可有色素沉积。

此外，部分患者有肝脾大、眼底静脉曲张、视乳头水肿或眼底出血。心肌炎较常见，也可发生肺炎、睾丸炎、阴囊肿大、肾炎、消化道出血等。

【恙虫病诊断要点】 一是询问病史，发病前 2～3 周内有无在流行地区进行野外作业的经历。二是根据有无发热、焦痂、溃疡、局部淋巴结肿大、皮疹及肝脾大等临床特点，可作出初步诊断。三是确诊需要进行实验室检查，包括病原体检查和血清学检查等。

(四)治疗方法

如能早期诊断,及时采取有效的治疗,绝大多数病人可在短期内康复。

1. 一般治疗 患者应卧床休息,多饮水,进流食或软食,注意口腔卫生,保持皮肤清洁。高热者可用解热镇痛药,重症患者可采用糖皮质激素类药物以减轻毒血症症状。有心力衰竭者应绝对卧床休息,用强心药、利尿药控制水肿和心力衰竭。

2. 针对病原治疗 多西环素、氯霉素、四环素对本病有特效。多西环素成人每日 0.1~0.2 克,分 1~2 次服用,连续服用 5~7日。氯霉素成人每日 2 克,分 4 次服用,退热后剂量减半,连续服用 7~10 日。罗红霉素,儿童按每日每千克体重 2~3 毫克,分 2次口服。

对少数出现复发的病人,用相同的抗生素治疗仍然有效。

(五)预防措施

1. 消灭和控制传染源 主要是灭鼠,应发动群众,采用各种灭鼠器与药物相结合的综合措施灭鼠。不提倡将鼠类作为宠物饲养。

患者不必隔离,接触病人者一般不会感染。

2. 切断传播途径 改善环境卫生、铲除杂草、消灭恙螨孳生地是最根本的防控措施。但是流行区大面积做到很不容易,也不现实。因此建议:在流行区进行野外作业时,应铲除或焚烧住地周围 50 米以内的杂草,然后用 40%乐果乳剂或 5%马拉硫磷乳剂,配成 1‰的溶液,以每平方米 20~25 毫升的用量喷洒地面,以消除恙螨的危害。

3. 个人防护　在流行季节,应尽量避免在草地上坐卧,不在杂草灌木丛上晾晒衣服。在野外从事生产、工作、军训时,应扎紧袖口、领口及裤脚,身体外露部位涂擦驱避剂(如 5％的邻苯二甲酸二甲酯、邻苯二甲酸二苯酯等)。回到驻地后,及时沐浴、更衣。如发现恙螨幼虫叮咬,可立即用针挑去受损组织,涂以酒精或其他消毒剂。

目前尚无可供使用的疫苗。进入重疫区的人员,可服多西环素 0.1~0.2 克,隔日 1 次,连用 4 周,有较好的预防作用。

三十一、鹦鹉热

退休教师养鸟染上怪病

"这只我最喜爱的鹦鹉陪我度过了两年多的退休生活,给我带来了许多快乐时光。但未想到因为它,一向身体好好的我竟染上一种怪病,住了一个多月的医院"。家住莲花河北里的中学退休教师刘老师,向记者述说了他遇到的一件蹊跷事。小区居民掀起养鸟热时,刘老师心想养鸟可消磨退休后无聊的时间,而且还能给自己带来乐趣,便在花鸟市场买了一只能言善道的鹦鹉。可一个多月前的一天,刘老师突然感到浑身打寒战、发热,并伴随有恶心、呕吐,而且身上还冒出了很多红疹。刘老师连忙到医院就诊,医生诊断为"鹦鹉热",住院接受治疗1个多月。

——摘自《华夏时报》(2003年12月17日) 贾图壁

(一)概述

鹦鹉热是一种人与鸟共患的细菌性传染病。人感染后可发生不典型的肺炎,病死率很低。但随着我国居民生活水平的提高,饲养宠物鸟类不断增多,人群感染发病的风险不容忽视。因此,应加强卫生宣传教育,普及科学养鸟知识,预防疾病。

鹦鹉热是一种古老的人与鸟共患病。1874年,朱艾尔甘森

(Juergensen)最早报道了疑似病例。1879 年,瑞士内科医生瑞特尔(Ritter)详细记载了因为与鹦鹉和金翅雀接触而使人患病的病例,有 7 人感染,其中 3 人死亡,患者的主要并发症为肺炎。1894 年,穆兰格(Morange)在阿根廷发现与鹦鹉有密切接触的人可突然发病,主要表现为肺炎、脑炎等症状,最早提出了"鹦鹉热"这个病名,并确定了鹦鹉在传播疫病中的重要作用。但后来发现其他非鹦鹉科的病鸟也可传染给人类,麦耶尔(Meyer)于 1941 年建议改称为"鸟疫"。

20 世纪初盛行玩赏鹦鹉,欧洲和美国从南美大量进口,使本病传给玩赏者,造成疫情的蔓延,导致 1929～1930 年鹦鹉热在阿根廷、法国、英国、德国、美国、意大利、前苏联等 12 个国家的暴发流行,患者多达 750 人,死亡 143 人。莱文赛尔(Levinthal)、科尔斯(Coles)和里尔赖伊(Lillie)几乎同时独立地描述了这种病原体的形态。1930 年,白德逊(Bedson)分离出了病原即鹦鹉热衣原体,随后搞清楚了它的发育周期,并研究出血清学诊断方法。

1940 年,南非发现该病可在商品雏禽中传播。20 世纪 40 年代中期,在美国家鸭和火鸡中曾暴发鹦鹉热,并引起人类的感染。1951～1956 年,发生广泛的强毒株流行使其成为公共卫生上的一大危害。1950～1963 年,德国共发现患者 1 998 人。英国在 1966 年之前每年平均发病人数不到 40 人,但从 1980 年起患病率逐年增加,每年达 500 例左右。1987～1996 年间,美国发现患者 800 人。有资料显示,国外 30%城市鸽子存在鹦鹉热衣原体的感染。

1959 年,中国医学科学院病毒研究所在我国进行了人类鹦鹉热流行病学调查,发现 7 个患者。1964 年,中国医学科学院流行病学微生物学研究所在家禽中分离出鹦鹉热衣原体。1987～1988 年,曾有报道北京养鸽场曾发生鸽群鹦鹉热。近年来,我国各地都有动物感染鹦鹉热衣原体的报告。2008 年 6 月,我国检疫部门在机场曾查获并销毁了 41 只美国进口信鸽,这些信鸽感染了鹦鹉热衣原体。

鹦鹉热衣原体是理想的生物战剂之一,美国、前苏联、日本都进行过大量研究工作。

(二)发生原因和传播方式

鹦鹉热衣原体是不同于细菌和病毒的另一类微生物,在许多动物,特别是鸟和禽体内都有它的身影,甚至许多外表看似健康的鸟禽体内也有潜伏。

在自然界,有几十种哺乳动物和190多种鸟类和禽类可感染鹦鹉热衣原体,包括金刚鹦鹉、白鹦鹉、长尾鹦鹉、虎皮鹦鹉、金丝雀、相思鸟、红腹灰雀、金翅雀、麻雀,鸡、鸭、鹅、火鸡、鸽,雉白鹭、苍鹭、海鸥、海鹦,猪、绵羊、山羊、牛、马、驴、骡、猫、海豹、野兔、跳羚、树袋熊、苏力羚、野猪、野猴等。鸟禽类中以鹦鹉、鸽子较为易感,家畜中以羊、牛较为易感。感染后不一定都发病表现出临床症状,但可成为重要的传染源。

人类对该病普遍易感。隐性感染、亚临床感染和轻症病人比较多见。

在传播方式上,人类主要是通过呼吸道,吸入含有被带菌鸟禽粪便、分泌物等污染的气雾或尘埃而被感染。其次,直接接触感染鸟禽及其分泌物、排泄物、污染物,或被感染鸟禽啄伤,可以经损伤的皮肤、黏膜或眼结膜引起感染。近年来,因接触患者的分泌物、排泄物,而使医护人员和患者家人感染的病例有增多的趋势。

本病的易感人群是因工作关系或嗜好而与鸟禽等密切接触的人,如从事鸟禽饲养、宠物管理、交易的人员,兽医、家禽屠宰场工人等。实验室相关人员感染也时有发生。

人感染后不能产生持久免疫力,还可再次感染。

（三）症状和诊断

人类鹦鹉热的潜伏期为 7～14 天，最长可达 45 天。有的表现为隐性感染无临床症状；有的病症轻微；有的出现明显的呼吸系统症状，其中多数表现为不典型的肺炎。

1. 肺炎型 病人出现发热及流感样症状，起病急，体温在 1～2 天内可上升到 40℃，伴有寒战、乏力、头痛及全身关节肌肉痛，以颈背部显著。可有结膜炎、皮疹或鼻出血。高热持续 1～2 周后逐渐下降，热程 3～4 周，少数可达数月。发热同时或数日后出现咳嗽，多为干咳，胸闷胸痛。严重者有呼吸困难及发绀，并可有心动过速、谵妄，甚至昏迷。肺部常有实变，湿性罗音，少数有胸腔积液。肝脾大，甚至出现黄疸。

2. 伤寒型或中毒败血症型 表现为高热、头痛及全身疼痛，脉搏相对缓慢，肝脾大。易发生心肌炎、心内膜炎及脑膜炎等并发症。严重者出现昏迷及急性肾衰竭等，病死率高。

本病自然病程 3～4 周，也可长达数月。肺部阴影消失慢，如治疗不彻底，可反复发作或转为慢性。感染的孕妇可发生流产、产褥期败血症和休克。

多数患者退热后经 1～3 周即可恢复，复发率约为 21%。痊愈后，患者在长时间内感觉疲乏无力，其他后遗症少见。

【鹦鹉热诊断要点】 一是根据病史和临床表现作出初步诊断。与可疑鸟禽有接触史，出现高热、相对缓脉、剧烈头痛、肺炎、肝脾大，且青霉素治疗无效的患者应考虑可能患本病。二是进行必要的实验室检查以确诊，包括病原分离和抗体检测等。

（四）治疗方法

鹦鹉热衣原体对四环素类、大环内酯类及氟喹诺酮类抗菌药物敏感。

无并发症的成年患者用四环素 0.5 克，每 6 小时口服 1 次，或多西环素或米诺环素 0.1 克，每 12 小时口服 1 次。疗程 7～10 日。孕妇、儿童等不宜使用四环素的可用红霉素替代。临床症状好转后，仍需坚持按疗程用药，否则易复发。

另外，除病因治疗外，尚需进行对症及支持治疗，如输液、给氧和抗休克等。预后与治疗时机密切相关，早期治疗预后良好。

（五）预防措施

1. 严格控制传染源　由于患病鸟禽等动物是主要传染源，所以加强对动物鹦鹉热的防控十分重要。一是控制好饲养环境，防止环境被病原体污染。建立、健全消毒隔离制度，保持圈舍清洁、干燥和通风。实行科学饲养管理，最好能对禽鸟实施笼养，做到人、畜、禽分离。二是加强检疫。严格执行养禽场、鸟类交易市场及运输过程的检疫制度，对进口特别是来源于南美、澳大利亚、远东及美国的鹦鹉，应严格检疫。异地调运动物，必须来自于非疫区，凭检疫合格证准运。三是疫苗免疫接种。国内外已开发出多种用于猪、羊、禽类的疫苗，包括灭活疫苗、基因工程疫苗等，可用于本病的预防注射。四是预防性给药。如禽类可在每吨饲料中添加 400 克金霉素混匀饲喂，对本病有较好的预防和治疗作用。

另外，不同动物对鹦鹉热的易感性是不同的，感染后的症状也是不一样的。

（1）家禽：火鸡感染后体温升高，食欲减少，委顿，腹泻，排黄绿色水样便,产蛋量下降。还可发生肺炎、心肌炎、动脉炎、睾丸炎及附睾炎。雏鸡感染后极度消瘦,可发生结膜炎、心包炎、肝周炎和气囊炎。雏鸭发病表现为食欲缺乏,肌肉震颤,运动失调,衰竭,腹泻排绿色水样便。眼、鼻周围有浆液性和脓性分泌物,常在惊厥中死亡。

(2)鹦鹉:成年鹦鹉症状轻微。幼龄鹦鹉感染后表现为精神不振,不食。羽毛凌乱,腹泻,排淡黄绿色粪便。鼻腔流黏液性和脓性分泌物。死前消瘦,严重脱水。病死率达 $75\%\sim90\%$。康复者可长期带菌,成为传染源。

(3)家畜:本病可引起妊娠母猪流产、产死胎、产弱仔或木乃伊胎儿。公猪发生睾丸炎、阴茎炎、尿道炎。仔猪发生肺炎、肠炎等。

2. 尽量减少与鸟禽类的接触 禽类屠宰加工厂的工人在宰杀及拔毛时,宜采用湿式作业,以减少污染尘埃的吸入。养鸟者要注意保持环境卫生,每天在清洗鸟笼、清除粪便时,应戴口罩和手套,提倡应用"湿式作业",以免鹦鹉热衣原体扩散到空气中被人吸入。此外,鸟笼应悬挂于室外通风处。病人最好不要接触鸟类。

3. 加强卫生宣传教育 普及科学知识,提高广大人民群众对本病的认识,搞好个人防护。发现病人后应报告疫情、进行隔离和彻底治疗,对患者的分泌物和排泄物应做消毒处理。

三十二、鼠型斑疹伤寒

入夏，当心被跳蚤咬伤

入夏以来，随着暑气日升，常州市不少市民被跳蚤咬伤。市疾控中心专家介绍，当温度、湿度适宜时，跳蚤就会大量繁殖。它主要寄生在老鼠和野猫身上，并伴随着鼠、猫的活动，停留在外环境中，当人经过时，就可能跳到人身上对人体造成伤害。人被跳蚤叮咬的危害主要有两方面，一是人的皮肤上被跳蚤爬行及刺叮吸血后，会直接引起骚扰性刺激，使人痛痒、焦躁不安、失眠，形成过敏性皮肤炎。二是跳蚤极易传播数种人畜共患疾病，如鼠疫、鼠源性斑疹伤寒等，给人带来危害。

——摘自《常州晚报》（2008 年 7 月 7 日） 许 静

（一）概述

引起鼠型斑疹伤寒的病原体是一种立克次体，潜藏在被感染的老鼠体内。跳蚤叮咬带菌老鼠，通过鼠—蚤—人的途径，引起人感染发病，出现发热、皮疹等症状。因此，加强环境卫生治理，搞好灭鼠、灭蚤工作，对防控鼠型斑疹伤寒十分重要。

鼠型斑疹伤寒是一种很古老的疾病。1913 年，帕尔林（Paull-in）首次在美国南部佐治亚州发现了本病。1922 年，霍恩（Hone）、

1926 年,怀特·兰德(Wheat land)在澳大利亚也发现了散在病例。1928 年,莫瑟尔(Mooser)在墨西哥对病原进行了比较深入地研究。1931 年,迪艾尔(Dyer)分离出了该病的病原体。为了纪念莫瑟尔的功绩,蒙泰罗(Monteiro)建议将这种病原体命名为莫氏立克次体。后来莫瑟尔建议该病称为鼠型斑疹伤寒,它在世界各地都有散发,多发生于热带和亚热带地区。

1932 年,我国学者倪玉等首次在东北地区分离出莫氏立克次体。1938 年吴朝仁、谢少文,1939 年刘伟通、钟惠澜,都曾在北京从鼠体、蚤粪及病人中分离出该病原;丘福禧等从热带鼠螨中也分离出这种病原体。1949 年后,我国有 3 次鼠型斑疹伤寒流行高峰,第一次在 1950~1952 年,主要发生在云南昭通、贵州毕节、四川叙永等地,病死率高达 36.36%。第二次在 1960~1962 年,除台湾外其他省、市、自治区均有发病。第三次流行高峰发生于1980~1984 年。自 20 世纪 80 年代初患病率呈下降趋势,但 1997年以来患病率有所回升。

(二)发生原因和传播方式

鼠型斑疹伤寒是由莫氏立克次体引起的一种自然疫源性人与动物共患病。自然界中很多小型脊椎动物,如小家鼠、大家鼠、田鼠、松鼠、旱獭、家兔、臭鼬等,家畜中猪、牛、绵羊、山羊、驴、骆驼等,对本病都有易感性。人类对莫氏立克次体普遍易感。

家鼠是本病的主要传染源,鼠蚤是主要的传播媒介。鼠被感染后大多并不死亡,莫氏立克次体就存在于鼠体内,鼠蚤吸血而带菌。

在传播方式上,主要是带菌蚤吮吸人血时,将含有大量病原体的呕吐物及蚤粪排泄在人的皮肤上,或蚤被打扁压碎后其体内病原体被释放出来,立克次体均会经破损的皮肤、黏膜侵入人体。其次,干燥蚤粪可形成尘埃,其中的立克次体可经眼结膜或呼吸道侵入使人感染。另外,摄入被鼠尿、粪污染的食物也可经口感染。如果患者有虱子寄生,可通过虱子在人群中传播鼠型斑疹伤寒。患病后可产生较强而持久的免疫力。

(三)症状和诊断

鼠型斑疹伤寒的潜伏期8～14天,多数为11～12天。通常病情轻、病程短,病死率极低。

大多病例起病急骤,少数有1～2天的前驱症状,如疲乏、纳差、头痛等。发热呈稽留或弛张热,于病程第一周达到高峰,一般在39℃左右,伴全身酸痛、显著头痛、结膜充血等,部分病例有关节痛而影响行动,头痛常可由眶后痛所致。热程一般为9～14天,大多渐退。50%～80%患者出现皮疹,多见于第4～7病日。皮疹初发生于胸腹,24小时内遍布背、肩、臂、腿等处,脸、颈、足底、手掌一般无疹。开始为斑疹,粉红色,直径1～4毫米,按之即退;继成斑丘疹,色暗红,按之不会立即消失。皮疹于数日内消退,极少数病例的皮疹呈出血性。

中枢神经系症状除头痛、头晕、失眠、听力减退、烦躁不安等外,脑膜刺激征、谵妄、昏迷、大小便失禁等均属偶见。咳嗽见于过半数病例,肺底偶闻罗音,部分患者有咽痛和胸痛。大多数患者有便秘、恶心、呕吐、腹痛等也有所见。部分患者出现黄疸,但均属轻度;脾大见于过半数患者,肝大者较少。心肌很少受累,偶可出现心动过缓。并发症以支气管炎最多见,支气管肺炎偶有发生。其他并发症有肾功能衰竭。

【鼠型斑疹伤寒诊断要点】 一是询问病史,了解患者住所有无家鼠和蚤;患者有无蚤叮咬史,以及与家鼠接触史;患者生活的地方是否为地方性斑疹伤寒的流行区,或发病前1个月是否去过疫区。二是根据患者出现发热、皮疹及中枢神经系统的症状作出初步诊断。三是进行必要的实验室检查,包括血清学检查、病原体分离等以便确诊。

(四)治疗方法

采用一般护理、对症治疗和特效药物治疗相结合的方法。

1. 一般护理 患者休养的环境要求安静,空气新鲜流通,注意口腔及皮肤卫生。皮疹严重者,应保持皮肤清洁,注意不要抓破,以防止其他细菌的合并感染。给患者足够的水分,每日总摄入量保持 3 000 毫升左右。

2. 对症治疗 体温高者可采取物理降温方法,在头上放冰袋或用酒精擦浴。

3. 抗生素治疗 广谱抗生素对本病有特效。首选药物是多西环素,成人每次口服 0.2~0.3 克,每日 1 次,连服 3 日,必要时第四日再服 1 次。对免疫功能低下者,每次口服 0.2 克,每日 4 次,连服 3 日,必要时第四日再服 1 次。也可选用氯霉素、四环素等抗生素或其替代产品。

(五)预防措施

1. 灭鼠、灭蚤是防控鼠型斑疹伤寒的根本措施 一是搞好环境卫生整治,在居民区清除杂物,消除鼠类栖息环境。坚持灭鼠和防鼠相结合,采取以药物灭鼠为主的综合性灭鼠措施。在秋季粮食收获以后,鼠类活动向住户集中,这时要进行一次以居民区为主的药物灭鼠。二是结合灭鼠进行灭蚤,灭蚤要从防蚤开始,搞好室内卫生,改善环境,管好家禽家畜,控制和消除鼠类,是防蚤灭蚤的根本。消灭跳蚤的具体方法如下:

（1）物理灭蚤：室内泥土地上铺一层柴草点火烧，特别注意四周和墙角。用此法可杀灭成虫、幼虫、卵、蛹。还可用粘捕法，将粘纸放在墙脚和家具下面，当跳蚤跳上时被粘住，2～3天后将粘纸收集烧掉。

（2）药物灭蚤：如2％倍硫磷粉剂，每房间100克撒布地面，12～24小时可杀死跳蚤。

2. 免疫接种　对于水利、农垦、矿产、国防、交通等大型野外作业工地，人员在进驻前应开展流行病学调查，如属于鼠型斑疹伤寒流行区，要进行灭鼠灭蚤工作。对进驻工地的人员，流行区的有关人员，如码头工人、粮仓保管员和农民等，应进行免疫接种，可注射鼠型斑疹伤寒灭活疫苗。

3. 注意个人防护　患者居住的屋内或庭院应进行灭鼠灭蚤，以防疾病传播。加强宣传，提高公众的防范意识，尽量避免与鼠、蚤及其排泄物和分泌物接触。野外作业时应穿防蚤袜，防止被叮咬感染。

三十三、皮肤真菌病

别让足病在家庭中传播

据中华医学会皮肤性病学分会的统计数据显示，在我国，成年人足病的患病率高达 75％，其中超过 60％ 的足病为真菌感染，而家庭已成为真菌感染的主要场所。家人患上真菌病，若不及时发现和治疗，病变的脚部皮肤和指（趾）甲就像一个真菌的仓库，不断向外散布病原菌。如果不经常洗脚，这些皮屑就会与汗和灰尘等混杂起来积蓄在脚趾缝里，这里温暖、潮湿且营养丰富，是真菌理想的生活乐园。如果再穿上不透气的鞋子，脚部温度更高，湿度更大，更适合真菌的生长和繁殖。

真菌的传染往往是由家庭的不良卫生习惯引起的。脚部皮肤和身体其他部位的皮肤一样，每天都在不停地新陈代谢，随时都有皮屑脱落，皮屑中真菌很多，皮屑落在哪里，真菌就到哪里。真菌可以通过共用的盆、毛巾、拖鞋等物品传染，患者的手或脚接触这些物品，别人再接触时也会传染上真菌病。

——摘自《中国消费者报》（2005 年 6 月 8 日）　裴立英

（一）概述

皮肤真菌病的病原是皮肤丝状菌，它可由发病动物传给人，引起各种皮肤病,表现为脱屑、脱毛、渗出、痂块及痒感等症状。皮肤真菌病的传染性较强,极易在家庭当中传播,所以在公共卫生上应予以重视。

皮肤丝状菌的犬小孢子菌、疣状毛癣菌和石膏样小孢子菌,是引起人和动物皮肤真菌病的主要病原菌。1843 年,格鲁伯(Gruby)首次发现犬小孢子菌是一种较常见的致病性真菌,常引起头癣、体癣和少数甲癣。1962 年,特瓦里(Tewary)首先从犊牛、犬和禽类的体表分离出疣状毛癣菌。据欧共体 19 个国家的 92 个真菌研究实验室的研究结果显示,1987～1997 年在加勒比地区,由犬小孢子菌引起的儿童皮肤真菌病的患病率有大幅度增加,最常见的就是头癣。因此,欧共体希望共同开展以预防为目的的头癣普查工作。

世界各地都有皮肤真菌病的发生和流行。在热带、亚热带地区多见,一般全年都可发生,但在春夏季好发。除个别地区或国家患病率较低外,皮肤真菌病的总体患病率有上升的趋势。中华医学会皮肤科分会,曾在国内组织了一次大规模的皮肤科门诊病人足病调查,共调查了 56 358 人,发现足癣发生率为 42.85%,甲癣发生率为 15.15%。虽然这次调查的样本数量较少,但初步表明我国皮肤真菌病的患病率也较高。

(二)发生原因和传播方式

皮肤真菌病又叫癣,是由皮肤丝状菌(简称癣菌)引起的一种人与动物共患的慢性皮肤传染病。对人和动物有致病作用的癣菌主要有毛癣菌属、小孢子菌属和表皮癣菌属的真菌。动物中牛、猪、马、骡、驴、羊、鸡、兔、猫、犬、豚鼠及野生哺乳动物和野生禽类都易感。可引发钱癣、脱毛癣、秃毛癣、匐行疹等。

人对皮肤丝状菌较易感。患皮肤真菌病的病人和动物,以及隐性带菌者是主要传染源。本病可在人与人、人与动物、动物与动物之间相互传染。动物身上的致病菌可通过刷拭用具、鞍具、玩具、料槽等污染周围环境,再通过人或动物的接触、搔痒、摩擦或蚊虫叮咬,而引起其他人或动物皮肤感染。人与人之间可通过共用多种被真菌污染的用具,如梳子、枕头、帽子、内衣裤、鞋袜及浴盆等方式传染。人的皮肤直接接触到病变组织也可染病。

(三)症状和诊断

本病的潜伏期一般为 4～15 天,长的可达数月或 1 年以上。人的皮肤真菌病分为头癣、体癣、须癣、足癣、甲癣等,可交叉发生,也可单独出现。

1. 头癣 病人出现鳞屑状红斑性病灶,形成圆形或不整形的脱发斑,头发易脱落或折断,患部有鼠尿臭味。由犬小孢子菌和石膏样小孢子菌引起的头癣,典型症状是出现母子斑,即开始为较大的圆形母斑,随后在其周围出现较小的子斑,有时母子斑可互相融合成片。

2. 体癣 常由自身感染而引起,即先发生手癣、足癣、股癣、甲癣或头癣,然后由这些部位再传染皮肤,单独的体癣较少见。体癣起初表现为局部皮肤发生红斑、丘疹或水疱。水疱干涸后出现脱屑,并逐渐向四周扩大,皮损呈环状或多环状,边缘隆起,界线清楚,形如铜钱,俗称钱癣或圆癣。日久皮肤上有脱屑和色素沉着,皮损周边部位炎症明显,常有活动性红斑、丘疹及水疱。

3. 足癣 趾间发痒,出现小水疱,水疱破溃后流出稀薄液体。也可出现鳞屑,瘙痒严重。

4. 甲癣 指甲(或趾甲)畸形生长、变色、增厚并发脆。在指甲(或趾甲)的切面中常有碎屑蓄积。

【皮肤真菌病诊断要点】 根据癣斑、水疱和痒感等表现,以及与病人或患病动物有接触史,可初步诊断为皮肤真菌病。临床上多用伍氏灯进行检查,这种灯发出的紫外线通过含氧化镍的玻璃,在暗室内照射癣菌致病的皮肤、皮屑和甲屑,犬小孢子菌、石膏样小孢子菌等均发出绿色荧光,以犬小孢子菌的荧光最亮,有助于诊断。进一步可做实验室检查,如用显微镜观察发现皮肤丝状菌,即可确诊。

(四)治疗方法

1. 外用疗法 将患病局部剃发、洗涤、药浴、涂擦药液或软膏。外用涂擦剂种类很多,常用的有 5％硫黄软膏、1％～3％克霉唑溶液、咪康唑软膏、复方苯甲酸搽剂、复方十一烯酸锌软膏等,每日 1～2 次,交替使用 2 种软膏效果更好。皮肤真菌病容易迁延不愈,需坚持用药,好转后仍要坚持用药一段时间,才能消灭残余病菌不再复发。

2. 内服疗法 必要时可内服灰黄霉素,这是当前较好的抗浅表真菌感染的特效药,适用于各种皮肤真菌病。成人每日每千克体重 10～20 毫克,儿童每日 10～20 毫克,1 次或分 2 次饭后口服,连服 4～8 周。但对轻症患者,不宜作为首选药。也可选用酮康唑,成人每日 600 毫克,儿童每日 200 毫克,连续口服 2～8 周。还可用 5％～10％碘化钾内服,以每日 1～2 克开始,然后逐渐加大剂量,直至成人每日 6～8 克,分 3～4 次服用,连用 3～4 周。

3. 温热疗法 使用 45℃电热器局部加温疗法,每日 3 次,每次 30 分钟,可促进皮肤损伤的消退。

(五)预防措施

1. 加强动物饲养管理 要饲喂全价日粮,注意补充维生素、无机盐及微量元素,增强动物体质,提高抗病能力。保持畜舍环境、用具和动物体表的清洁卫生。保证动物有充足的运动和日照。对宠物更要注意保持皮肤的清洁卫生,经常检查被毛有无癣斑和鳞屑。

2. 对发病动物应隔离治疗 在动物中发现本病时,应对全群进行普查,发病和可疑的动物应隔离饲养,彻底治疗。在治疗的同时,应加强对污染环境及器具的消毒。消毒剂可选用2%~3%氢氧化钠溶液,5%硫化石灰溶液,3%~5%次氯酸钠溶液,1%过氧乙酸,0.5%洗必泰溶液,1.5%的硫酸铜溶液或甲醛溶液等,都有很好的杀灭真菌效果。

3. 注意个人卫生 动物饲养者或与动物接触较多的人员,应注意自身防护,工作时应戴手套、口罩、帽子,工作完应用碘伏、肥皂等彻底清洗手臂,以防止动物和人之间的真菌传播。其他人员应尽量避免与有病宠物密切接触。

托儿所、幼儿园、学校和公共浴室等要进行严格的卫生管理,避免使用公共场所的拖鞋、毛巾等。

在家庭成员之间,洗脚盆、拖鞋和毛巾等物品最好分用,否则一个人患上脚气或灰指甲,可能通过洗脚盆、拖鞋等,造成其他家人被感染,抵抗力较弱的老人和孩子更容易成为受害者。如果患了真菌病,一定要到正规医院皮肤科及时就诊。

三十四、组织胞浆菌病

西南医院治愈全国首例原发性
口腔黏膜部位组织胞浆菌病

因为饭后习惯性剔牙，一位 51 岁的患者口腔持续溃烂，多次抗炎等治疗均没有取得效果。近日在第三军医大学西南医院皮肤科检查发现，患者居然是感染了罕见的真菌——组织胞浆菌。据悉，目前全世界文献报道在口腔部位感染此真菌的病例不超过 30 例，在我国还未见报道。患者两个月前觉得右侧牙龈发痒，就用牙签习惯性地剔牙，当时牙龈有少量出血，患者未予重视。两天后，其口腔右侧开始出现溃疡，持续两个月依然没有缓解。在西南医院口腔科，医生初步诊断患者为特殊原因引起的口腔溃疡。经过病理检查，初步推断可能是真菌引起。该院皮肤科医生从患者口腔溃疡组织取样，进行真菌培养活检。由于这种特殊的真菌生长缓慢，20 天后，皮肤科的真菌实验室才得出最后结论：患者口腔内感染了极其罕见的原发性组织胞浆菌。如果该病没有及早发现并针对性的遏制，极有可能全身播散，导致肝脏、肾脏、消化系统甚至颅内感染。该病菌的感染主要见于艾滋病等免疫力低下的人群。鉴于这一原因，医生立刻对患者进行包括 HIV（艾滋病毒）和血液、内脏器官等方面的检查。所幸患者仅是口腔感染了这种罕见的真菌，排除了 HIV 感染，且并未向血液、骨髓播散。医生及时给予患者针对性的抗真菌治疗，一个月后，患者口腔溃疡得以痊愈。

——摘自《中国医药报》(2008 年 1 月 15 日)　黄晓彦

(一)概述

组织胞浆菌病是人和多种动物的一种全身性、高度接触性的传染病。人感染后,既可引起皮肤、皮下组织的化脓、溃烂,也可通过血流播散引起肝、脾、肾等器官的病变。本病传染性强,全世界广泛流行,人类普遍易感,尤以婴幼儿和老年人多见,男性多于女性,静脉注射吸毒者和免疫功能缺陷者是本病的高发人群。

1905年,达林(Darling)在巴拿马运河地区检查黑热病时,首次描述了组织胞浆菌病,所以本病又叫达林病。1933年将病原鉴定为真菌,1934年才正式命名为组织胞浆菌病。1938年,在一只病犬身上首次发现该菌,以后在多种家养动物、野生动物和捕获动物中,都曾诊断出自然发生的组织胞浆菌病例。由于艾滋病患者对本菌极易感染,所以近几年发病人数明显增加,感染率和患病率剧增。美国感染者已达5 000万人,每年新增病人约50万。目前,本病广泛分布于世界各地,主要流行于温带地区。

1955年,李瑛报道了首例在我国广州发现的人组织胞浆菌病。其后在江苏、北京、广西等地均有报道,多为散发病例。

(二)发生原因和传播方式

组织胞浆菌病的病原一个是荚膜组织胞浆菌,另一个是杜波组织胞浆菌。多种家畜和野生动物,如犬、猫、绵羊、马、牛、猪、家兔、猴、狐狸和许多鼠类等均易感。实验动物以小鼠的易感染性最高,常用于病原的分离。在自然条件下,本菌长期存活于富含有机质的土壤中,尤其是鸡笼、鸡舍、粮仓和地窖周围的土壤中,甚至从被污染鸡舍的空气中也可分离出,所以病禽是组织胞浆菌病的重要传染源。此外,病人和病畜(如犬)的痰液,以及其他分泌物、尿、粪便中也含有大量的致病菌,也是本病的传染源。人和动物感染大多缘自被污染的环境,特别是一些人用鸟粪作为花肥在室内使用时极易造成污染。可因吸入混有病菌的尘埃或食入被污染的食物,经呼吸道、皮肤及消化道黏膜感染。

人感染后,可引起皮肤、皮下组织,以及呼吸道出现化脓、溃烂,也可经血液循环,病菌播散至全身,侵害肝脏、脾脏、肾脏及淋巴结等器官,引发相应的病理变化。健康人常不治自愈。但免疫功能低下或吸入大量真菌孢子后,可形成肺部病灶,通过淋巴或血液播散到全身。本病人与人之间的传播较少见。

任何年龄段的人均易感染,一般以40岁以上成人为多。本病常见于农场、矿井、环卫、建筑工地的从业人员,洞穴勘探人员等。男性患病率高于女性,婴儿或免疫功能低下的人易感。艾滋病患者患病率较高。

(三)症状和诊断

组织胞浆菌病的潜伏期为11～14天,有时较长。临床症状主要分为3种类型。

1. 急性原发型 病人通常没有自觉症状或出现肺炎的表现,包括发热、咳嗽、寒战和身体不适,体检和胸透检查没有明显的变化。但有时可从病人的痰液中分离到病原菌。

2. 进行性播散型 病原菌从肺部经血流播散,引起急性发病,患者表现为高热、食欲缺乏、肝脾大、体重下降等。起病缓慢时表现为低热,肺门淋巴结肿大,肝脾大,伴有贫血、白细胞减少。有时发生口腔和胃肠道溃疡。可从病人的血液和骨髓中分离到病原菌。

3. 慢性空洞型 常见于肺脏,表现类似于空洞性肺结核。常有咳嗽、咳痰、发热、盗汗等症状,严重时发生呼吸困难,最终丧失呼吸功能。胸透检查可见明显病变。

此外,眼组织胞浆菌病综合征主要表现为视力下降,可致盲。

【组织胞浆菌病诊断要点】　根据各型的症状可作出初步诊断。对病变组织或分泌物进行检查,如镜检能发现致病菌,或培养出组织胞浆菌可以确诊。此外,也可用血清学方法进行辅助诊断。

(四)治疗方法

急性原发型病例常可自愈,一般不需进行抗真菌治疗。

进行性播散型及慢性空洞型病人,应进行抗真菌治疗。首选药物是两性霉素 B,首次剂量为每日每千克体重 0.1~0.25 毫克,以后可增加到每日每千克体重 1 毫克,每日或隔日 1 次,用 5%葡萄糖注射液或右旋糖苷注射液进行稀释,稀释浓度要控制在每毫升 0.1 毫克以下。静脉滴注时速度要慢,每次要求在 3~6 小时滴完。45~90 日为 1 个疗程。也可口服酮康唑或咪康唑。经药物治疗控制住病情发展后,对较大的肺部空洞病变可考虑手术切除。

(五)预防措施

1. 控制动物传染源　对可疑的患病动物,要及时隔离、治疗。对痰液、尿液、粪便,以及呕吐物等污染的环境,应及时进行清理和消毒。

患组织胞浆菌病的病犬主要表现为持久、不易治愈的顽固性咳嗽和腹泻。此外,还有不规则发热、厌食、呕吐、消瘦、皮炎等症状。在腹壁触诊时可发现肠系膜淋巴结肿大。在慢性病例中还可见颊黏膜溃疡,扁桃体肿大。

2. 加强个人防护　本病的病原菌在自然界中广泛存在,尤其在鸟笼、鸡窝、畜舍及蝙蝠洞穴中常有本菌的污染,应注意防护。例如,对畜禽圈舍清理消毒时,应戴口罩,并避免产生尘埃。

三十五、棘球蚴病

宠物犬虽然可爱，包虫病不能不防

哈尔滨医科大学寄生虫学教研室新近完成的一项调查表明，目前包虫病在黑龙江省各地分布已趋于普遍，各年龄组均有病例报告，其中以肝包虫病居多，占全部包虫病病人的88.8%以上。专家分析指出，随着畜牧业的迅速发展，以及城乡饲养宠物犬的人家越来越多，致使本病流行蔓延的潜在危险"水涨船高"。

哈医大寄生虫学专家徐之杰教授介绍，包虫病有个很拗口的名字，叫棘球蚴病。棘球蚴是棘球绦虫的幼虫，成虫大多寄生于犬和狼等食肉动物的小肠内，数量可多达成千上万条，其粪便中排出的虫卵或孕节极有可能污染牧场、畜舍、水源、土壤，以及牲畜皮毛。人若沾染和食入虫卵，卵内被称为六钩蚴的幼虫就会在肠道内孵出，钻入肠壁随血流侵入组织，继而发育为棘球蚴。棘球蚴最常见的寄生部位为肝、肺，其次为脾、肾、卵巢、膀胱、盆腔和乳房等部位。对人的危害很大。

——摘自《家庭保健报》(2004年8月31日)　衣晓峰

（一）概述

棘球蚴病又称包虫病，是一种人与动物共患的寄生虫病。在我国，人群患病率在 0.6％～4.5％，个别地区可达 12.2％，其中牧民患病率最高。最易感染者是学龄前儿童。棘球蚴病严重危害人类健康，已成为一个全球性的公共卫生问题。

很久以前，人类对棘球蚴病已有了初步的认识。但直到 17 世纪报道了动物棘球蚴病之后，才猜测人体的棘球蚴病可能是由动物引起的。20 世纪 50 年代，福吉（Vogel）等人将本病分为细粒棘球蚴病、多房棘球蚴病、少节棘球蚴病和福氏棘球蚴病 4 种。细粒棘球蚴病呈世界性分布，重要流行国家有东亚的中国、蒙古，中亚的土耳其、土库曼斯坦，西亚的伊拉克、叙利亚、黎巴嫩，南美的阿根廷、巴西、智利，大洋洲的澳大利亚、新西兰，以及非洲北部、东部和南部的一些国家，以放牧区域较为多见。

我国的棘球蚴病，最早是由前苏联学者在内蒙古大兴安岭地区发现的。至今已有 23 个省、市、自治区发现过细粒棘球蚴病例，主要分布于新疆、宁夏、西藏、青海、内蒙古、甘肃、四川 7 个省、区；其次是陕西、山西、河北等地；其他地区有散发病例的报告。多房棘球蚴病在我国的新疆、青海、宁夏、内蒙古、四川、西藏等地都有报道，以宁夏为高发区。多房棘球蚴病比细粒棘球蚴病对人的危害更大。我国是棘球蚴病高发国家之一，特别是在西部地区其危害更严重，所以卫生部将其列为重点寄生虫病加以防治。

（二）发生原因和传播方式

棘球蚴病是由棘球绦虫的幼虫寄生于人，以及牛、绵羊、山羊、马、猪、骆驼、多种野生草食动物的肝脏、肺脏等组织中，所引起的一种人与动物共患疾病。棘球绦虫大多寄生在犬、狼、豺、狐狸、狮、虎、豹等食肉类动物的小肠内。由成虫产生的大量虫卵，随粪便排出体外，污染牧场、畜舍、水源、土壤和动物皮毛。虫卵的抵抗力较强，可存活很长时间。虫卵被人或其他易感动物吞食后，进入小肠经消化液作用后孵出一种叫六钩蚴的幼虫，幼虫可钻入肠壁，随血液循环到达肝、肺等脏器，经 3～5 个月后，发育成大小不等的棘球蚴。

本病最主要的传染源是感染棘球绦虫的犬、狼和狐狸。人主要是因食入被虫卵污染的水、食物等而受到感染。儿童常与宠物犬嬉戏、玩耍，通过直接接触皮毛上附着的虫卵可发生感染。此外，微小的虫卵还能随风飘荡，经呼吸道吸入也可引起感染。成人在挤奶、剪羊毛和加工皮毛时，也有可能通过皮肤伤口而受到感染。

（三）症状和诊断

棘球蚴在人体内生长缓慢，所以潜伏期较长，一般为 1～30 年。患者多在童年感染，成年后才出现症状。症状及严重程度取决于棘球蚴的体积、数量、寄生部位和有无并发症等。

棘球蚴最常寄生于肝脏和肺脏，其次为脑、脾、肾、卵巢、膀胱、骨盆和乳房等部位。常见的临床症状：

1. 局部压迫和刺激症状 在肝部寄生的棘球蚴由于逐渐长大，患者可出现肝大，肝区疼痛、坠胀不适等症状。如果囊肿巨大，还会使横膈抬高，导致呼吸困难。如囊肿压迫门静脉可导致腹水，压迫胆管则可引起黄疸、胆囊炎。在肺脏，可引起胸痛、干咳、咯血、呼吸急促等呼吸道症状。棘球蚴寄生在脑，则出现癫痫和颅内压增高的症状，如头痛、恶心、呕吐、视乳头水肿、抽搐，甚至偏瘫等。

2. 变态反应和中毒症状 棘球蚴在发育过程中,其抗原物质可引起变态反应和中毒症状,如皮肤出现瘙痒、荨麻疹、水肿,恶心、呕吐、腹痛、腹泻,胸痛、痉挛性哮喘、咳嗽、呼吸困难,心跳快、面色苍白、晕厥、休克,以及食欲缺乏、体重减轻、消瘦、贫血等。

3. 继发性感染的症状 如肝棘球蚴破裂可进入胆管,引起胆管梗阻,出现胆绞痛、寒战、高热、黄疸等;进入腹腔可引起急性腹膜炎。

4. 包块 寄生于浅表部位或腹腔为巨大的囊肿,可在体表形成包块,或使腹部明显肿大。压之有弹性,叩诊可有震颤感。

【棘球蚴病诊断要点】 一是询问病史,了解患者是否来自流行区,以及是否与犬、羊等动物或其皮毛有接触史。二是对可疑患者可采用胸透、B超、CT等方法,这些影像资料对诊断本病有很高参考价值。三是确诊应以查到虫体为依据,如从手术取出的囊液里找棘球蚴,或从痰、胸腔积液、腹水内查出棘球蚴碎片。

(四)治疗方法

棘球蚴病的治疗一般以手术治疗为主,但如果摘除不完全容易复发。术中应避免囊液外溢,以免引发过敏性休克和继发感染。目前,内囊摘除术和新的残腔处理办法已使手术治愈率明显提高。早期较小的棘球蚴可用甲苯达唑、阿苯达唑和吡喹酮配合治疗。

1. 甲苯达唑 成人剂量为每日 400 毫克,口服,1 个月为 1 个疗程,需治疗 3 个疗程,一般停药半个月再服下 1 个疗程。

2. 阿苯达唑 成人剂量为每日每千克体重 15～20 毫克,1 个月为 1 个疗程,共口服 3～6 个疗程,需停药半个月再服下 1 个疗程。

3. 吡喹酮 成人剂量为每日每千克体重 25 毫克,儿童每日每千克体重 30 毫克,每日分 3 次服用,疗程 5～10 日。该药有一定的毒性作用,用药要慎重。

(五)预防措施

1. 控制传染源,防止虫卵对外界环境的污染 牧区犬的棘球绦虫感染率较高,而且犬活动范围较大,从粪便中排出大量虫卵,可导致牧草、土壤、水源的污染。虫卵在适宜环境中可存活1年,一般的化学制剂很难将其杀灭。因此,预防本病的最有效的办法是定期对放牧犬和宠物犬进行驱虫。常用的药物:氢溴酸槟榔碱,剂量为每千克体重2毫克;吡喹酮,剂量为每千克体重15~25毫克。驱虫后应注意收集犬粪,做无害化处理,防止病原扩散。

2. 提高居民防病意识 应当加强对屠宰场和个体屠宰点的管理和检疫,严格处理病畜内脏,建议深埋或焚烧,绝不能乱抛或喂犬。因为脏器内的棘球蚴被肉食动物吞食后,虫卵可在小肠内发育为成虫,这些犬、狼又成为新的传染源。

3. 加强卫生宣传教育工作 牧户大都养护羊犬,近年来饲养宠物犬的家庭也越来越多,因此人们与犬的接触机会也增多了。另外,从事剪羊毛、挤奶、屠宰家畜的人,受到感染的机会也比较多。所以应大力普及预防棘球蚴病的卫生知识,加强健康教育。例如,加强水源管理,避免人与动物共饮同一水源,防止虫卵进入人体;养成良好的个人卫生和饮食习惯,饭前洗手,不喝生水、生奶,不吃生菜;当与犬接触时,尤其应注意做好防护。

三十六、猪囊虫病

不良的卫生习惯使大学生感染脑囊虫

一个大学生放假回乡时,在集贸市场吃过米猪肉(含囊虫的猪肉)做的食物。不久前,他突然口吐白沫、手足抽搐倒地发生癫痫,经送医院做脑部 CT 等影像学检查及血清学检查,确诊为脑囊虫病。在详细询问病史时患者说,半年前,他发现有时大便后手纸上留有 2～3 个白色"饭粒"状物,由于未出现症状,他也没在意。经进一步了解得知,患者平时无饭前便后洗手的习惯,经常便后不洗手就去食堂买馒头,一手拿馒头,一手夹菜吃。经检查发现,患者除了脑部有囊虫寄生外,在他的手臂、大腿和小腿、胸腹部、腰背部、头面部皮下肌肉也查到大小不等的 65 个结节,经活检切片证实为囊虫结节。在治疗脑囊虫前,医生先对患者进行了肠道驱虫,共驱出 2 条完整的长达 3 米的猪绦虫。

——摘自《健康报》(2002 年 4 月 12 日)　常正山

(一)概述

猪囊虫病是由于猪囊虫寄生在人、猪或其他一些动物的体内所引起的一种人与动物共患寄生虫病。猪囊虫是猪带绦虫(成虫)的幼虫,又叫猪囊尾蚴,所以猪囊虫病也称为猪囊尾蚴病。除了一些不食用猪肉的民族外,本病在全球许多国家分布广泛,我国也时有发生。

猪囊虫病是一种很古老的人与动物共患寄生虫病。对 2000 年前的古埃及木乃伊进行解剖后发现,有的生前曾感染过囊虫病。

我国早在 2700 多年前的《周礼·天官》中,就有患猪囊虫病的猪肉不能吃的记载。明朝李时珍著的《本草纲目》,也强调囊虫病猪肉不可食。在古希腊的文献中也有本病的记载,如亚里士多德(公元前 384～公元前 322 年)的著作中描述了猪的囊虫病。1558 年,盖斯奈尔(Gesner)发现了人感染猪囊虫。1855 年,库察梅斯特(Küchemeister)和吕察特(Leuchart)分别用猪和人做感染试验,证实了猪囊虫与人体成虫间的关系。

猪囊虫病呈世界性分布,在拉丁美洲、非洲、亚洲等地区流行,尤其是发展中国家患病率较高。与这些地区民众生活条件差、人猪混杂接触及一些不良的生活习惯有关。有资料显示,全世界囊虫病患者不少于 2 000 万,每年因此病而死亡的多达 5 万人以上。

1922 年,巴奈斯(Barnes)报告了我国首例囊虫病患者后,各地先后报告了很多病例。包括台湾在内的全国 32 个省、市、自治区都有本病发生。20 世纪 80 年代以来,全国广泛开展"驱绦灭囊"工作,加之人民生活水平的提高,卫生保健知识的普及,养猪习惯和方式的改变,使囊虫病在全国范围内呈大幅度下降的趋势。但一些边远贫困和交通不发达地区,以及部分少数民族地区患病率仍居高不下。值得关注的是,近年来一些地区囊虫病的患病率又有回升的趋势,而且城市患者的患病率逐年增多。这是由于生活水平提高了,人们的吃法也越来越多,风行烧烤、涮食,以及生食、半生食海鲜和肉类,从而导致猪囊虫病等食源性寄生虫患病率逐年增加。2002 年 6 月至 2004 年 12 月,卫生部在全国 31 个省、市、自治区进行的抽样调查表明,囊虫血清学阳性率为 0.58%。根据这次抽样结果推测,我国大约有 697 万囊虫血清学阳性者。

防控人的猪囊虫病仍然是一个重要的公共卫生问题。

(二)发生原因和传播方式

本病是由猪带绦虫引起的。患猪带绦虫病的病人是惟一的传染源。这种绦虫可长期生活在人的小肠里,并随粪便不断向外排出虫卵,污染环境。我国有些农村对猪饲养管理不当,如不建猪圈,或仔猪散养,或厕所直接建造于猪圈之上(连茅圈)。这样,猪一旦吞食病人粪便中的虫卵后,就可发生猪囊虫病。有囊虫寄生的猪肉就是人们俗称的"米猪肉"或"豆猪肉"。人如果吃了生的或半生的含有囊虫的猪肉后,囊虫进入人消化道,最终发育成为猪带绦虫(成虫)。人如果进食了被这种虫卵污染的水与食物,则会发生猪囊虫病。

在自然界中,主要是猪和野猪感染猪囊虫而发病。犬、猫、羊、鹿、骆驼、猴子、兔等有时也可感染。

人对猪囊虫普遍易感。在传播方式上,主要是自体感染。患有猪带绦虫的病人饭前便后不洗手,就可能通过不清洁的手将自己排出的虫卵带入口腔而感染。还有的寄生猪带绦虫的病人,因呕吐反胃,使肠内容物逆行至胃或十二指肠中,绦虫虫卵经消化液作用后,孵出幼虫钻入肠壁血管,随血液转移到全身各部位,如皮下组织、肌肉,甚至眼睛、大脑等处,发育为猪囊虫。

除了自体感染以外,还有一种方式是外源性感染,就是误食了被猪带绦虫卵污染的水与食物。如有人食用含猪囊虫的猪肉包子或饺子,如蒸煮时间过短,未将猪囊虫杀死,或生熟砧板不分易造成交叉污染等。有的地区人们爱吃生的或未煮熟的猪肉,如白族的"生片火锅"、云南的"过桥米线"、福建的"沙茶面"等,都是将生肉片在热汤中稍烫后,蘸作料或拌米粉或面条食用。还有的熏肉或腌肉不再经火蒸煮就直接食用。凡此种种都容易食入猪囊虫而致感染。

（三）症状和诊断

猪囊虫主要寄生在人体的肌肉、皮下组织、脑和眼。

1. 皮下及肌肉囊虫病　皮下囊虫结节数可从1个至数千个不等，以躯干和头部较多，四肢较少。结节在皮下呈圆形或椭圆形，直径0.5～1.5厘米，硬度近似软骨，手可触及，与皮下组织无粘连，无压痛，无炎症反应及色素沉着。常分批出现，也可自行逐渐消失。感染轻时可无症状。感染严重者，大量猪囊虫寄生在肌肉时，可出现肌肉酸痛无力、发胀，麻木等症状。

2. 脑囊虫病　由于囊虫在脑内寄生部位与感染程度不同，临床症状极为复杂，可全无症状，但也有的可引起猝死。通常病程缓慢，脑囊虫病发病时间以感染后1个月至1年为最多见，最长可达30年。癫痫发作、颅内压增高和精神症状，是脑囊虫病的三大主要症状，以癫痫发作最多见，占90％以上。脑囊虫病合并脑炎可使病变加重而引起死亡。

3. 眼囊虫病　囊虫可寄生在眼的任何部位，但绝大多数在眼球深部玻璃体及视网膜下寄生。通常发生在单眼，少数双眼同时有囊虫寄生。症状轻者表现为视力障碍，眼底镜检有时可见头节蠕动。眼内囊尾蚴存活时，一般患者尚能忍受。但囊尾蚴一旦死亡，虫体的分解物可产生强烈刺激，造成眼内组织变性，导致玻璃体混浊，视网膜脱离，视神经萎缩，并发白内障，继发青光眼、细菌性眼内炎等，最终导致眼球萎缩而失明。

猪囊虫还可寄生在心、舌、口、肝、肺、腹膜、上唇、乳房、子宫、神经鞘、骨等部位，并引起相应症状。

【猪囊虫病诊断要点】　一是询问病史，了解患者是否有吃生猪肉或半生猪肉史，或有无绦虫病史，以及大便中是否排出过虫卵或节片。二是根据病人出现的临床症状,如发现皮下囊虫结节,出现癫痫发作、颅内压增高和精神症状或视力障碍等。三是怀疑脑囊虫病可用 X 线、B 超、CT 等影像仪器检查。四是怀疑眼囊虫病可做眼底检查。五是采取病人血清、脑脊液等,做免疫学检查。

(四)治疗方法

1. 针对病原进行治疗　针对囊虫的治疗药物有阿苯咪唑和吡喹酮等。阿苯咪唑治疗脑囊虫病患者的剂量为每日每千克体重 18～20 毫克,分 2 次服用,10 日为 1 个疗程;皮肤肌肉型患者剂量为每日每千克体重 15 毫克,服法与疗程同前,2～3 周可重复 1 个疗程,根据病情可重复 2～3 个疗程。吡喹酮对脑、眼及皮下肌肉的囊虫都有杀灭作用,但不同病型应采用不同的剂量。皮下肌肉型囊虫病,成人每次 600 毫克,每日 3 次,10 日为 1 个疗程;重症患者可重复 1～2 个疗程。用药物治疗后不良反应较多而强烈,所以患者必须住院接受治疗,以便及时应对。

2. 对症治疗　对患囊虫病同时伴有绦虫病的患者,应先进行驱绦治疗后再进行囊虫病治疗,以防止自体感染。驱绦治疗可选用以下药物。

(1)南瓜子和槟榔合剂:南瓜子 50 克,槟榔片 100 克,硫酸镁 30 克。南瓜子炒后去皮磨碎,槟榔片作成煎剂。早晨空腹先服南瓜子粉,1 小时后再服槟榔煎剂,30 分钟后服硫酸镁,应多喝白开水,服药后 4 小时可排出虫体。

(2)仙鹤草根芽:仙鹤草根芽晾干粉碎即可驱虫。成人 25 克,早晨空腹 1 次服下,不用再服泻药。除用根芽全粉外,也可用其制成的驱绦丸,每丸含 0.4 克,成人用量 8～10 丸。

(3)灭绦灵(氯硝柳胺):成人用量 3 克,早晨空腹分 2 次服。药片嚼碎后用温水送下,否则无效,间隔 30 分钟再服另一半。1

小时后服硫酸镁。

（4）别丁（硫双二氯酚）：4.5 克，分 2 次服（2.5 克，2 克），间隔 1 小时。

（5）吡喹酮：每千克体重 10 毫克，早晨空腹少量温开水送服。服后 1～2 小时再服硫酸镁 25～30 克。服后多喝温开水。服药后当天或次日排出破碎虫体节片。

对于并发脑炎和颅内压增高者，先大剂量短疗程静脉滴注地塞米松或甲泼尼龙，待脑炎和颅腔高压缓解后才可进行抗囊虫治疗。对昏迷患者进行必要的特殊护理，保持呼吸道通畅，预防继发感染。

3. 手术治疗　皮下囊虫、眼囊虫可考虑手术摘除。脑囊虫约有 20％的病人药物治疗无效，需手术治疗。但对特殊部位或较深处的囊虫不易施行手术时，只能给予对症治疗。

（五）预防措施

1. 进行人群猪带绦虫感染情况的普查　在绦虫病、囊虫病发生流行的地区应以村为单位，逐户进行普查。对查出的绦虫病患者要及时进行驱虫治疗，以驱出完整的绦虫虫体。对囊虫病患者采取相应的治疗措施。

2. 积极防控动物传染源　一是要加强对病猪的检出和处理。猪患囊虫病的生前临床诊断比较困难。近年来发展起来的血清学免疫诊断法，可用于检测。对于检出的病猪不能治疗，根据《病害动物和病害动物产品生物安全处理规程》（GB 16548－2006）的规定，必须采取焚毁、掩埋处理。二是对猪进行囊虫疫苗免疫，目前已研制出了亚单位疫苗、基因重组疫苗和核酸疫苗，保护率可达 90％以上。

3. 加强对城乡市场肉类食品的卫生检疫　按照国务院的规定，对生猪实行定点屠宰、集中检疫。病猪肉必须销毁，杜绝囊虫猪肉进入市场销售。

4. 管理好人畜粪便　各地可结合爱国卫生运动,修建卫生厕所,实行猪的圈养,防止猪吞食人粪便中的虫卵。教育群众不随地大便。人畜粪便经高温发酵无害化处理后再施肥,以杀灭寄生虫卵,切断猪的感染途径。

5. 深入开展卫生宣传教育　提高人们对猪囊虫病危害的认识,使预防知识家喻户晓。肉制品应熟透后食用,切生肉及熟食的刀、板要分开使用。注意个人卫生及饮食卫生,养成饭前便后洗手的习惯,以防误食虫卵。

三十七、旋毛虫病

烤肉虽好吃，旋毛虫病须防

过去认为，只有吃了旋毛虫病感染的动物生肉和半生不熟的肉时，才能感染人。近年来发现，随着烤肉串、韩式烤肉等风靡全国，人们为求口味鲜嫩，不等肉烤熟透就吃，导致其内隐藏的旋毛虫未被高温杀死就进入人体而感染上旋毛虫病。在临床上表现为持续性高热，全身性肌肉疼痛，尤以小腿腓肠肌最明显（即小腿肚子明显疼痛），重者甚至肺、肝、肾等脏器也有病变；重症者可因毒血症、心肌炎而死亡。预防旋毛虫病，最重要的预防方法就是：不吃生肉或未烤熟的烤肉。

——摘自《医药养生保健报》（2006 年 8 月 7 日）　苏　扬

（一）概述

旋毛虫病是一种人与动物共患的寄生虫病，其病原旋毛虫可寄生在猪、犬、鼠等多种动物和人体内。人患旋毛虫病主要是由于生吃或半生吃含有旋毛虫幼虫包囊的猪肉或其他动物肉而感染发病的。因此，大力宣传预防旋毛虫病的知识，改变不良饮食习惯，注意吃肉要熟透，有重要的现实意义。

1835 年，英国医生詹姆斯·派格特（James Paget）报告在一名死者的肌肉包囊中发现了虫体。同年理查德·欧文(Richard Owen)观察、描述了这种虫体的形态并命名为旋毛虫。1845 年,赫伯斯特(Herbst)在猫体内发现了旋毛虫,并在 1850 年确定了这种寄生虫能够通过感染的肉传递给其他动物。1857 年,德国人鲁卡特(Leuckart)、1859 年德国人威尔修(Virchow)和赞克尔(Zenker),对旋毛虫的生活史作了开创性的研究。1860 年,赞克尔在德国发现了世界上第一个由旋毛虫导致人死亡的病例。1865 年,德国又一次发生了严重的人体旋毛虫病暴发流行,病死率高达 30％。针对频繁发生的人体旋毛虫病,威尔修首次提出应对猪肉进行旋毛虫的显微镜检验,并于 1866 年在德国开始实施,此后推广到世界各国,目前仍是包括我国在内的许多国家法定的检验项目。

旋毛虫病呈世界性分布,一些发达国家,如德国、瑞士、意大利等,猪和人的旋毛虫感染率已经很低。墨西哥、智利、东欧一些国家猪和人的旋毛虫感染还较普遍。另外,许多国家的野生动物感染率较高。

在国内,1881 年英国人曼逊(Manson)报道在厦门猪肉中发现旋毛虫。1934 年汤川村(Yugawa)、1937 年秦耀庭,分别在东北发现犬和猫的旋毛虫感染。1939 年,唐仲璋在福建从老鼠体内检出了旋毛虫。1962 年,崔祖让在黑龙江的猫、熊等动物体内发现了旋毛虫。目前我国绝大多数省、市、自治区都有猪感染旋毛虫的报道。其中,河南、湖北北部的感染率最高,个别乡村猪感染率高达 50.2％。

国内最早在 1921 年由佛斯特(Faust)报道了北京一例旋毛虫病患者。直到 1964 年在西藏林芝地区再次发现人体病例后本病才引起人们的关注。其后在 19 个省、市、自治区先后报道了数百起旋毛虫病病例。到 2005 年,全国已记载的旋毛虫病突发流行500 余起,发病人数达 25 000 余人,死亡 245 人。20 世纪 90 年代以来,人们饮食习惯发生了一些改变,喜食涮羊肉、烤肉串及野生动物肉类,使旋毛虫病的患病率有增高趋势,应予以重视。

(二)发生原因和传播方式

在自然界中,几乎所有的哺乳动物(包括鲸鱼)、食肉鸟类,甚至某些昆虫(如蝇蛆),都能感染旋毛虫。旋毛虫感染率较高的有猪、犬、猫等家养动物,以及野猪、熊、鼠、狐、狼、貂等野生动物。猪的感染主要是吃了含旋毛虫包囊的肉屑或鼠类。鼠类或其他野生动物,则是通过相互残杀食肉,或食入含有活旋毛虫包囊的动物尸肉而感染。

人类对旋毛虫病普遍易感。人的传染源主要是病猪、病犬。

旋毛虫的幼虫包囊寄生在猪等动物的肉中。当人吃入活的幼虫包囊后,包囊随食物进入消化道,幼虫破囊而出,在小肠内发育为成虫。雌雄成虫交配后,雌虫钻入肠黏膜下边并产出幼虫——1条雌虫可产 1 000～10 000 条幼虫。幼虫随血液循环散布到全身横纹肌中,尤其是膈肌、舌肌、喉肌、眼肌、咬肌和肋间肌内,继续发育成长,然后寄生的肌肉组织形成幼虫包囊。在这个过程中,对人体造成损害,引起疾病。

需要注意的是,有些人吃了涮羊肉、烤牛肉、烤羊肉、烤马肉;或白族的"生皮"、傣族的"剁生"、哈尼族的"噢嚅";或东北地区的凉拌狗肉、云南的"过桥米线";或有些腌肉、香肠、腊肠或酸肉(生肉发酵),也有时引起旋毛虫的感染。主要原因是,如果肉里含有旋毛虫幼虫包囊,上述的一些做法或吃法常不足以将其杀死所致。

(三)症状和诊断

旋毛虫病的潜伏期一般为 5～15 天,平均 10 天,但也有长达46 天或短至数小时的病例报告。按旋毛虫在人体的感染过程可分为 3 期。

1. 侵入期 出现在发病后第一周。脱囊的幼虫钻入肠壁发育成熟,引起十二指肠炎,黏膜充血水肿、出血,甚至溃疡。临床上约半数病人有恶心、呕吐、腹泻(稀便或水样便,每天 3～6 次)、便秘、腹痛(上腹部或脐部为主,呈隐痛或烧灼感)、食欲缺乏等胃肠道症状,伴有乏力、畏寒、发热等。少数病人有胸痛、胸闷、咳嗽等呼吸道症状。

2. 急性期 出现在发病后 2～3 周。这时雌虫产生大量幼虫,侵入血液循环,移行到横纹肌。幼虫移行时引起炎症、发热,持续 2 天至 2 个月不等(平均 3～6 周)。部分患者有皮疹,表现为斑丘疹、荨麻疹或皮疹。旋毛虫幼虫可能侵犯任何横纹肌,引起肌炎,局部肌肉酸痛、水肿,伴有压痛与显著乏力。肌痛一般持续 3～4 周,部分可达 2 个月以上。有皮疹的患者,大多出现眼部症状,如眼肌痛、眼睑水肿、球结膜充血、视物不清、复视和视网膜出血等。重度感染者,肺、心肌和中枢神经系统也发生病变,引发肺出血、肺水肿、支气管肺炎,甚至胸腔积液,脑膜脑炎和颅腔内压增高等。

3. 恢复期 出现在感染后 1～2 个月。随着肌内包囊的形成,急性炎症消退,全身症状减轻。但肌痛可持续较久。

重度感染者常死于中毒性休克、心力衰竭、心肌炎、脑膜炎、肺炎、肺梗死等并发症。病死率 5%～30%。

【旋毛虫病诊断要点】 一是询问病史,特别注意病人的饮食卫生习惯,近期有无吃生肉或半生肉或肉制品的情况。二是根据病人出现发热、肌肉疼痛和水肿、皮疹等旋毛虫病的三大主要症状,可作出初步诊断。三是进行必要的实验室检查,如肌肉活检发现幼虫则可确诊。

(四)治疗方法

1. 对症治疗　症状明显者应卧床休息,给予充分营养和水分;肌痛显著者,可给予镇痛药;心肌、中枢神经系统受损伤的严重患者,可给予糖皮质激素,最好与杀虫药同用。一般泼尼松剂量为每日20~30毫克,连服3~5日,必要时可延长;也可用氢化可的松每日100毫克,静脉滴注,疗程同上。

2. 药物治疗　对急性期感染的患者,宜尽早用药,以便杀死旋毛虫成虫,防止产生幼虫,中止病程的发展。丙硫咪唑(商品名肠虫清)是目前国内外治疗旋毛虫病的首选药物,疗效好、不良反应轻。剂量为每日每千克体重20~30毫克,分2~3次口服,连服5~7日为1个疗程。必要时间隔2周可重复1~2个疗程。一般于服药后2~3天体温下降、肌痛减轻、水肿消失。

甲苯咪唑对旋毛虫幼虫的疗效可达95%,对成虫疗效略差,剂量为每日300毫克,分3次口服,疗程5~9日。

氟苯咪唑疗效好,且无不良反应。剂量为每日200~400毫克,分3次口服,疗程至少10日。

3. 中药治疗　用加减柴葛解肌汤治疗旋毛虫病有一定疗效。其方药为:柴胡15克,葛根30克,黄连6克,羌活6克,甘草3克,鲜鸡血藤60克,水煎,每日1剂,分3次服,同时用雷丸粉6克冲服,每日2次,5为1个疗程。

(五)预防措施

1. 加强卫生宣传教育　要使人们认识到旋毛虫病的感染途径及危害性,改变饮食习惯。一是不吃生的或未熟的动物肉类及其制品。因为旋毛虫幼虫不耐热,在70℃时包囊内的幼虫即可被杀死,吃熟食就不会被感染。二是移风易俗。在一些地区,要改变吃家畜生肉、喝生血的习惯。三是厨房操作时,生、熟肉品要分开,以防旋毛虫幼虫对其他食品、餐具的污染。四是结合爱国卫生运动,消灭老鼠、野犬等,以减少传染源。

2. 改进养猪方法　一是猪应圈养,管好粪便,以免猪到处乱跑,吃到含旋毛虫的动物尸体、粪便等。二是不用含有旋毛虫的动物碎肉和内脏喂猪。饲料应加热处理,喂猪前煮沸 30 分钟,以确保杀死食料中的旋毛虫。三是对猪粪进行堆肥发酵,彻底杀死虫卵。

猪旋毛虫病有两种病型:由成虫引起的肠型和由幼虫引起的肌型。成虫常侵入肠黏膜,引起猪食欲减退、呕吐、腹泻、粪中带血。而幼虫则进入肌肉内,病猪表现体温升高、疼痛、麻痹、运动障碍、声音嘶哑、呼吸困难、咀嚼与吞咽障碍,同时出现消瘦、眼睑和四肢水肿。但因病死亡的极少。

在本病流行严重的地区,可对猪进行药物防治。丙硫咪唑,按每千克饲料 0.3 克的用量均匀混入,连续喂服 50 天,可有效杀死肌肉旋毛虫。

3. 认真贯彻肉类食品卫生检查制度　屠宰场应严格按规定对屠宰猪进行宰后旋毛虫检验,对检出的旋毛虫肉及内脏要坚决销毁。禁止未经检疫的肉上市。

三十八、阿米巴病

北京友谊医院探寻阿米巴病新的诊断方法

阿米巴病是由溶组织内阿米巴引起的肠道传染病。全球每年至少有 4 万~11 万人死于严重的阿米巴结肠炎或肠外脓肿。但人们早就知道,很多人感染了溶组织内阿米巴后并不出现症状,感染可自然消失。在 1993 年的国际学术会议上世界卫生组织对溶组织内阿米巴重新分类,发现它们的形状完全相同,但致病性却截然不同。阿米巴病原体实际上分为两类,一类是有致病性的溶组织内阿米巴,另一类是无致病性的斯巴内阿米巴。据此,北京友谊医院热带医学研究所通过检查血清中的抗体、粪便、脓液中的抗原,以及阿米巴基因诊断等方法,来区分这两类阿米巴原虫,从而大大降低了阿米巴病的误诊率和漏诊率。

此项研究成果与同类技术相比具有敏感性高,特异性强的特点,具有良好的应用前景,对确定和排除溶组织内阿米巴感染提供了可靠的依据。

——摘自《科技日报》(2001 年 10 月 29 日)　戴培红

(一)概述

阿米巴病是由溶组织内阿米巴原虫引起的一种人与动物共患

寄生虫病。人感染后以肠道病变为主，出现痢疾，有时病原体可进一步移行到肝、肺和脑等器官，引起继发性脓肿。少数病例可蔓延到皮肤、泌尿、生殖等器官。目前，在我国预防溶组织内阿米巴感染仍是重要的公共卫生问题。

1875 年，菲德(Feder)首次报道人的阿米巴病，其后陆续发现了 9 个不同种属的阿米巴原虫。1925 年，英国学者布伦普特(Brumpt)提出，溶组织内阿米巴原虫应分为 2 个独立的种：一种可引起肠阿米巴病，另一种不引起疾病。20 世纪 70 年代以来，随着对溶组织内阿米巴致病性的深入研究，证明伦普特的观点是可取的。1993 年召开的一次国际学术会议上，世界卫生组织对溶组织内阿米巴的分类进行了确认。

阿米巴病呈世界性分布，以北纬 10°至南纬 10°之间的热带和亚热带地区为高发区，如印度、菲律宾、埃及、墨西哥、埃塞俄比亚、老挝、越南、缅甸等。流行病学调查显示，全球约有 4.8 亿人感染病原，3 400 万～5 000 万的感染者有明显的临床症状，主要表现为阿米巴性痢疾和肝脓肿，每年有 4 万～11 万人死于阿米巴病，其病死率在原虫病中仅次于疟疾。一般在卫生条件差的国家和地区，患病率较高，而发达国家的高危人群，主要为男性同性恋者、旅游者和移民。

我国阿米巴病分布很广，农村和城市都有报告，人群感染率在 0.7%～2.17%。大多发生于经济条件、卫生状况、生活环境较差的地区，农村高于城市，发病以农民、矿工、市民和学生为主。对全国 30 个省、市、自治区的调查显示，溶组织内阿米巴原虫平均感染率为 0.95%。西南 5 个省的感染率在 2%以上，本病高发的 12 个县感染率超过 10%。感染呈明显的家庭聚集性。本病多见于南方，但在夏季也可见于北方。由于城乡卫生状况不断改善，近年来本病的流行和急性病例已呈明显减少的趋势。

（二）发生原因和传播方式

引起阿米巴病的病原是溶组织内阿米巴原虫。多数家畜和野生动物都可感染，已报道的易感动物达 30 多种，如猪、牛、羊、犬、猫、幼驹、野兔、水貂、灵长类动物、两栖爬行动物，以及鱼类中的鲑鱼等，实验用的大鼠、小鼠、豚鼠、沙鼠、仓鼠、家鼠，都可感染或带虫。有报道显示，猴的隐性感染率可高达 55.4%，家鼠的隐性感染率可高达 55.7%。由此可见，灵长类动物和鼠类是该原虫的重要储藏宿主，也是本病重要的传染源。

凡是从粪便中排出阿米巴包囊的人和动物，都可成为传染源。本病可在人与人、人与动物间自然传播。人群大多是经口传染。动物粪便中的包囊可污染居民点的水源，这是酿成地区性暴发流行和高感染率的主要原因。其次，污染的手、食物或用具可传播本病。鼠类、苍蝇、蟑螂等也可携带包囊传播疾病。易感人群主要是新生儿、儿童、孕妇、哺乳期妇女，以及免疫力低下的病人、同性恋患者、营养不良者和长期使用糖皮质激素的病人。

（三）症状和诊断

阿米巴病的潜伏期数日至数周不等。肠道受侵最常见，持续感染可引起肠外病变。阿米巴病主要表现为 3 种类型。

1. 普通型 一般起病轻缓。原虫侵入大肠后引起以痢疾为主的症状。早期腹痛，继而排血便，表面带有少量黏液及血液，典型者如猪肝酱样，每天大便 5～6 次。如病变以回盲部为主，则出现便秘，或便秘和腹泻交替出现，病程拖延较久。有些急性病例出现发热、血便，类似细菌性痢疾，每天大便 10 次以上，体温高达 39℃左右，下腹部有压痛，数天后急性症状缓解，10～20 天后自行痊愈。也有的转成慢性病程,可迁延多年。新生儿往往表现为脓毒血型,在许多内脏中形成多发性小脓肿。

2. 暴发型 较少见。起病急,高热,恶寒,每日腹泻 10 余次,便前腹部剧烈绞痛。大便呈浓稠血样或血水样,奇臭。并有呕吐、失水、迅速虚脱。查体可见腹胀明显,腹部弥漫性压痛,肝大。如不及时抢救,可并发肠出血、肠穿孔而引起死亡。

3. 慢性型 症状持续存在或反复发作,腹痛、腹胀、腹泻与便秘交替出现。由于长期肠功能紊乱,患者可出现消瘦、贫血、营养不良或神经衰弱症状。因结肠肠壁增厚偶可摸到块状物,有压痛。

阿米巴原虫还可侵入肝、肺、脑、泌尿生殖道、胸膜、腹膜和皮肤,以阿米巴肝脓肿较为常见。临床上右上腹部疼痛,肝区有压痛和叩痛,肝大,出现发热、寒战、盗汗,厌食和体重下降等症状。

【阿米巴病诊断要点】 一是询问病史,注意病人近期内是否接触过患病动物包括宠物。二是临床上病人常出现腹痛、腹胀、痢疾、呕吐、脱水、发热、排恶臭血便等症状,有助于作出初步诊断。三是做实验室粪便涂片检查,如果发现溶组织阿米巴即可确诊。

(四)治疗方法

针对阿米巴病病原治疗的药物有以下几种。

1. 甲硝唑 为首选药物,口服吸收良好。成人剂量为每次 800 毫克,每日 3 次,疗程 5～8 日,小儿每日每千克体重 35～50 毫克。危重病例可按此剂量配成 0.5％水溶液,静脉滴注。但可能出现恶心、口中有金属味和轻度神经系统症状等不良反应,孕妇慎用。也可用替硝唑,口服剂量为每日每千克体重 50～60 毫克,疗程 3～5 日,效果良好,不良反应小。

2. 双碘喹啉 成人口服剂量每次 600 毫克,每日 3 次,疗程 20 日。儿童口服每次每千克体重 5～10 毫克。本药有头痛、恶心、皮疹、肛门瘙痒等不良反应,个别可引起视神经炎。不宜用于甲状腺疾病患者。

3. 二氯尼特　又称安特酰胺,是目前最有效的杀包囊药。成人口服剂量每次 500 毫克,每日 3 次,疗程 10 日。儿童每日每千克体重 20 毫克,分 3 次服。

此外,四环素、巴龙霉素可用作辅助治疗。临床上多采用抗阿米巴药物和抗生素联合用药的治疗方法,也可采用中西医结合的方法,如有报道称采用白头翁加甲硝唑和庆大霉素治愈了多例阿米巴病人。在治疗阿米巴病时,应避免使用免疫抑制剂或激素等药物,对体质较差的病人应注意补充营养,加强支持疗法。

(五)预防措施

控制阿米巴病的传染源和切断传播途径是预防本病的关键。

1. 控制传染源　应对病人和带阿米巴原虫者进行定期检查和隔离治疗,特别是饮食业的炊管人员和动物饲养人员应更加重视。彻底治疗患者及带虫者,对家庭成员或接触者也应做定期检查。按传染病管理办法实行疫情报告、消毒、隔离等处理。在动物群中发现本病时,应对全群进行普查,对发病动物和可疑动物应隔离饲养,彻底治疗。同时注意对污染环境及器具的消毒。

一般病犬精神沉郁,食欲减退或废绝,呕吐,腹泻;多数病犬粪便中混有血液和黏液。慢性病例腹泻可能持续数周到数月。严重时,眼窝塌陷,皮肤弹性降低,可见黏膜苍白,衰弱。个别病犬可能发生肝脓肿,甚至败血症。

2. 切断传播途径　加强对群众的卫生宣传教育,注意饮食卫生,饮用水要煮沸,水果和生吃的蔬菜要洗净,防止病从口入。消灭鼠类、苍蝇和蟑螂,清除其孳生地,防止携带包囊污染食物。加强水源的管理,对动物粪便做无害化处理,严防污染水源。

三十九、利什曼病

驻伊美军回国后一年内不准献血

美国卫生官员近日说,由于一些在伊拉克服役的美军士兵染上了一种皮肤传染病,为防止这种疾病的传播,驻伊美军士兵在回国后一年内将被禁止献血。这种病叫利什曼病,通过沙蝇传播,染病者皮肤发痒并受损害,如情况严重,人体内部器官受害,会导致死亡。自今年 8 月以来,已有 22 名美军士兵染上这种病,其中 18 名在伊拉克服役,另外 4 名分别在科威特和阿富汗执行任务。这些患病的美军士兵目前在美国一家陆军医疗中心接受静脉注射药物治疗。该中心的大夫查尔斯·奥斯特说,染上这种病的人一般会自我痊愈,但时间可能要长达数月。

美国疾病控制与预防中心认为,利什曼病可经输血传播。为了预防这种情况的发生,美国国防部和全美最大的血库协会下达了驻伊美军回国后一年内禁止献血的禁令。

利什曼病由寄生虫利什曼虫引起。利什曼虫常见于中亚和南亚的部分地区,世界上每年感染该病的有 150 多万人。

——摘自《新华每日电讯》(2003 年 10 月 25 日)

潘云召、谭新木

(一)概述

利什曼病,是由利什曼原虫引起的一种以慢性经过为主的人与动物共患寄生虫病。20世纪90年代以来,亚洲、非洲的一些国家和地区本病的流行处于上升趋势。同时,艾滋病病毒感染者又可继发利什曼病,造成病情加重。因此,利什曼病越来越受到人们的关注。

利什曼病最早是1900年在印度发现的,有三种病型,即内脏利什曼病(又叫黑热病)、皮肤利什曼病和黏膜皮肤利什曼病。90%的内脏利什曼病病例分布在印度及地中海沿岸、中国、孟加拉国、尼泊尔、苏丹和巴西等国。1934年,巴西发现首例内脏利什曼病例,1980~2000年该国共报告44 289例。大多数皮肤和黏膜利什曼病病例,分布在阿富汗、沙特阿拉伯、叙利亚、伊朗、俄罗斯,以及除加拿大、智利、乌拉圭以外的美洲地区。1969~1996年,美国共报道了450例因旅游、贸易和军事行动引起的输入性利什曼病病例,如在波斯湾战争中,发生皮肤利什曼病和内脏利什曼病分别有20个和12个军人。1995年世界卫生组织指出,本病广泛分布于热带和亚热带地区的88个国家,估计全球患病人数在1 200万以上。

1934年,杜顺德从四川省茂县病人脾脏穿刺涂片中发现利什曼原虫,从而确定四川存在内脏利什曼病。1949年前,利什曼病主要分布于长江以北的16个省、市、自治区,曾是我国重要的寄生虫病之一。1949年后,我国"传染病防治法"中将内脏利什曼病定为乙类传染病,通过发动群众,救治病人,消灭病犬和白蛉3个方面进行防治,使本病得到了明显的控制,患病人数由1951年的53万人降至1990年的360人,2007和2008年的患病人数仅为344人和500人。但近年来在甘肃、四川、陕西、山西、新疆和内蒙古等地仍有本病的散发病例,少数地区疫情有回升的趋势。

(二)发生原因和传播方式

本病的传染源是利什曼病患者、病犬及受到感染的野生动物(如狼、狐狸、鼠类)。白蛉是利什曼原虫的传播媒介,可在人与人、人与动物、动物与动物之间造成传播。

世界各流行区已确定的起传播作用的白蛉有 20 多种。当白蛉叮咬病人或带虫动物后,自身就受到了感染,经过一定时间发育,白蛉的唾液内就存在不少利什曼原虫的前鞭毛体,具有感染性。白蛉再叮咬健康的人和动物时,前鞭毛体进入体内就引起新的感染。在我国传播本病的白蛉主要有中华白蛉、长管白蛉、吴氏白蛉和亚历山大白蛉。白蛉一般在每年 5 月出现,以后数量逐渐增加,至 8 月底开始下降,它的活动规律影响利什曼病的发生。

本病偶尔也可通过输血、胎盘、损伤的皮肤、黏膜传播。

内脏利什曼病在我国主要发生于农村、牧区,婴幼儿和青少年,以及从外地新进入疫区的青年人是本病的易感人群。

(三)症状和诊断

本病的潜伏期为 3～5 个月或更长。早期患者有的皮肤出现淡红色丘疹,有的留有丘疹痕迹,但在多数病人很难发现。感染 2～3 个月后症状逐渐加重,主要是脾大日益明显。同时出现脾功能亢进,如白细胞、红细胞和血小板普遍减少,并伴有发热、贫血等症状。在疾病中常出现一段时间的症状缓解,表现为体温降至正常,食欲恢复,精神变好,甚至脾脏也有所缩小。但随后症状又重新出现,如此反复发作,病情加重,脾脏继续增大,肝脏和淋巴结也出现肿大。至晚期则不再出现症状缓解。

晚期患者大多面色苍黄、消瘦、精神萎靡不振,头发光泽消失并脱落、变稀。皮肤粗糙,面颊部皮肤出现结节、色斑。腹部因肝、脾大而增大,四肢瘦细,下肢出现水肿。儿童发育受阻,妇女出现闭经或月经不调。少数病人可发生腹水和黄疸。由于病人抵抗力下降,易出现继发感染,以肺炎最为常见,是引起死亡的重要原因。

【利什曼病诊断要点】 在本病流行区的居民,或于白蛉出现季节曾在流行区居住过的人,如有脾大并伴有不规则发热者,都应考虑发生本病的可能性。如从受损皮肤或穿刺骨髓、脾脏、淋巴结做涂片镜检,发现利什曼原虫即可确诊。

(四)治疗方法

针对病原,首选治疗药物是锑剂。常用 5 价锑剂即葡萄糖酸锑钠,总剂量成人每千克体重 90~130 毫克,儿童每千克体重 150~200 毫克,每疗程共分 6 次静脉或肌内注射,每日 1 次。疗效迅速而显著,有效率达 97.4%,不良反应少。对于复发病例采用双疗程:第一疗程总用药量为每千克体重 240 毫克,7 天后进行第二疗程,总药量为每千克体重 260~280 毫克。病情重危或有心脏、肝脏疾患者慎用。

对锑剂无效或禁忌者可选下列非锑剂药物:戊烷脒,剂量为每次每千克体重 4 毫克,配制成 10%溶液肌内注射,每日或隔日 1 次,10~15 次为 1 个疗程,治愈率在 70%左右。两性霉素 B,锑剂和戊烷脒疗效不佳时可加用,每日剂量自每千克体重 0.1 毫克开始,逐渐递增至每千克体重 1 毫克,或间日静脉缓滴,成人总剂量为 2 克,20 为 1 个疗程,治愈率达 99%。本品对肾脏等器官毒性大,最好与糖皮质激素一同使用,如出现蛋白尿应立即停药。世界卫生组织推荐治疗的总剂量是 1~3 克。

此外,支持疗法也很重要,包括充分卧床休息,良好的口腔卫生和足够的营养,以及针对并发症给予输血或输注粒细胞、抗感染等。巨脾或伴有脾功能亢进,或多种治疗无效时应考虑脾脏切除。术后再给予病原治疗,治疗 1 年后无复发者视为治愈。

(五)预防措施

目前尚无疫苗用以预防本病。控制媒介物传播是当前预防利什曼病应采取的主要策略。

1. 消灭动物宿主　加大对丘陵、山区中犬类的管理,对确诊的病犬进行扑杀。对于其他易感动物也应进行调查和防控。患病动物的溃疡、痂皮、各种渗出物和排泄物污染的场所、用具,都应彻底消毒。病死动物尸体要深埋,严格禁止剖检,以免污染环境。

犬感染后,在头部尤其是耳、鼻、脸面、眼睛周围及趾部脱毛,皮肤增厚,局部溃烂,渗出物结痂,痂皮剥落后出血,伴有食欲缺乏、精神萎靡、消瘦、贫血、发热、嗓音嘶哑、鼻出血等症状,重者死亡。

2. 灭蛉、防蛉　平原地区可采用杀虫剂,在住室和畜舍喷洒,如用溴氰菊酯每平方米 15～20 克喷洒于内外墙壁。并使用蚊帐,安装纱门、纱窗,防止人被白蛉叮咬。在山区、丘陵及荒漠地区,对野栖型白蛉,应因地制宜,采取防蛉、驱蛉等综合措施,以减少或避免白蛉的叮咬。

3. 治疗病人　在流行区内要做定期的普查和抽查,及时发现病人加以彻底治疗。对清除传染源,保护他人的健康具有重要意义。

第二部分

国外新出现人与动物共患病的防治

一、朊病毒病

人类是否有与疯牛病同样的疾病?

疯牛病属于"可传播性海绵状脑病"中的一种。从 1921 年开始,发现人也患有这种疾病,用发现该病的两个人的名字命名,一般称之为"克雅氏病"。以往的克雅氏病患者的年龄段在 50~70 岁之间,发病者罕见,全世界平均每 100 万人才有 1 个罹患此疾病。1995 年以后,英国发现有人患有与传统的克雅氏病有所不同的克雅氏病,全部 10 名患者都为十几岁至 30 岁的年轻人。患者首先出现忧郁症状,后来不能行走,并呈现精神障碍等痴呆症状,最后死亡。被称之为"新变异型克雅氏病"。人类新变异型克雅氏病的传播途径大多认为是通过食用了受疯牛病因子污染的食物,从消化道感染。感染因子先进入肠道局部淋巴组织并在其中增殖,再出现于脾脏、扁桃体,最后定位于中枢神经系统。

——摘自《大众卫生报》(2002 年 5 月 21 日)

(一)概述

疯牛病,学名为牛传染性海绵状脑病,是由朊病毒引起的一种人与动物共患病。朊病毒可传染给人,引起"新变异型克雅氏病"。

在英国,因食用病牛肉及其制品发生新型克雅氏病致死的人已达141人,美国也有1人因此丧生。该病一旦流行,对社会造成的巨大震荡及引起的损失将无法估量。所以,必须引起足够重视,严密加以防范。

1986年11月,英国中心兽医实验室首次确定该国发生疯牛病,随后在全国进行了广泛的流行病学调查。在1987年12月完成了调查工作,证明作为牛饲料添加剂的骨肉粉在疾病的传播中扮演了重要角色。进一步的研究证明,用患有疯病羊的各种组织制成的骨肉粉中存在有朊病毒,给牛饲喂是造成牛发病的直接原因。1988年6月,英国规定疯牛病为报告病种,并很快制订了法律条文,禁止用反刍动物来源的蛋白物饲喂牛。由于采取了各种严格措施,英国的疯牛病数量从1992年的最高值(36 680例)开始下降。美国加州大学旧金山分校史坦利·布鲁希纳(Stanley Prusiner)教授,因发现朊病毒在1997年获得诺贝尔生理学和医学奖。

疯牛病在世界范围内的传播,主要是由于饲喂骨肉粉带有朊病毒的牛大范围出口造成的。在爱尔兰、瑞士、法国、比利时、卢森堡、荷兰、德国、葡萄牙、丹麦、意大利、西班牙、列支敦士登、美国、加拿大、日本、韩国等国,也陆续发现了本土的疯牛病。

1995年下半年,英国报道了2个罕见的少年克雅氏病病例,随后又发现了8例年轻患者。这10个病人的年龄、病程、临床表现、脑电图和影像学改变、病理学特征等,都与传统的克雅氏病有差异,因此被称为"新变异型克雅氏病"。1995~2000年10月,英国已经确定80余个新变异型克雅氏病病人,平均每年约发现15例。截至2000年11月,已证实的新变异型克雅氏病在法国有2例、北爱尔兰有1例。发病年龄大多为16~52岁(平均28岁)。研究结果证明,新变异型克雅氏病的病原也是朊病毒。

疯牛病、克雅氏病、新变异型克雅氏病,都属于朊病毒病。

我国迄今尚未发现朊病毒病病例,但千万不能掉以轻心。

(二)发生原因和传播方式

朊病毒能导致人和多种动物的感染和发病,这一类疾病统称为朊病毒病。朊病毒是一种具有传染性的蛋白质颗粒,它是由正常细胞的蛋白发生结构变异而生成的。朊病毒的自然感染和实验感染的动物范围很广,包括小白鼠、绵羊、山羊、猪、猫、羚羊、金丝猴、水貂等动物,都可表现典型的海绵状脑病变。朊病毒可通过污染的饲料经消化道发生传播,还可通过母牛的胎盘传播给子代。

带有朊病毒的牛肉及其制品进入市场或大量出口,是人类发生朊病毒病的主要原因。人类新变异型克雅氏病,其主要传播途径是食用了受朊病毒污染的食物,通过消化道而发生感染。朊病毒先进入肠道的局部淋巴组织,并在其中繁殖,再侵入脾脏、扁桃体等组织中,最后定位于中枢神经系统,引起神经系统的退行性病变并出现相应症状。

有报道说,输血也可能引起本病的发生。2003年12月17日英国证实,由于接受后来证明是新变异型克雅氏病的病人的输血,患者在接受输血后6.5年产生新变异型克雅氏病的症状。即本病有可能通过人传人,但这不是主要的传播方式。

新变异型克雅氏病与疯牛病的暴发密切相关。目前已证实的新变异型克雅氏病病例绝大多数发生于英国,首次报道时间在疯牛病暴发高峰期5年以后,两者在流行病学上具有高度的时空吻合性;在发病潜伏期、临床病程、朊病毒在脑组织中的分布等方面,也有很大的一致性。所以,人发生朊病毒病主要是由患病动物,特别是牛传染的。

(三)症状和诊断

从 1921 年开始,医学界发现人也可发生"可传染性海绵状脑病",并用最早发现该病的两个人的名字克鲁斯菲尔德(Creutzfeldt)和雅各布(Jakob)命名,称之为"克雅氏病"。以往的克雅氏病患者的年龄都在 50～70 岁,而且病例非常罕见,全世界平均每 100 万人才有 1 人患此疾病。一旦染上这种疾病,病人行为改变,判断和推理能力降低,出现抑郁、失眠、无意识的活动,失去协调性、丧失记忆,身体感觉功能异常,痴呆症状日益严重,最终引起并发症而致死亡。1995 年后,英国出现一些与传统克雅氏病有所区别的新病型,10 名患者都是十几岁至 30 岁的年轻人。患者首先出现忧郁症的症状,继而不能行走,并出现精神障碍等症状,最后死亡。该病被称为"新变异型克雅氏病"。一开始就有人认为该病与疯牛病有关,但英国政府持否定态度。到 1996 年 3 月,英国政府终于承认这种新变异型克雅氏病与疯牛病感染有关。

克雅氏病和新变异型克雅氏病,在临床和病理特征上存在不同。在病人死亡年龄上,克雅氏病组平均是 68 岁,而新变异型克雅氏病组为 28 岁。在病程上,克雅氏病组是 4～5 个月,而新变异型克雅氏病组为 13～14 个月。在临床上,克雅氏病组出现痴呆、早期神经受损的症状,而新变异型克雅氏病组为显著的感觉及精神症状,大多表现为面部、双手、双足、双腿或仅半侧有疼痛,触觉迟钝或感觉异常,精神症状表现为抑郁、焦虑,甚至可发生精神分裂。脑电图检查,克雅氏病组出现典型的变化(周期性的尖锐综合波),而新变异型克雅氏病组常缺乏这种变化。对脑组织进行免疫组化分析,克雅氏病组可见到不同的堆积物,而在新变异型克雅氏病组检测到的是抗蛋白酶的具有传染性的蛋白质。在淋巴组织中检查病原的存在,克雅氏病组不容易出现结果,而在新变异型克雅氏病组容易检测到。对尸体进行病理剖检,克雅氏病组病变不明显,在新变异型克雅氏病组的脑组织内,容易发现粉红色的斑块。

现在人们认为,在临床病理学上新变异型克雅氏病是克雅氏病的一个新亚种。

【朊病毒病诊断要点】　根据流行病学资料和临床症状可以建立初步诊断。而确诊依赖于脑组织病理学检查、朊病毒检测(细胞免疫化学检查等)方法。上面介绍的克雅氏病和新变异型克雅氏病一些病理特征,也具有重要的参考价值。

(四)治疗方法

目前对朊病毒病尚无治疗办法。有报道说,试用金刚烷胺、阿糖腺苷、异丙肌苷治疗,可使病情缓解。

英国科学家以转基因鼠为研究对象,证明治愈动物的海绵状脑病是可能的。在"关闭"大脑神经细胞中一个产生正常朊蛋白的基因后,转基因鼠的海绵状脑病症状好转、病程终止。不远的未来能否用类似方法治愈人的朊病毒病,对此人们充满了希望。

(五)预防措施

1. 禁止用反刍动物骨肉粉作为饲料添加剂　为对付疯牛病的蔓延,英国政府采取了许多措施,目的在于既保护动物,也防止该病传染给人。首先,禁止用反刍动物的骨肉粉等作为添加剂饲喂牛。其次,从 1989 年 11 月起,禁止人们消费使用某些特殊的高危险的牛杂碎,即 6 个月以上牛的脑、脊髓、扁桃体、胸腺、脾和肠。1990 年 9 月,对牛杂碎的使用进一步提出限制,禁止用其喂养所有动物和禽类,把有可能造成人类感染的因素,最大限度地排除到食物链之外。

2. 限制进口措施 联合国粮农组织和世界卫生组织,都对尚未发生疯牛病的国家提出了警告,要求根据本国情况,制订并实施相应的保护和预防措施。美国、日本等国均采取了不同程度的限制进口措施,就连欧盟内部各个国家之间也相互采取了限制措施,以杜绝病牛、携带病原的动物或制品进入本国流通领域。

3. 加强监测 为了防止疯牛病传入,我国农业部和有关部门多次下发通知,禁止违法进口、经营和使用反刍动物及其产品、胚胎和反刍动物源性饲料,并加强了对疯牛病的监测工作。各地对本地区所有进口牛(包括胚胎)及其后代(包括杂交后代)、饲喂过进口反刍动物饲料的牛进行了全面追踪调查。到目前为止,我国尚未发生疯牛病。

根据我国食品卫生法的规定,有关部门对市场销售的来自发生过疯牛病国家的牛脑、脊髓、眼、肉、骨、内脏、胎盘及用上述原料加工制成的食品,包括牛肉汉堡、牛排、牛肉罐头、牛肉香肠、牛肉松、明胶、氨基酸等,进行监督管理。对有问题的产品,监督进口商或生产销售商收回已售出产品,并监督其进行销毁或退货。

4. 严控病畜 要严密监视和预防疯牛病在我国的发生。骨肉粉引起疯牛病的潜伏期为 2～8 年,平均 4～5 年。牛开始发病的年龄通常为 3～5 岁,迄今见到最小的病牛是 22 月龄,年龄最大的是 17 岁。

病牛体温和食欲正常,但产奶量降低,体重减轻。临床上病牛的神经症状主要表现:

(1)精神异常:表现为焦虑不安、恐惧、神志恍惚,乱撞围栏,冲击人、牛。

(2)运动障碍:表现为共济失调、四肢伸展过度,后肢运动失调、麻痹、震颤和易跌倒,站立困难或不能站立。

(3)感觉异常:对触摸和声音过度敏感,挤奶时奶牛乱踢乱蹬,擦痒。最后死亡。

　　根据世界卫生组织综合有关研究结果认为，疯牛病病牛的脑、脊髓、脑脊液、眼球具有强传染性，而小肠、背根神经节、骨髓、肺、肝、肾、脾、胎盘、淋巴结传染性较低。

二、裂谷热

苏丹暴发"裂谷热"疫情，已导致 92 人死亡

自苏丹一周前出现裂谷热疫情以来，这种病毒性传染病已造成 92 人死亡，目前疫情仍有蔓延趋势。最新数据显示，苏丹已有 314 名裂谷热病例，目前裂谷热在苏丹的病死率接近 30％。苏丹媒体报道说，苏丹的一些主要贸易伙伴，如沙特阿拉伯和阿拉伯联合酋长国，已暂停从苏丹进口各类牲畜。

裂谷热是一种病毒性传染病，主要在牛和羊中传播，通过蚊子叮咬或与被感染动物接触等途径也会传播给人。其症状包括急性腹泻、高热及肝、肾功能受损等。裂谷热致死率最高可达 50％。

——摘自新华网，北京，2007 年 11 月 15 日

(一)概述

裂谷热是一种人与动物共患病，主要在牛羊间传播，人可通过与病畜接触或被蚊子叮咬而受到感染。人发病后，主要症状为发热、头痛和关节痛，少数病人可出现出血热和脑炎表现，偶尔引发视网膜炎以致失明。本病目前在非洲的苏丹、肯尼亚、坦桑尼亚等

国都有流行。但在非洲以外的沙特阿拉伯、也门等国也曾有发生。

裂谷热又称为里夫特山谷热,是因本病首次发生在非洲肯尼亚的立夫特山谷农场而得名。1912年,蒙蒂美利(Montyomery)在肯尼亚第一次发现并报告了羔羊的裂谷热病。1930年,本病又在肯尼亚羊群、牛群中广泛流行,道博尼(Daubny)从1只患病绵羊体内分离到病毒,此病的性质才得以肯定。1944年,在乌干达的几种蚊子体内分离到病毒,证明蚊子是本病的传播媒介。1950年裂谷热在肯尼亚大流行,疫情持续约一年,估计造成10万只绵羊死亡。1950~1956年,本病在南非的绵羊中流行,1951年有兽医人员因感染病毒发病,人们才逐渐认识到裂谷热是一种人与动物共患病。1975年在南非,人们发现裂谷热对人具有致命性。

1977年,裂谷热在埃及动物间和人间大规模流行,约有20万人患病,几千人死亡,猜测可能是因为从苏丹进口的牲畜受到感染引起的。1980年后,本病从东非向整个非洲大陆蔓延。1987年,西非首次暴发人的裂谷热,原因可能是整治塞内加尔河,导致了地势较低地区被淹,使动物和人接触密切,从而造成裂谷热病毒由动物传播至人类。1997~1998年,本病在东非的肯尼亚、索马里、乌干达,以及西非的毛里塔尼亚发生流行,9万多人患病,500余人死亡。2000年8~10月,沙特阿拉伯和也门暴发流行,300多人发病,66人死亡,是本病首次出现在非洲大陆以外的确定病例。2006年11月,肯尼亚再度暴发裂谷热疫情,截至2007年1月7日,已有大约75人因此死亡,另有183人受到感染。2007年1月,疫情已经由肯尼亚传至索马里,造成14人死亡。

总之,裂谷热病毒主要感染家畜特别是牛、羊,当动物出现疫情后,可导致附近的人发病,甚至引起疾病的流行。家畜患病通常发生在雨季或洪水之后,原因是温暖潮湿的环境促使蚊虫的孳生,有利于裂谷热病毒的传播。

（二）发生原因和传播方式

在自然界中,裂谷热病毒主要感染牛、绵羊、山羊、鹿等反刍动物,猴子、猫、松鼠、野生啮齿类也对病毒易感。目前,有25种蚊子被认为是病毒的传播媒介,蚊子或其他吸血昆虫是病毒的帮凶。在雨量丰沛、昆虫大量孳生的季节,容易引起疾病的大流行。

在动物发生裂谷热的疫区,疫区的居民因蚊子或其他吸血昆虫的叮咬而感染裂谷热,这是主要的传播途径。此外,在处理或屠宰生病家畜时,可因接触到病畜的血液、器官、肉或乳受到感染。实验室样本中含有的裂谷热病毒也可能经由空气播散。

人对本病普遍易感,大部分病例主要见于饲养员、屠宰工、兽医及实验室工作人员。

（三）症状和诊断

本病潜伏期2～7天,通常是3～4天。在临床上可分为4型。

1. 无并发症的裂谷热　起病突然,发冷、关节痛、头痛和肌痛,尤其是背部肌肉疼痛明显。发热几天后退热,病人自我感觉症状减轻,但1～2天后往往再次发热,持续2天左右。病人常有恶心、呕吐、面色潮红、结膜充血和肝区触痛。部分病人出现一过性的斑丘疹,多见于胸腹部,也可见于手臂和腿部。多数能康复,恢复期大约3周。

2. 伴有眼部并发症的裂谷热　在病程的后期或恢复早期,有些病人出现视觉障碍,发生视网膜炎,黄斑上出现絮状物,有时两眼均发病。这些病变可逐渐消退,多数病人能恢复正常视力;也有人病程拖得很久,少数病人甚至留下永久性视力障碍。

3. 伴有脑膜脑炎的裂谷热　脑膜脑炎是一种较少见的并发

症,可在发热 3～12 天后发生。表现剧烈头痛,精神错乱,甚至昏迷。大部分病人能恢复,只有个别病人留下后遗症。

4. 伴有出血和黄疸的裂谷热　有些病人发生严重的出血,包括鼻出血、呕血和消化道出血(黑粪)。出血多发生在发热期末,即病后 1 周左右。同时病人出现黄疸、少尿或无尿、肝肾功能障碍。

【裂谷热病诊断要点】　一是病人有与患裂谷热动物的接触史,或曾进入疫区被蚊虫叮咬。二是根据本病的临床症状,有 4 型典型表现的有助于诊断。三是确诊需依靠实验室的病毒分离、抗体检查或其他检测结果。

(四)治疗方法

除采取对症、支持疗法外,可试用利巴韦林进行抗病毒治疗,每日 1 克,加入 500～1 000 毫升输液液体中,静脉滴注,连续用 3～5 日,对早期病例效果较好。病情严重、出现休克者,可输入全血、血浆或白蛋白。发生弥散性血管内凝血的病例,可试用肝素等药物进行抗凝治疗。使用恢复期病人高效价血浆,能减轻疾病的严重程度。

(五)预防措施

1. 做好免疫接种工作　对疫区内的易感人群,特别是畜牧兽医工作者、屠宰工、牧民、实验室工作人员等,可用本病的灭活疫苗或活疫苗进行接种,保护期达 9 个月。

一切要进入疫区所在地的旅行者,要做好咨询和相应准备,包括疫苗接种。

2. 搞好防蚊灭蚊和其他防护　在夏秋季节,应注意防蚊、灭蚊,以防被其叮咬。从事裂谷热相关工作的实验室人员,应严格遵守操作规范,包括戴口罩、护目镜、手套,穿隔离衣帽、防水围裙等,一切操作均应在符合生物安全要求的实验室内进行。

3. 严格控制动物传染源 对患病动物应隔离、扑杀。在疫区要对家畜进行预防接种,有灭活疫苗和活疫苗可供选用。

家畜中绵羊、羔羊对裂谷热病毒易感性最高。羔羊的潜伏期约 12 小时,多在发病后 24～72 小时内死亡,病死率高达 95％～100％。疾病早期体温升高数小时,然后体温突降,出现呕吐、黏性鼻涕、鼻出血、出血性腹泻、黄疸、休克等症状。

孕羊可发生流产,病死率较高。牛和其他动物多为隐性感染。

三、尼帕病毒病

孟加拉国的坦盖尔县发现尼帕病毒感染病例

孟加拉国国家公共卫生实验室的一位顾问称,在孟加拉国首都达卡东北 190 千米处的坦盖尔县发生的导致数人神秘死亡的疾病是由尼帕病毒引起的,美国疾病专家已经在当地患者的血液样本中检测出了尼帕病毒,该病毒与在马来西亚发现的尼帕病毒不同,但存在密切关联。专家认为,尼帕病毒感染者很可能是因为食用了被狐蝠污染的水果所致。据悉,孟加拉国其他地区也曾有人感染尼帕病毒。

孟加拉国尼帕病毒感染一般发生在年初,这和当地的生态环境有关,年初为水果成熟的季节,也是狐蝠繁殖的季节。

——摘自《中国国门报》(2005 年 2 月 3 日)

(一)概述

尼帕病毒病是一种新的人与动物共患的传染病,主要是通过病猪和一种食果蝙蝠传染给人的。患者发热,出现震颤、惊厥、昏迷等神经症状及咳嗽等呼吸道症状。本病是继疯牛病、口蹄疫、禽流感之后,又一种引起世界各国广泛关注的新发疾病。

1997 年,马来西亚霹雳州暗邦地区一些养猪场的猪陆续发病,出现呼吸道症状和神经症状,当时怀疑是由乙脑病毒引起的。1997年1月,暗邦地区养猪场的一位工人因病入院,其临床症状也和乙脑相似,所以被诊断为病毒性脑炎。同年10月暗邦地区养猪场工人出现第一个脑炎死亡病例。1998年2月又出现3个养猪场工人脑炎死亡病例。1998年9月后该国出现更多病例,病人都是养猪的农民或从事猪肉加工的工人。此后疾病迅速蔓延,槟榔屿、雪兰莪、森美兰、马六甲、柔佛等州,以及首都吉隆坡以南等地区也相继暴发流行。

1998年9月29日到1999年4月,马来西亚报告发现了265名脑炎病人,病人均为猪场或屠宰场的工人。症状表现为起病急,发热、头痛,继而昏迷,5～6天后部分病人死亡,共死亡105人,病死率高达39%。从1999年2～5月马来西亚全国共扑杀116万头猪,占生猪存栏总量240万头的48%。此外还扑杀其他动物23 736头(只、匹)。2000年6月又暴发2起疫情,共扑杀猪3 456头。尼帕病毒病给马来西亚的养猪业造成了毁灭性的打击。

随后本病又殃及新加坡。新加坡在1999年3月间,报告发现了类似脑炎病人11人,死亡1人,患者都是屠宰场工人,并且曾经屠宰加工过从马来西亚疫区进口的猪。

1999年2月28日,马来西亚大学医学微生物系主任林世杰教授获得了第一份病人血液及脑脊液标本。随后林世杰与同事蔡求明教授分离到一株病毒。蔡求明教授将13份标本带到美国疾控中心进行研究,1999年3月17日美国疾控中心确认这是一种新病毒。1999年4月10日马来西亚卫生部长宣布,因为首次分离到的病毒来自森美兰州的尼帕村,所以被命名为尼帕病毒。

在孟加拉国,从2001年4月25日至5月26日,尼帕病毒病在莫赫尔普暴发,9人死亡。2003年1月11日至28日,诺贡有17人感染,8人死亡。2004年1月,该病蔓延到拉吉巴里、法里德普尔、马尼克干、谭吉奥和乔伊普尔海等地。2004年1月4日至2

月 8 日,孟加拉国报告了 42 个发病病例和 14 个死亡病例。该国不同地区的病死率为 50%～100%。

确认了尼帕病毒是本病的元凶后,科学家陆续在澳大利亚、马来西亚、菲律宾和一些亚洲岛屿的某些食果蝙蝠中,以及猪、其他家畜和野生动物体内也发现了这种病毒,因此证明尼帕病毒病确实是一种由动物传播给人的烈性传染病。

(二)发生原因和传播方式

马来西亚大学在 2000 年 6 月 23 日宣布,一种食果蝙蝠,叫做狐蝠,是尼帕病毒的天然储存者。大约在 17% 的狐蝠血液内,可检测到尼帕病毒的抗体,令人惊讶的是,这些都是已怀孕的狐蝠。这种狐蝠分布在澳大利亚、印度尼西亚、马来西亚、菲律宾及亚洲其他国家的一些岛屿。狐蝠虽然容易感染这种病毒,但是它们本身不会发病。

马来西亚尼帕病毒病流行时,主要传染源是猪。此后证明病毒的自然宿主还包括马、山羊、猎犬、猫、狐蝠、鼠类等。

马来西亚大学蔡求明和许壮砺教授认为,1997～1998 年间由于厄尔尼诺现象,造成当地气候干旱并引发多场森林火灾,许多果树无法开花结果,居住在森林深处的狐蝠——其中有一些是带毒狐蝠,被迫飞出森林到果园觅食,从而污染了水果。一些果园靠近养猪场,猪在地上吃到被污染的果实引起感染。

病毒在感染猪体内大量繁殖,并通过呼吸、尿液、粪便等向外界播散。

养猪场工人主要通过与猪的分泌液、排泄液接触经伤口发生感染。此外,吸入空气中的病毒,食入被狐蝠尿液或粪便污染的枣、棕榈汁后,也可被病毒感染。猪肉或猪的其他产品能否作为传播媒介尚未肯定。

马来西亚检验人员发现,患者唾液和尿液中都带有病毒。加之确也发生了少数由患者引起家人或医护人员感染的事例。这些证明尼帕病毒可通过人传人。

(三)症状和诊断

人被感染后,潜伏期为1～3周。该病初期症状为发热。患者的特征性症状是颈部和腹部痉挛,具有诊断意义。其他症状包括不同程度的头痛,少数病例出现呼吸道症状。部分病人在24～48小时内出现嗜睡、意识混乱、痉挛、颤抖,几天后发展到昏迷不醒,并有1/3的病人在昏睡中死亡。经过昏迷的患者可出现永久性脑损伤,也有部分病人无临床症状,但血清学检测呈阳性。

【尼帕病毒病诊断要点】 根据本病的流行病学资料和临床症状,如患者出现颈部和腹部痉挛的特征性症状,可作出初步诊断。确诊需依靠病毒分离、抗体检查等结果。

(四)治疗方法

可试用抗病毒药利巴韦林,但试用结果各地报道不一致。

(五)预防措施

马来西亚政府采取的预防措施在实践中很有效,可供借鉴。

1. 发病后新闻媒体和公益广告都全力宣传尼帕病毒病的症状、流行和传播特征,以及为预防本病所采取的各种限制措施,尽可能地消除人们对尼帕病毒病的恐慌,鼓励群众配合政府的措施,积极控制疾病。

2. 封锁感染猪场,扑杀病猪、疑似感染猪及同群猪,予以深埋处理。对感染猪场进行全面彻底的消毒,甚至烧毁猪舍,以消灭传染源。禁止疫区猪向外调运,以防疫情蔓延。对猪、马等易感动物,以及养猪从业人员和与猪密切接触的人员进行紧急免疫接种。

3. 疫情得以控制后,对发病地周围猪场的猪群,进行尼帕病毒抗体检测,3 周内监测 2 次,只要有 1 次为抗体阳性的猪群,全部销毁。

4. 识别病猪。猪感染本病的潜伏期为 7～14 天。不同年龄的猪表现有所不同,主要为神经症状和呼吸道症状。

(1)哺乳仔猪:受感染仔猪出现呼吸困难、后肢软弱无力及抽搐等症状,病死率高达 40%。

(2)断奶仔猪:4 周龄至 6 月龄猪,体温可高于 39.9℃,呼吸困难,伴有轻度或严重的咳嗽,呼吸音粗重,严重的病例可见病猪咯血。有的病猪还出现震颤、肌肉痉挛和抽搐等神经症状,行走时步伐不协调,后肢软弱,并伴有不同程度的痉挛、麻痹或跛行。

(3)母猪和公猪:高热,体温可高于 39.9℃,鼻孔流出黏性或脓性分泌物,病猪多见肺炎,常由于严重的呼吸困难、局部痉挛、麻痹而死亡。怀孕早期的母猪可流产。有的病猪出现眼球震颤、用力咀嚼、流涎、口吐泡沫、舌外伸等神经症状。

(4)野猪:急性发病,鼻孔有少量脓性、黏性分泌物,常发生肺炎。

四、埃博拉病毒病

乌干达总统倡议为防"埃博拉"不握手

为防止埃博拉病毒进一步传播,乌干达总统约韦里·穆塞韦尼告诫民众不要握手。乌干达已有101人感染这种致病性病毒,其中22人死亡。穆塞韦尼说:"埃博拉病毒通过接触传播。目前,人们应当改成招手打招呼。如果我不跟你握手,并不代表我不喜欢你。"埃博拉病毒可以通过包括唾液在内的体液传播。这种急性传染病的死亡率高达50%~90%。

——摘自《竞报》(2007年12月9日)

(一)概述

埃博拉病毒病是一种人与动物共患的烈性传染病,病人以发热和出血为特征,病死率很高。世界卫生组织顾问组将其列为潜在的生物战剂,美国疾病控制中心将其列为生物恐怖袭击最可能使用的病原微生物。对此我们要保持高度警惕。

埃博拉病毒最早发现于非洲扎伊尔北部的埃博拉河流域,所以命名为埃博拉病毒。是人类面临的又一个凶险的杀手。

1976年6~11月,埃博拉病毒病第一次在苏丹和刚果民主共和国暴发,在苏丹南部共发病284例,死亡151例;在刚果民主共和国发病 318 例,死亡 280 例。此后本病在非洲大陆多次暴发流行,对当地人民造成了巨大灾难。1979 年在苏丹的恩扎拉地区,发病 33 例,死亡 22 例。1994 年 6 月,在加蓬的明克伯、马科库等地区,发病 49 例,死亡 31 例。1995 年 4 月,在刚果民主共和国基奎特市及其周围,发病 315 例,死亡 245 例。1996 年 2 月至 1997 年 1 月,在加蓬北部,发病 60 例,死亡 45 例。2000 年 8 月至 2001 年 1 月,在乌干达北部的古卢等地区,共发病 425 例,死亡 224 例。2001 年 10 月至 2002 年 3 月,在刚果共和国及加蓬,共发病 123 例,97 例病死。2002 年 12 月至 2003 年 4 月底,刚果共和国出现病例 143 例,病死 128 例。2003 年 3 月,刚果共和国西北边缘森林地区至少 100 多人死于本病。2005 年 4～6 月,在刚果共和国发病 12 例,死亡 9 例。总的病死率为 53%～89%。

迄今埃博拉病毒病主要集中在中非和东南非一带,呈地方性流行。非洲以外,英国、瑞士曾有输入性病例的报道;也有因实验室工作人员操作不当,偶然引起埃博拉病毒感染,如 1976 年英国某微生物研究所,2004 年俄罗斯某实验室,就出过这样的事故,但所幸都没有造成蔓延。

我国尚未发现病例,但不能排除埃博拉病毒病通过输入传入的可能性。

(二)发生原因和传播方式

在自然界,究竟哪些动物携带病毒,最终又通过什么渠道把病毒传染给人的问题尚未最后解决。多种证据表明,流行区的猴子、猩猩、野猪、犬、蝙蝠等,都有病毒感染现象。疾病由动物传给人的主要途径可能与人类的狩猎活动有关,如与黑猩猩或其他带病毒动物密切接触而被感染。

埃博拉病毒一旦从动物传入人类社会,就引起毫无免疫准备的人群发病。其后,本病的传染源主要是病人。人与人的直接接触和空气传播起着主要作用,因护理病人而被感染发病的占病例总数的四分之一。通过病人的血液、唾液、精液等分泌物和排泄物及消毒不严的注射器,也可造成疾病的播散。

(三)症状和诊断

本病的潜伏期为5~14天,平均为6天。但苏丹亚型的潜伏期可能要比扎伊尔亚型长一些。人群不分年龄、性别普遍易感,高危人群包括与感染动物密切接触的人员、医务工作者、检验人员、在疫病流行区的工作人员等。

临床表现为起病突然,发热,畏寒,剧烈头痛,眼结膜充血,肌肉关节疼痛,全身不适,明显厌食等。发病后2~3天,咽喉有明显的吞咽痛,出现恶心、腹痛、腹泻,大便可为黏液便或血便,很快发生出血倾向,轻重不一,可有鼻出血、呕血或咯血等,注射部位持续渗血。发病5~7天,可出现麻疹样丘疹,并脱屑,在眉心和手脚掌多见。部分病人神经系统受损,表现为情绪异常,意识障碍等,可持续到恢复期。本病的发展过程可分为3期。

1. 早期 表现为发热、虚弱无力、腹泻、恶心、头痛、肌肉痛、背痛和出现斑丘疹,两个重要的特征是双眼结膜充血、出血和咽喉疼痛。

2. 晚期 发病2~3天后表现为体内外广泛出血,如口腔、鼻腔、肛门出血,可在24小时内因休克在昏迷状态下死亡。但大多数患者死于肝、肾功能衰竭和其他并发症。

3. 恢复期 发病后10~12天,体温下降,病情逐渐改善进入恢复期,约需5周或更长时间。

【埃博拉病毒病诊断要点】 一是流行病学调查,了解发病前3周有无在流行区居留、旅游史;有无与病人或动物的尸体、血液、分泌物、排泄物的接触史；医生、护士、实验室工作人员等职业人员有无埃博拉病毒的接触史。二是根据病人的典型临床症状，如发热和出血，可作出初步诊断。三是确诊有赖于病毒分离、特异性抗体和分子生物学技术检测。

(四)治疗方法

一旦发现埃博拉病毒病患者，要立即在严密防护措施下送到专门医院进行隔离治疗。医院在收治病人时，应开设专用通道和隔离病区，与其他病区完全隔离开，并做好随时消毒和终末消毒。所有治疗、检验、护理人员，以及处理病人排泄物、分泌物的人员都应进行医学观察，每日进行体温测量和症状记录，从结束接触之日起监视 3 周。

目前，对此病尚无特异性治疗药物。有报道称，应用恢复期患者血清治疗可使病死率明显降低。

目前对本病主要采取对症支持疗法。包括发热病人的降温，保持水、电解质平衡，维护血液循环，保护肝、肾功能，预防出血，补充凝血因子等。

(五)预防措施

1. 加强宣传、避免感染　加强对国际旅行者，特别是旅游者、援非专家和工程技术人员、劳务输出人员、驻外人员的卫生健康教育，广泛宣传埃博拉病毒病的危害，以及预防常识，加强自我防护意识，尽量避免进入流行区。各检验检疫机构和旅行保健中心对前往疫区的人员，要提供有关疫情信息和国际旅行卫生保健咨询服务，告知必要的个人防护措施。例如，避免接触灵长类动物如猴和猿等；避免与可疑病人密切接触；旅行中或回国后一旦出现发热等症状应尽快就医,并详述有关旅行情况,便于诊断;在疫区就医时,要使用一次性医疗器具等。

2. 做好疾病监测 我国目前虽未发现本病病例,但万万不可掉以轻心。有关部门应密切关注国外埃博拉病毒病疫情通报,及时掌握相关信息。同时积极开展出血热病例的监测工作,对病人进行病原学诊断,及早发现埃博拉病毒病的病例。

3. 加强口岸检疫 对来自本病流行地区,如苏丹、刚果、加蓬等中非地区的人员、进口动物及动物制品,要强化口岸检疫工作,争取做到"御病于国门之外"。

五、西尼罗河病毒感染

美专家建议，为防西尼罗河病毒感染要避免被蚊子叮咬

美疾病控制与预防中心 8 日证实：发现了今年首位西尼罗河病毒感染者的消息。据悉，这名 60 多岁的老者是在钓鱼时被蚊子叮咬而感染病毒的。美疾病控制与预防中心主任格贝尔丁女士说："我们建议每个人在户外时都应采取措施以防蚊子叮咬。"格贝尔丁称，使用驱虫剂、穿长衣长裤、清除住所周围的积水和安装纱窗等，都有助于避免蚊子叮咬，预防病毒感染。西尼罗河病毒主要由鸟类携带，经蚊子传播给人。感染者会出现发热、头痛和肌肉疼痛等类似感冒的症状。有小部分人会患上脑炎，病情严重者会昏迷，甚至死亡。

——摘自《中国国门时报》(2003 年 7 月 11 日) 毛 磊

(一)概述

西尼罗河病毒感染，是由蚊子传播的一种病毒病。病人发热，出现脑炎，严重的可能死亡。近年来，西尼罗河病毒对人和动物的危害性有明显增强的趋势，已引起人们的高度关注。由于西尼罗河病毒主要通过蚊子传播，所以防蚊、灭蚊是预防本病的重要措施。

西尼罗河病毒是 1937 年 12 月从乌干达西尼罗河地区的一名发热妇女的血液中首次分离出来的,因此被命名为"西尼罗河病毒"。1950 年从埃及 3 个患儿的血液中第二次分离出这种病毒,1956 年从人血、蚊子和野鸟中分离出病毒。最初人们关注度不高,直到 1957 年西尼罗河病毒感染在以色列暴发流行后,科学家才真正注意到这种病毒的危害。此后,20 世纪 60 年代在法国,70 年代在南非,也相继发生了西尼罗河病毒感染的流行。90 年代以来,感染暴发的地区明显增加。1994 年,在阿尔及利亚发生了 50 例有症状的西尼罗河病毒感染事件,8 人死亡。1996 年,罗马尼亚共有 352 人因西尼罗河病毒感染导致脑炎。1997 年捷克共和国、1998 年刚果,先后出现了西尼罗河病毒感染的流行。1999 年,俄罗斯南部暴发西尼罗河病毒感染性脑炎,感染人数超过 1 000 人,至少引起 40 人死亡。1999 年 8 月,西尼罗河病毒传入美国,在纽约市皇后区 4 平方英里的范围内,短短几天就有 25 个人被感染而发生脑炎,其中 7 人死亡。此后,美国年年都有西尼罗河病毒感染的病例发生,2004 年发病地区蔓延到 48 个州。后来本病又传播到加拿大、墨西哥和加勒比海地区。

此前,鸟类感染西尼罗河病毒后一般不发病。1999 年本病在美国暴发流行以来,出现了对人、马、鸟等致病性增强、致死率升高的新流行特点。据美国农业部报道,2002 年有 14 000 多匹马感染,其中近 40％死亡或被处以安乐死,另有 1 万多只乌鸦等鸟类死亡。西尼罗河病毒在美洲的出现,以及在罗马尼亚、俄罗斯、以色列及其他地区的频繁暴发、流行,证明该病毒已成为一种威胁全球的病原,且大有蔓延之势。

到目前为止,我国尚未发现西尼罗河病毒感染的病例。但随着我国与其他国家之间的贸易、旅游、人员往来日趋频繁,西尼罗河病毒传入的风险是很大的,必须提高警惕,加强监测,防患于未然。

(二)发生原因和传播方式

自然界中对西尼罗河病毒易感的动物很多,大部分哺乳动物,225 种以上的鸟类,37 种以上的蚊子,青蛙、草蛇、短吻鳄等两栖类和爬行类动物都可感染。例如,乌鸦、知更鸟、杜鹃、海鸥、鸽子和燕子等鸟类,马、牛、山羊、绵羊、犬、猫、鸡、鸽、鹅、家兔等家畜家禽,以及猕猴、羊驼、美洲驼、狼、蝙蝠、松鼠、驯鹿、浣熊、臭鼬等野生动物。在哺乳动物中,除马外,其他动物感染后基本都不发病。鸟类感染后一般不发病。但西尼罗河病毒传入美国后,受感染的乌鸦出现了大批死亡。

带毒鸟类是西尼罗河病毒的主要传染源。蚊子是主要传播媒介。蚊子吸食了带毒鸟的血,病毒就进入蚊子体内生存、繁殖,这种蚊子再叮咬人就可能使人发病。因此,本病与蚊子活动有密切关系。温带地区一般流行于夏末、秋初,雨后蚊子数量上升可导致发病高峰出现,气候温暖地区则可常年发病。

人群对西尼罗河病毒普遍易感。传播途径主要是以"鸟—蚊—人"的方式引起感染。据说通过输血、母乳和胎盘也可引起播散。直接接触病鸟发生感染的几率极低。

人类感染西尼罗河病毒后,大约 80% 的人并不发病,无任何症状,但体内产生相应抗体并能保持多年。20% 左右的感染者出现症状,发病者多为老年人和免疫力较弱者,其中约 1% 患者可发生脑炎。

在早期,人感染后主要表现发热的症状,称为西尼罗热。但20 世纪 90 年代以来,出现了许多西尼罗河病毒性脑炎病例。患者的病死年龄也有降低的趋势,应引起注意。

(三)症状和诊断

1. 西尼罗河热的症状　潜伏期一般为 3～15 天。感染后 4～8 天发生毒血症。患者突发流感样症状,临床表现为寒战、高热、乏力、头痛、背痛、关节痛、肌痛、眼球痛。其他非特异的症状有厌食、恶心、腹泻、呕吐、咳嗽和咽痛,面部潮红、结膜充血和全身淋巴结肿大较为常见,半数病人从躯干至四肢末端和头部有斑丘疹或者玫瑰疹。多数病人发病 3～5 天后可自愈。

2. 西尼罗河脑炎的症状　潜伏期为 4～21 天。在出现典型神经症状前,有 1～7 天的发热,15%～29%的病人有眼痛、面部充血或皮疹。脑炎的征象为颈部僵硬、呕吐、意识模糊、精神错乱、嗜睡、肢端震颤、异常反射、惊厥、轻瘫及昏迷。脑炎患者普遍出现重症肌无力。老年人病情较重,可出现惊厥、昏迷、呼吸困难,甚至呼吸循环衰竭,直至死亡。

病死率各国报道不一,为 4%～21%,其中年龄是最重要的影响因素。

【西尼罗河病毒感染诊断要点】　一是在流行地区、流行季节,有突发高热、头痛、四肢无力、肌肉疼痛、皮疹、淋巴结肿大,尤其老年病人伴有脑炎、脑膜炎者,应考虑本病的可能性。二是确诊需要进行实验室检验,包括血清学检测和病毒学鉴定等。

(四)治疗方法

目前还没有特效的治疗方法,主要是采取对症治疗,加强护理,增强机体的抵抗力,防止继发感染。老年患者易患脑炎,应住院治疗。

对脑炎、脑膜炎患者,应积极降温、镇静、吸氧、控制脑水肿和抽搐,对呼吸衰竭者,应用人工呼吸器辅助呼吸。多数患者无需抗病毒治疗,对有神经系统症状的患者可考虑给予利巴韦林治疗,可减轻毒血症,改善中毒症状,降低病死率。

(五)预防措施

1. 高度重视,制订应对措施 在国内大力开展对西尼罗河病毒的监测工作,如加强对鸟类的监测,可在一些地区放置"报警鸟",通过对"报警鸟"的检测来监测病毒的流行状况。

2. 加强对入境人员、动物和运输工具的检验检疫 严格审批手续,禁止从疫区引进动物。对入境运输工具,尤其是可能藏匿蚊子的集装箱、飞机机舱,做好充分的消毒工作。

3. 加强与国际组织的联系和交流 及时了解国际,特别是我国周边国家和地区的疫情动态,以便及时采取相应对策。

4. 告诫民众不要在流行季节前往疾病流行区 提醒民众防止蚊子叮咬,加强自身防护。

六、莱姆病

春夏出游须防"莱姆病"

莱姆病是由伯氏疏螺旋体引起、由蜱（俗称草爬子）传播的一种疾病，主要表现为皮肤、神经系统等多脏器受损，且病程长、病死率较高。该病多发生在林木茂密的地区，一般在 4 月出现，5 月开始增多，6 月达到高峰，而这些季节正是旅游旺季。预防方法主要是做好个人的防护，如穿长袖上衣、长裤、着长袜和高帮鞋，最好将袖、裤口扎紧；不在林区草地上休息，也不要把衣服放在草地上；归来检查体表，若发现蜱叮咬，可轻轻摇动使其自然脱落或轻轻拔出，叮咬处伤口用碘酒和酒精消毒并要立即洗澡、换衣服，必要时去医院诊治。

——摘自《健康报》(2000 年 4 月 28 日)　孟晓捷

(一)概述

莱姆病是一种人与动物共患的传染病，伯氏疏螺旋体是病原，蜱（俗称草爬子）是传播媒介。人感染伯氏疏螺旋体后，可引起多系统、多器官的损害。临床表现为脑膜炎、关节炎、神经根炎、慢性萎缩性肢端皮炎、心肌炎等，对健康威胁很大。

莱姆病是20世纪70年代新发现的一种人与动物共患病,属于自然疫源性疾病。所谓自然疫源性疾病,是指在某些特定的生态环境中,野生动物中一直存在的某些疾病。当家畜或人冒冒失失闯进这个环境后,可能感染病原并且发生这类疾病。

本病是1975年首先在美国康涅狄格州一个名叫莱姆的小镇发现的,所以命名为莱姆病。1982年,从达敏硬蜱(一种草爬子)中分离出疏螺旋体并证实为莱姆病的病原体。人和多种动物都可感染。美国疾病预防控制中心自1982年开始监测莱姆病的流行,到2002年已累计报告病例15万多例,每年新发现病人超过2万个。除美国外,现在全世界五大洲已有20多个国家报告发现有莱姆病存在,其中包括加拿大、澳大利亚、法国、比利时、奥地利、英国、瑞典、丹麦、俄罗斯、捷克、斯洛伐克、埃及、南非、日本等,而且发病区域和患病率仍然呈现迅速扩大和上升的趋势。莱姆病目前已成为世界性的公共卫生问题,被世界卫生组织列为必须加以重点防治研究的疾病之一。

我国1985年首先在黑龙江省海林县发现本病,并从蜱中分离出病原体。1986年报告东北林区人群中有莱姆病的发生和流行。迄今从血清学上证实,至少有29个省、市、自治区的人群有莱姆病的感染;并从黑龙江、内蒙古、吉林、辽宁、甘肃、河北、宁夏、新疆、山东、安徽、江苏、福建、四川、重庆、贵州、湖北、湖南、广东、广西、北京等20个省、市、自治区的病人、动物和蜱体内分离到病原体,证实存在莱姆病的自然疫源地,部分地区人群中有典型病例存在。

绝大多数莱姆病患者由于得不到明确诊断和有效治疗,40%～50%将转为中、晚期慢性全身性感染,导致慢性关节炎、神经系统疾病、心血管疾病和慢性皮炎等较严重的疾患,并可长期反复发作,以致丧失劳动能力、致残,甚至引起死亡。因此,开展对本病的防治具有重要意义。

（二）发生原因和传播方式

在自然界中伯氏疏螺旋体的贮存者和传播者主要是鼠类和蜱,而其他患病动物和带菌动物,特别是与人类接触密切的家畜,也是重要的传染源。近几年,先后在甘肃、东北等地区从牦牛、马及山羊的血清中检出抗伯氏疏螺旋体的抗体,提示这些家畜已被感染。

本病的传播者为多种蜱。在我国以全沟硬蜱为主要传播媒介。蜱自身可携带病原,或蜱在叮咬带菌动物后受到感染,这两种情况下,蜱再去叮咬人,伯氏疏螺旋体就随唾液进入体内而引起人的感染。蜱的粪便中也含有伯氏疏螺旋体,如果污染了人的伤口,也有可能造成感染。病人血液中的伯氏疏螺旋体在血库4℃条件下,贮存48天仍有感染性,所以应高度警惕输血感染。伯氏疏螺旋体还可以通过胎盘,但极少引起胎儿畸形。

人群对伯氏疏螺旋体普遍易感。但自然病例多见于居住或进入林区及农村的人群,男性略多于女性。发病季节为每年的5～9月,和野外蜱的活动规律有关。

（三）症状和诊断

莱姆病的潜伏期3～32天,也有的可长达3个月。在临床上可分为三期。

1. 早期 大多数病例在被蜱叮咬的部位,出现红斑或丘疹,逐渐扩大,直径可从几厘米到十几厘米,中心充血,稍变硬,鲜红色的边缘与周围皮肤分界清楚。病变可为一处或多处,多见于大腿、腹股沟和腋窝等部位。局部可有灼热及痒感。病人常伴有乏力、不适、畏寒发热、头痛、恶心、呕吐、关节和肌肉疼痛等症状,也可出现脑膜刺激征。局部和全身淋巴结可肿大。偶有脾大、肝炎、咽炎、结膜炎、虹膜炎或睾丸肿胀。皮肤病变是本期的特征性表现，一般持续3～8周。

2. 中期　发病后2～4周或经数月，有一部分患者可出现神经系统症状和心脏受损的表现。神经系统受损可表现为脑膜炎、脑炎、小脑共济失调、面神经损伤等多种病变，但以脑炎、面神经损伤为多见，病人有睡眠障碍、注意力不集中、记忆力减退、兴奋性升高、面部麻痹或刺痛等症状。少数病例在出现皮肤病变后3～10周，发生不同程度的心肌炎、心包炎和传导障碍。此外，常伴有关节、肌肉及骨髓的游走性疼痛，但多无关节肿胀。

3. 后期　感染后数周至2年内，约80%的患者发生程度不等的关节损伤，如关节疼痛、关节炎或慢性滑膜炎，对称性出现，以膝、肘、髋等大关节多发。少数患者大关节的病变可转成慢性，同时常伴有软骨和骨组织的破坏。还有一些患者可发生慢性神经系统损害及慢性萎缩性肢端皮炎。

【莱姆病诊断要点】　一是病人在发病季节曾进入或居住于林区、草原等疫区，有被蜱叮咬史。二是临床上出现特征性的皮肤红斑，以及在皮肤病变后出现神经、心脏或关节受损等症状。三是实验室检查，如从血液、关节滑液及病变皮肤中，查出伯氏疏螺旋体及特异性抗体，有助于确诊。

(四)治疗方法

采取支持疗法和抗菌治疗。

对早期病人，可用多西环素，成人每次250毫克，每日2次，口服连用20～30天。也可用阿莫西林，成人每次500毫克，2～10岁小儿每次250毫克，每日3次，口服连用20～30天。对上述药物过敏的，可用头孢呋辛，成人每次500毫克，2岁以上儿童每次

250 毫克,2 岁以下儿童每次 125 毫克,每日 2 次,餐后口服,连用 20～30 天。

对中期、后期病人,可采用大剂量青霉素治疗。成人青霉素钠 2 000 万单位,每日分 4 次静脉滴注,连用 14～30 天。也可用头孢噻肟钠,每日 2 克,1 次静脉滴注,连用 14～30 天。对有心肌炎者,可加用泼尼松治疗,每日 40～60 毫克,口服,疗程根据病情而定。

(五)预防措施

1. 加强个人防护,避免被蜱叮咬　在有蜱的区域生活和工作,应穿长袖衣服、长腿裤,并将衬衣束在裤内,裤脚套入袜内。在裤腿和袖口上喷洒驱避剂(如避蚊胺等),以防蜱附着叮咬。不在林区草地上休息,也不要把衣服放在草地上。从林区、草地回来后,要仔细检查体表,一旦发现被蜱叮咬,可轻轻摇动使其自然脱落或轻轻拔出,或用镊子贴紧皮肤,夹住蜱,用力平稳,轻轻向外拔出。如无镊子可用纸巾包住手指或戴手套,而不可用裸手抓蜱。也不能用凡士林、点着的纸烟、酒精或其他家用药品去除蜱。拔出蜱后,叮咬处应用碘酒和酒精彻底消毒。如仍有蜱的残余未能除去,应就医。

2. 不要接触发病家畜　家畜被携带病原菌的蜱叮咬后,也能发病成为传染源。对家畜和厩舍进行灭蜱,对控制发生本病有一定意义。

马被蜱叮咬感染后,被叮咬局部敏感,易脱毛,感染马出现低热、嗜眠、关节肿大、跛行等症状,有的发生角膜炎,甚至失明。孕马可流产。有的病马出现类似脑膜炎的神经症状,如大量出汗、头颈歪斜、吞咽困难等。

奶牛感染后,腿部、腹部或乳房皮肤上出现红斑、肿胀,伴有发热、关节肿大、跛行、腹泻、产奶量下降等症状。有的发生心肌炎、血管炎、肾炎和肺炎。孕牛可流产。

　　羊感染后，表现为低热、厌食、关节肿大、跛行等症状。

　　犬感染后，常出现发热、厌食、嗜眠、消瘦、关节肿大、跛行等症状，也有的出现肾功能衰竭和神经症状。

第三部分

筑起人与动物
共患病的防火墙

一、当前人与动物共患病的
形势及对策

　　1979 年，世界卫生组织和联合国粮农组织对人与动物共患病下了这样一个定义，那就是"人和脊椎动物由共同病原体引起的，又在流行病学上有关联的疾病"。事实上，从地球上产生动物和人类后，人与动物共患病就已经存在了，而且还会一直存在下去。这类疾病大部分是传染病，少部分是寄生虫病。目前，人们已经发现的人与动物共患病中比较明确的约有 200 种。人与动物共患病既可由动物传染给人，也可由人传染给动物。自古以来，人类许多传染病、寄生虫病的发生、流行，均与动物有关。据有关专家估计，在对人类造成许多危害的流行病中，约 70％是人与动物共患病。

　　从全国范围看，传统的人与动物共患病疫情比较稳定，有不少已经得到控制，但个别疫病仍呈现一种上升态势。世界上新出现的一些人与动物共患病，有的在我国已有发生，有的虽还未传入我国，但已在周边国家流行，对我国构成的威胁在日益加大。近年来，我国人与动物共患病的患病率有所增加，在公共卫生事件中也占有较高比例。因此，我们面临的人与动物共患病的防控形势还是比较严峻的。

（一）我国人与动物共患病特点

　　1. 少数人与动物共患病已经被消灭　有些人与动物共患病已得到了有效的控制。例如，人的天花已基本被消灭，这是一个非常了不起的成就。结核病、布鲁菌病、黑热病、人间鼠疫、炭疽等，都已经得到有效的控制。布鲁菌病于 20 世纪 50～60 年代在人畜间流行较重;自 70 年代起布鲁菌病疫情逐年下降,至 90 年代初,人间感染率仅为 0.3%,患病率只有 0.02/10 万,这个情况甚至明显好于某些发达国家。再如,黑热病曾流行于我国长江以北的省、市、自治区。1958 年以后,主要流行区如华北、华东等地已经基本消灭了黑热病。据卫生部报告,2002～2008 年,全国的鼠疫发病人数分别为 68、13、22、10、1、2、2;而同期,全国炭疽患病人数分别为 783、602、611、532、451、421、336,均呈逐年下降趋势。

2. 新的病原微生物不断出现　新病原引起新的人与动物共患病发生,其中有些危害相当严重。最近 30 余年,在人类出现了 20 多种新发传染病。这些新发传染病,大多数怀疑来源于动物。如艾滋病、埃博拉病毒病、人的朊病毒病、人高致病性禽流感、裂谷热、尼帕病毒病、传染性非典型性肺炎、登革热、甲型 H1N1 流感等。其中,2002～2008 年,全国登革热的发病人数分别为 1 606、93、247、40、1 044、539、202 人次。人类对这些新发传染病的病因和流行规律缺乏足够的认识,也缺乏有效的诊断技术和防治方法。一旦出现流行,往往会严重冲击正常的生活秩序和经济发展,并在一定程度上可能会造成全社会的恐慌。

3. 一些人与动物共患病的患病率和病死率居高不下　其中有些已得到控制的人与动物共患病,又有死灰复燃的倾向。例如,人们所熟知的狂犬病,2002～2008 年,全国的发病病例数分别为 1 191、2 037、2 651、2 537、3 279、3 300、2 466,病死率接近 100%。在我国已经得到控制的布鲁菌病疫情,自 1993 年以来出现了反弹,1996 年我国部分省、自治区疫情明显回升,当年布鲁菌病暴发点从 1991 年的 0 个上升为 76 个,2002～2008 年,全国的患病人数分别为 5 505、6 448、11 742、18 416、19 013、19 721、27 767 人次,已引起我国有关部门的高度关注。因此,对那些基本得到控制的人与动物共患病,须进一步加强监测与控制。

(二)我国人与动物共患病发生的原因

少数的人与动物共患病已被消灭或被控制。一是这类人与动物共患病的传染源比较单一,仅感染人或仅感染某种动物,不大可能使人与多种动物同时发生感染。二是这类人与动物共患病多为急性传染病,流行过程比较剧烈,病人或患病动物要么痊愈,要么死亡,很少转为慢性,一般没有隐性感染或恢复期携带病原的问题。三是这类人与动物共患病病原遗传性稳定,很少或几乎不发生变异,血清型少或仅有一个血清型,容易制造疫苗,而且免疫效果也好。像天花、脊髓灰质炎,动物的牛瘟、牛传染性胸膜肺炎等,都符合这几个特点,这些疫病在我国已被消灭或得到有效控制。

近年新发的人与动物共患病大多是由病毒引起的,只有少数是细菌引起。病毒和细菌都属于微生物,微生物是地球上一个极其庞大的群体。有科学家估计,人类已经认识的微生物还不到微生物总数的 10%,甚至不到 1%。新的人与动物共患病出现,还可能和以下几个因素有关。一是全球经济一体化进程加快,世界贸易和旅游业获得空前发展,不少原来呈地方性流行的疾病变成了世界性流行,如西尼罗河病毒感染、埃博拉病毒病、尼帕病毒病的流行。二是越来越多的国家和地区,特别是发展中国家和欠发达地区,把大力发展养殖业作为快速发展经济、提升人民生活水平的重要措施,使饲养动物的数量和种类快速增加。在现代畜牧业生产中,集约化的生产方式,增加了疾病传播速度与流行强度。而饲养动物种类的增多,也使病原微生物在不同物种间传播的机会大大增加。例如,人类链球菌病、流行性乙型脑炎、高致病性禽流感的发生和流行,就可能和养猪业、养鸡业的发展有一定的联系。三是病毒、细菌的变异,以及细菌耐药菌株的出现往往使人们防不胜防。在生态环境改变和人体免疫力降低等多重作用下,病原微生物通过基因突变等方式不断出现新的变异株,致病力也跟着发生变化,有些变异株可能引起人发病,H5N1型高致病性禽流感毒株就是一个典型的例子。当前,我国许多养殖企业病原肆虐,为了企业的生存,不得已进行过度消毒,大量使用抗生素添加剂,这样既增加了生产成本,又降低了畜禽免疫力,有时还造成产品抗生素超标,同时产生耐药菌株等,最终引起一种恶性循环。四是人们生活方式的不断变化,也给人与动物共患病的发生提供了可乘之机。过去,饲养宠物往往是少数富人的一种消遣方式。而现在,随着经济的发展和人民生活水平的普遍提高,宠物越来越多地走进了寻常百姓家。宠物种类的急剧扩大,数量的急剧增加,也在某种程度上加速了人与动物共患病的传播。在这方面,狂犬病是一个典型例子。五是随着世界人口的增长,人类活动范围变大;加上全球气候变暖,生态环境恶化,森林覆盖面积减少,自然灾害频发,人类和野生动物接触过于密切等,使人类与自然界原有的病原携带生物的接触机会增多。动物疫病对人类的威胁变得越来越大,并可能导致新的人与动物共患病的暴发与流行。其中艾滋病、传染性非典型性肺炎、裂谷热等,就是一些典型的例子。还有捕猎、宰杀、食用野生动物,也是引起人与动物共患病的一个非常重要的原因。

　　有些已经得到控制的人与动物共患病死灰复燃,并呈现一种上升趋势。以布鲁菌病为例,最近几年,在一些省、自治区,家畜(主要是羊、牛、猪)布鲁菌病的患病率有所增加;而在同一地区,牧民、农民等与家畜接触密切的人员,布鲁菌病的患病率也有所增加,二者之间存在一定联系。这种情况的出现,原因也是多方面的。一是我国有些地区,不经检疫的家畜、家禽、宠物等进入市场,使不少人与动物共患病有了在异地传播的机会。二是家畜、家禽、宠物等免疫密度达不到规定的要求,造成了疾病在感染动物与健康动物间的传播,以及在动物和人之间的传播。使某些人与动物共患病在已达标的省区又重新抬头,甚至暴发流行。三是综合性防治措施执行不力。例如,某些地区由于乡镇调整,造成人与动物共患病防治机构解散,专业队伍流失,检疫点撤销,监督失控,导致该地区人与动物共患病疫情回升。

(三)人与动物共患病的防控措施

1. 控制人与动物共患病在动物间的流行传播 防治人与动物共患病,必须从源头入手,坚持"人与动物共防"、"人与动物共治"。其中,最主要的是搞好"人与动物共防",即筑起一道人与动物共患病的防火墙。人与动物共患病,理论上可以从动物传给人,也可以从人传给动物。但从目前的实际情况来看,主要还是从动物传给人。在我国发生的大部分人与动物共患病基本都是从动物中间传播来的,因此要想控制人与动物共患病在人间的流行和传播,就要从源头入手,先控制人与动物共患病在动物间的流行传播。这项工作可从 3 个方面进行。

(1)消灭传染源:传染源,指的是携带病原并能把病原不断排出体外,引起其他动物或人感染的发病动物或携带病原动物。从动物生态学角度而言,尽管许多疾病来源于野生动物,但真正的肇事者并不是野生动物,而恰恰是人类自己。例如,野生水禽可携带禽流感病毒,非洲一些非人类灵长类动物可携带艾滋病毒,但它们本身并不患病,而只是病原的携带者。由于人类无节制的开发自然,大举侵入野生动物的领地,在向大自然索取资源的同时,也接触到了许多原先从未接触过的病原体,从而引发人类的疾病。

对发现的动物传染源应根据人与动物共患病的防治实践,对某些高危野生动物,其生活在野外时并不需要统统围剿消灭。对那些已捕获或驯养并发现其确实携带病原的,则应迅速采取强有力的扑灭措施。对于有经济价值的动物或珍稀保护动物,则应做好隔离、治疗等工作。为控制疯牛病、口蹄疫、禽流感等疾病,人们已扑杀、销毁了大量的畜、禽,其损失令人叹息。为了人类健康,扑杀染病动物显然是必须的,但也是迫不得已的。

(2)切断传播途径:病原体由传染源排出之后,经过不同的路径,引起其他动物或人发生感染,这种路径叫做传播途径。不少人与动物共患病需依靠吸血昆虫作为传播媒介,才能在动物间传播。因此,设法杀灭吸血昆虫就可有效阻断疫病的流行。例如,流行性乙型脑炎、西尼罗河病毒感染、登革热等。而对于大多数人与动物共患病,搞好疫区封锁,隔离患病动物,消毒污染区域等,是切断传播途径的重要措施。

(3)提高种群免疫力:对于有价值的动物,特别是家畜、家禽、宠物等,通过疫苗接种进行免疫接种,是预防畜禽发生疫病的有效措施。例如,对付狂犬病、高致病性禽流感等,注射疫苗就很有效。

2. 建立人与动物共患病防控机构　建立跨专业领域的疫情通报机制,实现跨学科、跨部门与地区间、国际的整体合作,以应对日益严峻的人与动物共患病防治形势。

加强人与动物共患病的防治,要切实做好重要的基础性研究工作和技术储备。其中一个是疫苗的研制,另一个是抗病毒药物的研制。疫苗和抗病毒药物,是抗击大部分人与动物共患病的两大法宝。如果能够在尽可能短的时间内,对一种未知传染病生产出相应疫苗,就可以最大限度减少这种传染病造成的损失。因此,迅速提高我国新疫苗的研制水平,具有重要的战略意义。我国在控制人高致病性禽流感、传染性非典型性肺炎等疾病疫苗的研制上,都已经取得了实质性的进展。筛选有效的抗病毒药物,是应对人与动物共患病的又一项重要措施。新发传染病中约2/3是由病毒引起的,而迄今针对病毒性传染病仍缺乏特效的治疗药物。因此,继续研究、开发有效的抗病毒药物,是防治人与动物共患病工作的一项急需。

3. 加强宣传教育　应加大经费投入,增强抵御人与动物共患病的能力。要利用电视、广播、报纸、网络等多种手段,对群众进行防治人与动物共患病知识的宣传教育。对某些人与动物共患病的易感人群,要提前做好疫苗的预防接种工作。一旦发生人与动物共患病,一定要抓紧就医,进行规范的处理和治疗,千万不能心存侥幸。在当前新农村建设和医疗卫生制度改革过程中,加大投入,改善农村、牧区基层医疗卫生条件,努力创建一个和谐的社会环境和良好的生态环境,有效防范人与动物共患病的暴发流行。

　　我国在人与动物共患病研究与防治方面取得的成就为全球所瞩目。例如,防控鼠疫、出血热、血吸虫病、高致病性禽流感、甲型H1N1流感等多种疾病,实效明显;在人类链球菌病、传染性非典型性肺炎和高致病性禽流感等疫苗的研制上进展迅速;我国传统中医中药在防治人与动物共患病中日显重要。可以说,我国已经能够有效地预防、治疗大部分危害严重的人与动物共患病。但我们也应注意到,广大群众的生活和医疗水平还有待进一步提高,少数农牧民还没有脱贫,生活条件依然较差;有些农村牧区医疗卫生基础设施薄弱,中西部有些地区生态环境脆弱,家畜、家禽科学养殖水平低;个别人私自滥捕乱杀和食用野生动物、饲养来历不明或未经检疫宠物的现象,也时有发生。因此,在人与动物共患病防治上,我们面临的问题和困难还很多,与发达国家相比,还有较大差距。这就需要我们奋起直追,创新进取,加快新农村、新牧区的建设步伐,稳步改善全民的医疗卫生状况,不断提高人与动物共患病的防治水平。

二、不同动物能传染给人的疾病分类

　　在本书的第一部分和第二部分,我们介绍了 40 多种重要的人与动物共患病的防治知识。但是,不同的动物往往能传播不同的疾病,而且我们每个人所能接触到的动物种类也是不同的。因此,了解不同动物能传播给人哪些疾病,对于有针对性地做好预防工作很有帮助。根据有关文献,我们经编译、修改和充实,形成如下资料,仅供从事人与动物共患病防治的工作人员参考。因为考虑到大家对有些疾病和病原不一定很熟悉,所以我们采取了中外文对照的方式列出。

(一)猪能传给人的疾病

1. 炭疽(Anthrax)。

2. 嗜水气单胞菌(可引起人急性胃肠炎等)(*Aeromonas hydrophila*)。

3. 猪蛔虫(猪蛔虫的幼虫可致人的肺部感染等)(*Ascaris suum*)。

4. 肉毒杆菌中毒症(Botulism)。

5. 猪布鲁菌(可引起人的布鲁菌病)(*Brucella suis*)。

6. 伪鼻疽伯氏菌(可引起人的类鼻疽)(*Burkholderia pseudomallei*)。

7. 隐孢子虫病(Cryptosporidiosis)。

8. 波列基肠阿米巴(引起人肠阿米巴病)(*Entamoeba polecki*)。

9. 肠出血性大肠杆菌 O157:H7(可引起人大肠杆菌病)(Enterohemorrhagic *E. coli* O157:H7)。

10. 猪丹毒丝菌(引起人的类丹毒)(*Erysipelothrix rhusiopathiae*)。

11. 黄杆菌群类Ⅱb菌(猪咬伤人后从伤口内分离到的一种病原菌)(Flavobacterium group Ⅱb—like bacteria)。

12. 口蹄疫(Foot and mouth disease)。

13. 幽门螺杆菌(可引起人胃炎、消化道溃疡等)(*Helicobact-er pylori*)。

14. 戊型肝炎病毒(可引起人的戊型肝炎)(Hepatitis E virus)。

15. 流感(Influenza)。

16. 日本乙型脑炎(Japanese encephalitis B)。

17. 克雷伯杆菌(是引起人肺炎的病原菌之一)(*Klebsiella*)。

18. 钩端螺旋体病(Leptospirosis)。

19. 梅那哥病毒病(在澳大利亚梅那哥附近的猪场发现,梅那哥病毒可感染人,临床呈现流感样症状,并发生皮疹)(Menangle virus disease)。

20. 尼帕病毒病(Nipah virus disease)。

21. 产气巴氏杆菌(偶致人心包炎和被咬伤处发生脓灶等)(Pasteurella aerogenes)。

22. 多杀性巴氏杆菌(偶致人心包炎和被咬伤处发生脓灶等)(*Pasteurella multocida*)。

23. 猪痢(Pigbel)。

24. 狂犬病(Rabies)。

25. 轮状病毒感染(Rotavirus infection)。

26. 猪霍乱沙门菌(可引起人败血症等)(*Salmonella cholerae-suis*)。

27. 鼠伤寒沙门菌(可引起人胃肠炎、败血症等)(*Salmonella typhimurium*)。

28. 沙门菌病(Salmonellosis)。

29. 肉孢子虫病(Sarcosporidiosis)。

30. 疥螨病(Scabies)。

31. L 群停乳链球菌(可引起人链球菌病)[*Streptococcus dysgalactiae*(group L)]。

32. 米勒链球菌（可引起人链球菌病）（*Streptococcus milleri*）。

33. R 群 2 型猪链球菌（可引起人链球菌病）［*Streptococcus suis* type 2（group R）］。

34. 猪水疱病病毒（可引起人的类流感）（Swine vesicular disease virus）。

35. 猪带绦虫，链状带绦虫（成虫寄生于人的小肠，其幼虫可寄生于人的脑和心肌，后果严重）（*Taenia solium*）。

36. 旋毛形线虫（成虫引起人的肠炎，幼虫寄生于肌肉、肺、脑，后果严重）（*Trichinella spiralis*）。

37. 弓形虫病（Toxoplasmosis）。

38. 小肠结肠炎耶尔森菌（可引起人小肠结肠炎、败血症等）（*Yersinia enterocolitica*）。

39. 伪结核耶尔森菌（可引起人急性肠系膜淋巴结炎、肠炎等）（*Yersinia pseudotuberculosis*）。

（二）犬能传给人的疾病

1. 炭疽（Anthrax）。

2. 芽生菌病（Blastomycosis）。

3. 动物溃疡伯格菌（动物溃疡威克斯菌）（从人被犬、猫咬伤的伤口内分离出，有时引起严重的皮肤感染）［*Bergeyella（Weeksella）zoohelcum*］。

4. 支气管败血波氏菌（偶可引起人的呼吸道感染）（*Bordetella bronchiseptica*）。

5. 犬布鲁菌（可引起人的布鲁菌病）（*Brucella canis*）。

6. 弯曲菌病（Campylobacteriosis）。

7. 犬咬伤嗜二氧化碳噬胞菌（在人被咬伤的伤口内能分离得

到）（*Capnocytophaga canimorsus*）。

8. 疾控中心 EF-4a 和 EF-4b 群（属于奈瑟菌属，在人被咬伤的伤口内能分离得到）（CDC groups EF-4a and EF-4b）。

9. 疾控中心氧化酶阴性 1 号菌株（从人被犬和猫咬伤处分离得到的一种需要复合营养、氧化酶阴性、革兰染色阴性的杆菌）（CDC group NO-1）。

10. 肉食螨病（Cheyletiellosis）。

11. 多头蚴病（Coenurosis）。

12. 隐孢子虫病（Cryptosporidiosis）。

13. 皮肤幼虫移行症（寄生性蠕虫如犬钩虫，其幼虫在人皮肤中移行和寄生，引起皮肤损害，并可出现蛇形红色疹，称为匐形疹）（Cutaneous larva migrans）。

14. 毛囊蠕形螨（寄生于毛囊或皮脂腺，引起人皮肤病）（*Demodex folliculorum*）。

15. 皮肤真菌病，肤癣病（Dermatophytosis）。

16. 肾膨结线虫（可引起人的肾虫病，致肾的损伤）（*Dioctophyme renale*）。

17. 阔节裂头绦虫（寄生于人和肉食动物的回肠）（*Diphyllobothrium latum*）。

18. 犬复孔绦虫（偶可感染人引起消化道症状）（*Dipylidium caninum*）。

19. 棘球蚴病，包虫病（Echinococcosis）。

20. 土拉弗朗西斯菌（可引起人患野兔热，又叫土拉热）（*Francisella tularensis*）。

21. 人单核细胞艾立希体病（本病的病原是查菲艾立希体）（Granulocytic ehrlichiosis）。

22. 棘颚口线虫（寄生于犬、猫的胃内，其幼虫可引起人内脏和皮肤的幼虫移行症）（*Gnathostoma spinigerum*）。

23. 异形异形吸虫（寄生于人、犬、猫的小肠内）（*Heterophyes heterophyes*）。

24. 荚膜组织胞浆菌（可引起人的组织胞浆病）（*Histoplasma capsulatum*）。

25. 钩虫病（一种土源性线虫病，由钩虫寄生在人小肠引起）（Hookworm disease）。

26. 流感（Influenza）。

27. 日本乙型脑炎（Japanese encephalitis B）。

28. 黑热病（Kala-azar），又称内脏利什曼病（Visceral leishmaniasis）。

29. 钩端螺旋体病（Leptospirosis）。

30. 莱姆病（Lyme disease）。

31. 犬奈瑟菌（可引起人奈瑟菌病）（*Neisseria canis*）。

32. 编织奈瑟菌（可引起人奈瑟菌病）（*Neisseria weaveri*）。

33. 多杀性巴氏杆菌（偶致人心包炎和咬伤处发生化脓灶等）（*Pasteurella multocida*）。

34. 鼠疫（Plague）。

35. 狂犬病（Rabies）。

36. 落基山斑疹热（Rocky Mountain spotted fever）。

37. 沙门菌病（Salmonellosis）。

38. 人疥螨（可引起人的疥螨病，表现为疥疮，皮肤剧痒、化脓感染）（Sarcoptes scabiei hominis）。

39. 疥螨病（Scabies）。

40. 中间葡萄球菌（可引起人化脓性疾病、败血症）（*Staphylococcus intermedius*）。

41. 粪类原线虫（寄生于人、犬、猫的小肠内）（*Strongyloides stercoralis*）。

42. 旋毛虫病，毛线虫病（Trichinosis）。

43. 内脏幼虫移行症（寄生性蠕虫如蛔虫，其幼虫在人内脏移行和寄生，引起组织损伤和发热等全身症状）（Visceral larva migrans）。

44. 小肠结肠炎耶尔森菌（可引起人小肠结肠炎、败血症等）（*Yersinia enterocolitica*）。

（三）猫能传给人的疾病

1. 炭疽（Anthrax）。

2. 巴尔通体（可引起人患猫抓病）［*Bartonella（Rochalimaea）henselae*］。

3. 动物溃疡伯格菌（动物溃疡威克斯菌）（从人被犬、猫咬伤的伤口内分离出，有时引起严重的皮肤感染）［*Bergeyella（Weeksella）zoohelcum*］。

4. 猪布鲁菌（可引起人的布鲁菌病）（*Brucella suis*）。

5. 弯曲菌病（Campylobacteriosis）。

6. 犬咬伤嗜二氧化碳噬胞菌（在人被咬伤的伤口内能分离得到）（*Capnocytophaga canimorsus*）。

7. 疾控中心氧化酶阴性1号菌株（从人被犬和猫咬伤处分离得到的一种需要复合营养、氧化酶阴性、革兰染色阴性的杆菌）（CDC group NO-1）。

8. 鹦鹉热衣原体（猫株）［*Chlamydia psittaci（feline strain）*］。

9. 牛痘病毒（人感染后在面部和手出现痘疱）（Cowpox virus）。

10. 皮肤幼虫移行症（寄生性蠕虫如犬钩虫，其幼虫在人皮肤中移行和寄生，引起的皮肤损害，并可出现蛇形红色疹，称为匐形疹）（Cutaneous larva migrans）。

11. 皮肤真菌病，肤癣病（Dermatophytosis）。

12. 阔节裂头绦虫（寄生于人和肉食动物的回肠）（*Diphyllobothrium latum*）。

13. 犬复孔绦虫（偶可感染人引起消化道症状）（*Dipylidium caninum*）。

14. 棘颚口线虫（寄生于犬、猫的胃内，其幼虫可引起人内脏和皮肤的幼虫移行症）（*Gnathostoma spinigerum*）。

15. 幽门螺杆菌（可引起胃炎、消化道溃疡等）（*Helicobacter pylori*）。

16. 异形异形吸虫（寄生于人、犬、猫的小肠内）（*Heterophyes heterophyes*）。

17. 荚膜组织胞浆菌（可引起人的组织胞浆病）（*Histoplasma capsulatum*）。

18. 钩端螺旋体病（Leptospirosis）。

19. 犬奈瑟菌（可引起人的奈瑟菌病）（*Neisseria canis*）。

20. 多杀性巴氏杆菌（偶致人心包炎和咬伤处发生化脓灶等）（*Pasteurella multocida*）。

21. 鼠疫（Plague）。

22. 痘病毒（Poxvirus）。

23. Q 热（Q-fever）。

24. 狂犬病（Rabies）。

25. 猫立克次体（可引起人的猫蚤斑疹伤寒）（*Rickettsia felis*）。

26. 沙门菌病（Salmonellosis）。

27. 疥螨病（Scabies）。

28. 申克孢子丝菌，申克分支孢菌（可引起人的孢子丝菌病）（*Sporothrix schenckii*）。

29. 粪类原线虫（寄生于人、犬、猫的小肠内）（*Strongyloides*

stercoralis)。

30. 旋毛虫病,毛线虫病(Trichinosis)。

31. 弓形虫病(Toxoplasmosis)。

32. 内脏幼虫移行症(寄生蠕虫如蛔虫,其幼虫在人内脏移行和寄生,引起组织损伤和发热等全身症状)(Visceral larva migrans)。

33. 伪结核耶尔森菌(可引起人急性肠系膜淋巴结炎、肠炎等)(*Yersinia pseudotuberculosis*)。

(四)鸡、鸭等禽类能传给人的疾病

1. 弯曲菌病(Campylobacteriosis)。

2. 猪丹毒丝菌(可引起人的类丹毒)(*Erysipelothrix rhusiopathiae*)。

3. 高致病性禽流感(Highly pathogenic avian influenza)。

4. 日本乙型脑炎(Japanese encephalitis B)。

5. 克雷伯杆菌(是引起人肺炎的病原菌之一)(*Klebsiella*)。

6. 新城疫病毒(Newcastle disease virus)。

7. 多杀性巴氏杆菌(偶致人心包炎等)(*Pasteurella multocida*)。

8. 荚膜组织胞浆菌(可引起人的组织胞浆病)(*Histoplasma capsulatum*)。

9. 沙门菌病(Salmonellosis)。

10. 圣路易斯脑炎病毒(可引起人的脑炎)(St. Louis encephalitis virus)。

11. 西尼罗热(West Nile fever)。

12. 伪结核耶尔森菌(可引起人急性肠系膜淋巴结炎、肠炎等)(*Yersinia pseudotuberculosis*)。

(五)兔能传给人的疾病

1. 生物 2 型猪布鲁菌(可引起人的布鲁菌病)(*Brucella suis biotype 2*)。

2. 肉食螨侵染(Cheyletiella infestation)。

3. 流行性出血热(Epidemic hemorrhagic fever)。

4. 土拉弗朗西斯菌(可引起人患野兔热,又叫土拉热)(*Francisella tularensis*)。

5. 李氏杆菌病(Listeriosis)。

6. 支原体病(Mycoplasmosis)。

7. 鼠疫(Plague)。

8. Q 热(Q-fever)。

9. 葡萄球菌病(Staphylococcosis)。

10. 须发癣菌,毛癣菌(可引起人毛癣菌病、发癣菌病)(*Trichophyton mentagrophytes*)。

11. 伪结核耶尔森菌(可引起人急性肠系膜淋巴结炎、肠炎等)(*Yersinia pseudotuberculosis*)。

(六)鱼能传给人的疾病

1. 异尖属线虫(可引起人的异尖线虫病,致消化道溃疡和出血)(*Anisakis*)。

2. 肉毒梭菌中毒症(Botulism)。

3. 菲律宾毛细线虫病(Capillaria phillipenensis)。

4. 霍乱(Cholera)。

5. 华枝睾吸虫(可引起人的华枝睾吸虫病,致胆管和胆囊损伤)(*Clonorchis sinensis*)。

6. 肾膨结线虫（可引起人的肾虫病，致肾的损伤）（*Diocto-phyme renale*）。

7. 阔节裂头绦虫（寄生于人和肉食动物的回肠，鱼是中间宿主）（*Diphyllobothrium latum*）。

8. 棘口吸虫病（Echinostomiasis）。

9. 迟缓爱德华菌（可引起人的胃肠炎，偶致败血症）（*Edwardsiella tarda*）。

10. 猪丹毒丝菌（可引起人的类丹毒）（*Erysipelothrix rhusiopathiae*）。

11. 真原虫病（Eustrongylides）。

12. 棘颚口线虫（寄生于犬、猫的胃内，鱼可感染，其幼虫可引起内脏和皮肤的幼虫移行症）（*Gnathostoma spinigerum*）。

13. 异形异形吸虫（寄生于人、犬、猫的小肠内，鱼为中间宿主）（*Heterophyes heterophyes*）。

14. 横川后殖吸虫（寄生于人、犬、猫的小肠内，鱼为中间宿主）（*Metagonimus yokogawai*）。

15. 隐孔吸虫病（Nanophyetiasis）。

16. 后睾吸虫病（Opisthorchiasis）。

17. 沙门菌病（Salmonellosis）。

18. 弧菌感染（Vibrio infection）。

（七）牛能传给人的疾病

1. 化脓放线菌（可引起人的放线菌病）（*Actinomyces pyogenes*）。

2. 炭疽（Anthrax）。

3. 牛海绵状脑病，疯牛病（Bovine spongiform encephalopathy, Mad cow disease）。

4. 布鲁菌病(Brucellosis)。

5. 伪鼻疽伯氏菌(可引起人的类鼻疽)(*Burkholderia pseud-omallei*)。

6. 弯曲菌病(Campylobacteriosis)。

7. 牛痘病毒(人感染后在面部和手出现痘疱)(Cowpox virus)。

8. 克里米亚/刚果出血热病毒(可引起人出血热)(Crimean/Congo hemorrhagic fiver virus)。

9. 新型隐球菌(可引起人的肺炎、慢性脑膜炎)(*Cryptococcus neoformans*)。

10. 嗜皮菌属的刚果嗜皮菌(可引起人嗜皮菌病)(*Dermatophilus congolensis*)。

11. 大肠埃希菌 O157:H7(可引起人的大肠杆菌病)(*Escherichia coli* O157:H7)。

12. 欧洲蜱传脑炎(European tick-borne encephalitis)。

13. 口蹄疫(Foot and mouth disease)。

14. 鞭毛虫病(Giardiasis)。

15. 日本乙型脑炎(Japanese encephalitis B)。

16. 克雷伯杆菌(是引起人肺炎的病原菌之一)(*Klebsiella*)。

17. 钩端螺旋体病(Leptospirosis)。

18. 牛分枝杆菌(可引起人的结核病)(*Mycobacterium bovis*)。

19. 伪牛痘(Pseudocowpox)。

20. Q 热(Q-fever)。

21. 狂犬病(Rabies)。

22. 裂谷热(Rift valley fever)。

23. 沙门菌病(Salmonellosis)。

24. 兽疫链球菌(可引起人的链球菌病)(*Streptococcus zoo-*

epidemicus)。

25.牛带绦虫,无钩绦虫(成虫寄生在人的小肠,牛是中间宿主)(*Taenia saginata*)。

26.小肠结肠炎耶尔森菌(引起人的小肠结肠炎、败血症等)(*Yersinia enterocolitica*)。

(八)马能传给人的疾病

1.放线杆菌(未定种)(可引起人放线菌病)(*Actinobacillus spp*•)。

2.嗜吞噬细胞乏质体(可引起颗粒细胞艾立希体病、蜱传热)(*Anaplasma phagocytophilun*)。

3.炭疽(Anthrax)。

4.布鲁菌病(Brucellosis)。

5.弯曲菌病(Campylobacteriosis)。

6.肺炎亲衣原体(可引起人的结膜炎、肺炎等)(*Chlamydia pneumoniae*)。

7.新型隐球菌(可引起人的肺炎、慢性脑膜炎)(*Cryptococcus neoformans*)。

8.嗜皮菌属的刚果嗜皮菌(可引起人的嗜皮菌病)(*Dermatophilus congolensis*)。

9.马麻疹病毒(即亨德拉病毒)(Equine morbillivirus)。

10.东部马脑炎病毒(可引起人的脑炎)(Eastern equine encephalitis virus)。

11.鼻疽(Glanders)。

12.亨德拉病毒(在澳大利亚昆士兰州亨德拉镇病马体内分得,可引起人的急性呼吸窘迫综合征)(Hendra virus)。

13.日本乙型脑炎(Japanese encephalitis B)。

14. 克雷伯杆菌（是引起人肺炎的病原菌之一）（*Klebsiella*）。

15. 钩端螺旋体病（Leptospirosis）。

16. 狂犬病（Rabies）。

17. 沙门菌病（Salmonellosis）。

18. 西尼罗河热（West Nile fever）。

19. 西部马脑炎病毒（可引起人的脑炎）（Western equine encephalitis virus）。

20. 委内瑞拉马脑炎病毒（可引起人的脑炎、发热）（Venezuelan equine encephalitis virus）。

21. 伪结核耶尔森菌（可引起人的急性肠系膜淋巴结炎、肠炎等）（*Yersinia pseudotuberculosis*）。

（九）羊能传给人的疾病

1. 放线杆菌属（未定种）（可引起人的放线菌病）（*Actinobacillus spp*·）。

2. 炭疽（Anthrax）。

3. 副百日咳波氏菌（可引起人的咳嗽、肺炎）（*Bordetella parapertussis*）。

4. 布鲁菌病（Brucellosis）。

5. 伪鼻疽伯氏菌（可引起人的类鼻疽）（*Burkholderia pseudomallei*）。

6. 弯曲菌病（Campylobacteriosis）。

7. 沙眼衣原体（羊）（可引起人的结膜炎、沙眼等）[*Chlamydia trachomatis*（ovine）]。

8. 克里米亚/刚果出血热病毒（可引起人出血热）（Crimean/Congo hemorrhagic fiver virus）。

9. 新型隐球菌（可引起人的肺炎、慢性脑膜炎）（*Cryptococcus*

neoformans）。

10. 隐孢子虫病（Cryptosporidiosis）。

11. 嗜皮菌属的刚果嗜皮菌（可引起人的嗜皮菌病）（*Dermatophilus congolensis*）。

12. 欧洲蜱传脑炎（European tick-borne encephalitis）。

13. 土拉弗朗西斯菌（可引起人患野兔热，又叫土拉热）（*Francisella tularensis*）。

14. 口蹄疫（Foot and mouth disease）。

15. 鞭毛虫病（Giardiasis）。

16. 幽门螺杆菌（可引起人的胃炎、消化道溃疡等）（*Helicobacter pylori*）。

17. 日本乙型脑炎（Japanese encephalitis B）。

18. 克雷伯杆菌（是引起人类肺炎的病原菌之一）（*Klebsiella*）。

19. 嗜肺军团菌（可引起人军团病）（*Legionella pneumophila*）。

20. 钩端螺旋体病（Leptospirosis）。

21. 跳跃病（Louping ill）。

22. 内罗毕羊病病毒（可引起人的肝炎、出血热）（Nairobi sheep disease virus）。

23. 羊口疮病毒（可引起人的口膜炎、溃疡，皮肤形成水疱、皮疹、脓疱）（Orfvirus）。

24. Q 热（Q-fever）。

25. 狂犬病（Rabies）。

26. 裂谷热（Rift valley fever）。

27. 沙门菌病（Salmonellosis）。

28. 小肠结肠炎耶尔森菌（*Yersinia enterocolitica*）。

29. 伪结核耶尔森菌（可引起人的急性肠系膜淋巴结炎、肠炎等）（*Yersinia pseudotuberculosis*）。

（十）骆驼能传给人的疾病

1. 布鲁菌病（Brucellosis）。

2. 驼痘（Camelpox）。

3. 弯曲菌病（Campylobacteriosis）。

4. 口蹄疫（Foot and mouth disease）。

5. 鼠疫（Plague）。

6. Q 热（Q-fever）。

7. 沙门菌病（Salmonellosis）。

8. 伪结核耶尔森菌（可引起人的急性肠系膜淋巴结炎、肠炎等）（*Yersinia pseudotuberculosis*）。

（十一）鼠能传给人的疾病

1. 阿根廷出血热（Argentine hemorrhagic fever）。

2. 玻利维亚出血热（Bolivian hemorrhagic fever）。

3. 地方性斑疹伤寒（Endemic typhus）。

4. 土拉弗朗西斯菌（可引起人的野兔热，又叫土拉热）（*Francisella tularensis*）。

5. 汉坦病毒肺综合征（由汉坦病毒引起）（Hantavirus pulmonary syndrome）。

6. 同性恋螺杆菌（又称为同性恋弯曲菌，可引起人肠道和肠道外疾病）（*Helicobacter cinaedi*）。

7. 肾综合征出血热（由汉坦病毒引起）（Hemorrhagic fever with renal syndrome）。

8. 缩小膜壳绦虫病（Hymenolepsis diminuta）。

9. 微小膜壳绦虫病（Hymenolepsis nana）。

10. 卡萨努森林病病毒（可引起人的出血热、脑炎）。（Kyasanur forest disease virus）

11. 拉沙热（Lassa fever）。

12. 钩端螺旋体病（Leptospirosis）。

13. 李氏杆菌病（Listeriosis）。

14. 淋巴细胞脉络丛脑膜炎（Lymphocytic choriomeningitis）。

15. 拔氏鸡刺螨引起的皮炎（Ornithonyssus bacoti-induced dermatitis）。

16. 鼠疫（Plague）。

17. 狂犬病（Rabies）。

18. 猫立克次体（可引起人的猫蚤斑疹伤寒）（*Rickettsia felis*）。

19. 立克次体痘（Rickettsialpox）。

20. 沙门菌病（Salmonellosis）。

21. 念珠状链杆菌（是引起人鼠咬热的病原菌）（*Streptobacillus moniliformis*）。

22. 蜱传回归热（Tick-borne relapsing fever）。

23. 须发癣菌，毛癣菌（Trichophyton mentagrophytes）。

24. 委内瑞拉出血热（Venezuelan hemmorhagic fever）。

25. 小肠结肠炎耶尔森菌（可引起人的小肠结肠炎、败血症等）（*Yersinia enterocolitica*）。

（十二）非人类灵长类动物能传给人的疾病

1. 伯特绦虫病（Bertielliasis）。

2. 弯曲菌病（Campylobacteriosis）。

3. 登革热(Dengue fever)。

4. 埃博拉出血热(Ebola hemorrhagic fever)。

5. 溶组织内阿米巴(可引起人的肠阿米巴病)(Entamoeba histolytica)。

6. 波氏阿米巴(可引起人的阿米巴病)(*Entamoeba polecki*)。

7. 鞭毛虫病(Giardiasis)。

8. 幽门螺杆菌(可引起人的胃炎、消化道溃疡等)(*Helicobacter pylori*)。

9. 甲型肝炎病毒(可引起人的肝炎)(Hepatitis A virus)。

10. 猴疱疹病毒1型(又名B病毒)(伤口形成水疱,很快发生传入神经麻痹、脑炎)[*Cercopithecine herpesvirus* 1(B virus)]。

11. 人类免疫缺陷病毒(可引起人的艾滋病)(Human immunodeficiency virus)。

12. 卡萨努森林病病毒(可引起人的出血热、脑炎)(Kyasanur forest disease virus)。

13. 麻风(Leprosy)。

14. 马堡病毒(可引起人的急性败血性出血症)(Marburg virus)。

15. 麻疹(Measles)。

16. 猴痘(Monkeypox)。

17. 牛分枝菌(可引起人的结核病)(*Mycobacterium bovis*)。

18. 牛结核菌(可引起人的结核病)(*Mycobacterium tuberculosis*)。

19. 食道口线虫病(Oesophagostomiasis)。

20. 沙门菌病(Salmonellosis)。

21. 志贺菌病(Shigellosis)。

22. 猴免疫缺陷病毒(引起猴免疫缺陷病,偶可致人感染)(Simian immunodeficiency virus)。

23. 塔那痘病毒(从肯尼亚塔那河地区分离到,属于雅塔痘病毒属)(Tanapox virus)。

24. 野兔热,土拉热(Tularemia)。

25. 耶巴痘病毒(可引起人的耶巴肿瘤)(Yaba virus)。

26. 黄热病病毒(可引起人的肝炎、出血热)(Yellow fever virus)。

(十三)蝙蝠能传给人的疾病

1. 澳大利亚狂犬病毒(可引起狂犬病)(Austrilian bat lyssavirus)。

2. 杜文哈根病毒(属弹状病毒科,分布于南非,引起狂犬病)(Duvenhage virus)。

3. 欧洲蝙蝠狂犬病毒1型、2型(引起狂犬病)(European bat lyssaviruses 1,2)。

4. 荚膜组织胞浆菌(可引起人的组织胞浆病)(*Histoplasma capsulatum*)。

5. 日本乙型脑炎(Japanese encephalitis B)。

6. Kasokero病毒(从乌干达Kasokero峡谷地区的食果蝙蝠身上分离出)(Kasokero virus)。

7. 拉格思蝙蝠病毒(可引起狂犬病)(Lagos bat virus)。

8. 蒙哥拉病毒(分布于非洲中部,可引起狂犬病)(Mokola virus)。

9. 狂犬病毒属(可引起狂犬病)(Lyssavirus)。

10. 狂犬病(Rabies)。

11. 沙门菌病(Salmonellosis)。

12. 严重急性呼吸综合征,传染性非典型性肺炎(Serious acute respiratory syndrome)。

13. Yuli 病毒(从蝙蝠身上分离出的一种新的狂犬病相关病毒)(Yuli virus)。

(十四)蛇能传给人的疾病

1. 嗜水气单胞菌(可引起人的急性胃肠炎等)(*Aeromonas hydrophila*)。

2. 迟缓爱德华菌(可引起人的胃肠炎,偶致败血症)(*Edwardsiella tarda*)。

3. 大肠埃希菌(可引起人的大肠杆菌病)(*Escherichia coli*)。

4. 中绦绦虫病(Mesocestoidiasis)。

5. 摩氏摩根菌(寄生于人的肠道内)(*Morganella morganii*)。

6. 溃疡分枝杆菌(可引起人皮肤病变)(*Mycobacterium ulcerans*)。

7. 舌形虫病(Pentastosomiasis)。

8. 普通变形杆菌(可引起人的尿道感染、伤口感染等)(*Proteus vulgaris*)。

9. 普洛菲登斯菌属(未定种)(可寄生于人的肠内)(*Providencia spp·*)。

10. Q 热(Q-fever)。

11. 沙门菌病(Salmonellosis)。

12. 裂头蚴病(Sparganosis)。

主要参考文献

1. 于恩庶,徐秉锟主编.中国人兽共患病学(第二版).福州:福建科学技术出版社,1996

2. 陈为民,唐利军,高忠明主编.人兽共患病.武汉:湖北科学技术出版社,2006

3. 金宁一,胡仲明,冯书章主编.新编人兽共患病学.北京:科学出版社,2007

4. 李梦东,王宇明.实用传染病学(第三版).北京:人民卫生出版社,2004

5. 王明宇,胡仕琦主编.新发感染病.北京:科学技术文献出版社,2006

6. 谢元林,常伟宏,喻友军主编.实用人兽共患传染病学.北京:科学文献出版社,2007

7. 左仰贤.人兽共患寄生虫学.北京:科学出版社,1997

8. W. T. 休伯特,W. F. 麦卡洛克,P. R. 施努伦贝格尔主编.魏曦,刘瑞三,范明远主译.人兽共患病.上海:上海科学技术出版社,1985

9. 魏曦,刘瑞三,范明远.人兽共患病.上海:上海科学技术出版社,1985

10. 王长安.人与动物共患传染病.北京:人民卫生出版社,1987

11. 杨怀柯.常见人兽共患病.北京:中国农业出版社,1998

12. 李铁拴,韩庆安主编.人类如何预防人和动物共患病.北京:中国农业科技出版社,2004

13. 张彦明,邹世品. 人兽共患病. 西安:西北大学出版社, 1994

14. 何世山,王勇主编. 动物疫病防治与检疫技术. 北京:中国农业科技出版社,2002

15. 农业部兽医局,中国动物疫病预防控制中心编. 动物检疫员手册. 北京:中国农业出版社,2008

16. 周伯平,黎毅敏,陆普选主编. 人禽流感. 北京:科学出版社,2007

17. 陈福永主编. 防控禽流感. 北京:化学工业出版社,2004

18. 孙晋红,韩克光. 禽流感预防和控制. 北京:中国社会出版社,2005

19. 曹娅丽,王世相. 人禽流感防治常识. 北京:中国医药科技出版社,2006

20. 毕丁仁. 禽流感防治知识100问. 武汉:湖北人民出版社,2004

21. 金宁一. 人群防控高致病性禽流感100问. 北京:金盾出版社,2005

22. 张泉鑫,朱印生. 禽病. 北京:中国农业出版社,2007

23. 农业部兽医局主编. 简明禽病防治技术手册. 北京:中国农业出版社,2005

24. 张彦明主编. 兽医公共卫生学. 北京:中国农业出版社,2003

25. 杨本升,刘玉斌,苟仕金等主编. 动物微生物学. 长春:吉林科学技术出版社,1995

26. 殷震,刘景华主编. 动物病毒学(第二版). 北京:科学出版社,1997

27. 蔡宝祥主编. 家畜传染病学(第四版). 北京:中国农业出版社,2001

28. 陆承平主编．兽医微生物学(第四版)．北京：中国农业出版社,2007

29. 汪明主编．家畜寄生虫学(第三版)．北京：中国农业大学出版社,2003

30. 陈怀涛,许乐仁主编．兽医病理学．北京：中国农业出版社,2005

31. 赵德明主编．兽医病理学(第二版)．北京：中国农业大学出版社,2005

32. 佘锐萍主编．动物病理学．北京：中国农业出版社,2007

33. 马学恩主编．家畜病理学(第四版)．北京：中国农业出版社,2007

34. 中国农业科学院哈尔滨兽医研究所编著．兽医微生物学．北京：中国农业出版社,1998

35. 中国农业科学院哈尔滨兽医研究所主编．动物传染病学．北京：中国农业出版社,1999

36. 费恩阁,李德昌,丁壮．动物疫病学．北京：中国农业出版社,2004

37. 王明俊等主编．兽医生物制品学．北京：中国农业出版社,1997

38. 中国标准出版社第一编辑室编．动物防疫标准汇编．北京：中国标准出版社,2004

39. 唐家琪．自然疫源性疾病．北京：科学出版社,2005

40. 刘克洲,陈智．人类病毒性疾病．北京：人民卫生出版社,2002

41. 王建华．流行病学(第五版)．北京：人民卫生出版社,2002

42. 彭文伟主编．传染病学(第六版)．北京：人民卫生出版社,2004

43. 李大魁,贡联兵,周筱青主编．用药速查手册．北京:人民军医出版社,2005

44. 戴德根主编．实用新药特药手册．北京:人民军医出版社,2005

45. 朱模忠主编．兽药手册．北京:化学工业出版社,2004

46. 阎继业主编．畜禽药物手册(第二次修订版)．北京:金盾出版社,2001

47. 杨绍基,任红主编．传染病学(第七版)．北京:人民卫生出版社,2008

咳嗽防治	7.50 元	痔的防治 120 问（修订版）	6.50 元
消化系统常见病防治		便血与肛门疼痛鉴别及	
260 问	7.00 元	治疗	12.50 元
胃炎消化性溃疡诊治		痔疮治疗 46 法	7.00 元
评点	12.00 元	常见肛肠病防治 250 问	7.00 元
得了胃病怎么办	13.00 元	肛管直肠疾病诊治	12.50 元
胃肠疾病自我防治	9.50 元	尿路结石防治 150 问	5.00 元
胃溃疡防治 200 问	6.50 元	中老年夜尿频繁怎么办	10.00 元
溃疡病自我防治	5.50 元	尿路感染防治 120 问	3.50 元
慢性胃炎自我防治	5.00 元	尿路感染防治	7.50 元
慢性胃炎治疗 60 法	6.00 元	男性性功能障碍防治	
萎缩性胃炎防治	4.00 元	270 问（修订版）	18.00 元
十二指肠溃疡防治 200 问	6.50 元	得了阳痿怎么办	15.00 元
腹泻患者饮食调养	5.00 元	前列腺疾病治疗 28 法	12.00 元
胃肠道疾病饮食调养		前列腺疾病防治 270 问	
144 问（修订版）	14.00 元	（修订版）	16.00 元
胃肠道疾病饮食调养		男科疑难顽症特色疗法	12.50 元
110 问（另有 VCD）	5.50 元	男科疾病中西医防治	10.00 元
胃癌防治 150 问	6.00 元	疝气防治	5.00 元
胃病用药不良反应及处理	13.00 元	常见传染病防治 320 问	8.00 元
急性腹痛诊治	6.00 元	实用传染病防治	9.50 元
便秘患者饮食调养	5.00 元	艾滋病防治 88 问	4.50 元
便秘防治 170 问	6.00 元	性传播疾病防治 100 问	4.00 元
便秘自然疗法	10.00 元	常见性病中西医防治	5.50 元
便秘中医调治 150 问	16.00 元	常见内分泌疾病的早	
便秘中西医防治 60 法	15.00 元	期信号与防治	12.00 元

　　以上图书由全国各地新华书店经销。凡向本社邮购图书或音像制品，可通过邮局汇款，在汇单"附言"栏填写所购书目，邮购图书均可享受 9 折优惠。购书 30 元（按打折后实款计算）以上的免收邮挂费，购书不足 30 元的按邮局资费标准收取 3 元挂号费，邮寄费由我社承担。邮购地址：北京市丰台区晓月中路 29 号，邮政编码：100072，联系人：金友，电话：(010) 83210681、83210682、83219215、83219217（传真）。